Linux/Unix
技术丛书

从零开始写
Linux内核

一书学透核心原理与实现

海纳 /著

机械工业出版社
CHINA MACHINE PRESS

图书在版编目（CIP）数据

从零开始写 Linux 内核 ： 一书学透核心原理与实现 /
海纳著. -- 北京 ： 机械工业出版社，2024. 11（2025. 2 重印）.
（Linux/Unix 技术丛书）. -- ISBN 978-7-111-76644-5

Ⅰ. TP316.89

中国国家版本馆 CIP 数据核字第 2024AQ6515 号

机械工业出版社（北京市百万庄大街 22 号　邮政编码　100037）
策划编辑：高婧雅　　　　　　　　　　责任编辑：高婧雅
责任校对：杜丹丹　李可意　景　飞　责任印制：李　昂
河北宝昌佳彩印刷有限公司印刷
2025 年 2 月第 1 版第 2 次印刷
186mm×240mm · 24.75 印张 · 538 千字
标准书号：ISBN 978-7-111-76644-5
定价：99.00 元

电话服务　　　　　　　　　网络服务
客服电话：010-88361066　　机　工　官　网：www.cmpbook.com
　　　　　010-88379833　　机　工　官　博：weibo.com/cmp1952
　　　　　010-68326294　　金　书　网：www.golden-book.com
封底无防伪标均为盗版　机工教育服务网：www.cmpedu.com

为何要写作本书

作为当今世界上最成功的开源项目之一，Linux 内核源码具有巨大的学习价值。学习内核不仅仅能提升编码水平、架构能力，更能全面地了解硬件接口和计算机原理。但是随着 Linux 内核的功能越来越强大，内核变得越来越复杂，代码量也在急剧地膨胀。这就给刚入门的新手带来了巨大的学习困难。

学习一个复杂的系统有两种常用的方式。

一种是直接扎进系统源码中，按逻辑顺序逐个分析各个模块。但复杂系统的特点是模块之间的关联非常强，相关的数据结构非常庞大，调试环境的搭建也往往比较烦琐。这就使得很多人在开始阶段就困难重重，要想坚持下去，往往需要很大的定力。

另一种是从零开始将系统从简单到复杂地实现一遍。这种学习方式的优点非常明显，入门阶段比较容易，每次新增几十行甚至几行代码就可以实现一个新的功能，整个学习过程是循序渐进的。但对 Linux 系统来说，从零开始写一遍并不容易。这是因为 Linux 诞生于 1991 年，当时 Linus Torvalds 所使用的很多构建工具现在已经很难找到了，例如 ld86 等编译工具，有些工具即使找到了也很难运行在现代的操作系统上。

为了解决这个问题，我编写了本书。本书的目标是使用现代的操作系统（例如 Ubuntu 20）和编译器（例如 GCC7 或者 GCC9）从零开始实现 Linux 0.12 的内核代码。在这个过程中，我改写了很多不适用于现代编译器的代码，并且通过链接选项或者链接脚本重现了早期的文件系统和可执行文件格式，让操作系统可以运行在现代的 Bochs 或者 QEMU 等仿真软件上。

读者对象

本书面向的人群主要是对操作系统感兴趣的人，尤其是那些想深入学习 Linux 内核但又不知道该如何入门的人。对于计算机专业的学生而言，本书则是一本非常好的实验指导书，通过一步步地跟随本书实现全部的功能，不仅可以深入地掌握操作系统的基本功能，还可以加深对计算机接口的了解。

如何阅读本书

本书共 8 章，从逻辑上分为四部分。

第一部分（第 1 和 2 章）是基础知识，介绍开发内核所需的基础知识，包括开发环境和调试环境的搭建，以及 i386 保护模式等。

第二部分（第 3~6 章）是核心模块，逐步实现进程、中断、系统调用、内存管理、字符设备驱动和块设备驱动等模块。这一部分涉及的也是传统操作系统内核最主要的模块，这些模块之间相互依赖，彼此联系，实现起来难度很大。在写这一部分的时候，我花了很多心思进行构思，自始至终坚持每次只实现一个小功能，这样阅读的难度就不大了。

第三部分（第 7 章）是文件系统。Linux 0.12 沿用了 Minix 这一早期的文件系统，早期的文件系统所支持的文件大小、磁盘大小都不算大，数据结构相对比较简单。这一部分篇幅虽然不小，但是难度并不大，因为这一部分几乎不涉及硬件操作，相比前面的章节，文件系统实现起来没有那么烦琐。Linux 0.12 的文件系统虽然相对简单，但是它的超级块、inode 等设计却被一直沿用下来，文件系统中的 mount、unmount 等系统调用，以及将管道、字符设备都抽象成文件的设计也一直沿用至今。现代 Linux 的 VFS（Virtual File System，虚拟文件系统）的设计哲学是 "一切皆文件"，这种设计思想在早期的文件系统中已经初见端倪。相比现代文件系统的完备和庞大，学习早期的文件系统无疑要简单很多。

在文件系统中还有一个非常重要的话题，那就是如何加载运行一个可执行程序。在现代操作系统中，可执行程序的文件格式是 ELF，但在 Linux 1.0 版本之前，则主要使用 a.out 格式。a.out 格式是一种古老但非常简单的二进制文件格式，它只有代码段和数据段，而代码会被加载到进程空间的 0 地址处，所以它的加载过程非常简单。ELF 文件是由专门的加载器（也称为 loader，在 Linux 上主要就是 ld.so）加载运行的，而 a.out 则由内核直接实现。鉴于此，我们采用 Minix 文件系统和 a.out 格式。

在这三个主要部分之外，本书第四部分（第 8 章）实现了一些重要的系统服务接口，例如用于管理系统时间的一大类函数，用于管理输入/输出的 ioctl 等，这一部分的篇幅不算大，不是内核的主要部分，但为了让 shell 程序正确地运行，这些函数也是必须要实现的。

本书是一本非常偏重实践的书，实践性远强于理论性。跟随本书可以一步步地实现一个完整的操作系统，学习曲线非常平缓，这对新手非常友好。但这样的安排也会带来一个问题：本书不适宜段落式地阅读和学习，因为后面的很多功能都依赖于前面的实现。当然，如果你完全掌握了本书的内容，再回头阅读本书的代码，完全可以根据自己的喜好重新安排进程，那时就不必遵循本书的章节顺序了。等到那个时候，读者也完全有能力沿着 Linux 的主线代码继续深入学习，如进一步支持图形界面、网络等功能。

勘误与支持

由于水平有限，编写时间仓促，书中难免会出现一些错误或者不准确的地方，恳请读者批评指正。如果读者有更多的宝贵意见，可以通过邮箱 hinus@163.com 联系我，期待得到读者的反馈，让我们在技术之路上互勉共进。

致谢

在本书写作期间，王帅负责内存管理部分的资料整理与校对，段富臣则负责编译和可执行程序加载部分的资料整理与校对，在此向他们表示感谢。本书在编写的过程中还得到了华为公司操作系统首席架构师陈海波老师的指导，在这里向海波老师表示诚挚的谢意。顾波飞对本书进行了仔细的校对，也向他表示感谢。

海　纳

目 录 *Contents*

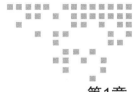

第1章　*Chapter 1*

基础知识和环境准备

OS（Operation System，操作系统）是一种系统软件，它管理计算机的硬件资源，同时向应用程序提供各种服务来合理地使用这些资源。

本书将带领读者从零开始，一步步地实现一个比较完备的操作系统。"工欲善其事，必先利其器"，在开始编码之前，我们需要做好一些基础的准备。

本章将对操作系统的功能和基本结构进行概括说明，同时介绍 Linux 操作系统的发展历史，最后搭建操作系统的开发验证环境，并介绍几种常用的编程构建工具。

1.1　操作系统概述

操作系统的出现、应用和发展是几十年来计算机领域最重大的进展。它是从无到有、从简单到复杂逐步发展起来的。在这个过程中，出现了很多关于操作系统的基本概念和重要理论。

本节将简述操作系统中最核心的概念，随着编码的不断推进，很多概念的细节将会越来越清晰，到那时，相信读者会对本节提到的概念有更加深入的理解。

1.1.1　功能和架构

操作系统有两个核心职责：一是对硬件进行管理和抽象；二是管理应用并且为它们提供服务。

从硬件设备的角度看，现代计算机系统由各种各样的物理设备组成，例如内存、GPU、网卡等。操作系统的首要职责就是对这些设备进行管理，只有这样，软件才有可能通过 GPU 进行图像渲染，通过网卡访问互联网。其次，操作系统还要对这些资源进行抽象，从而向应用开发者提供统一的接口，方便开发者访问和使用硬件资源。例如，开发者在创建进程时，只需要面向统一、巨大而且连续的虚拟地址空间进行编程，在 32 位系统上，虚拟地址空间为 4GB，开发者不需要知道物理内存具体有多大、是什么型号的、物理内存地址是否连续等硬件细节。

从应用的角度看，所有的用户应用都受操作系统管理。当新启动一个应用进程的时候，操作系统会为它准备进程控制块、内核栈空间、进程页表等软硬件资源，然后对所有的应用进程进行统一的调度管理。当进程退出时，操作系统负责回收内存资源、销毁页表、通知与该进程有关的其他进程，从而实现对应用进程的管理。

另外，操作系统提供了各种不同功能的接口（人们称之为系统调用），以方便应用程序访问和使用各种资源。例如，应用程序可以通过 write 接口向屏幕上打印字符串。

由此可以推断，一个最基本的操作系统至少包含以下 4 个部分。

1）进程管理：负责创建进程、为进程分配资源、管理进程的调度，以及在进程退出时销毁进程关联的资源。

2）内存管理：管理物理内存的分配和回收，创建虚拟内存，向应用程序提供分配和回收内存的接口。

3）输入/输出管理：负责显示器、键盘、鼠标等输入/输出设备的管理，将信息输入到计算机系统中，经过运算和处理以后再输出给用户。磁盘数据的读入/读出也是输入/输出管理的一部分。

4）文件系统：提供文件的增删查改等功能。在 Linux 的设计哲学中，强调一切皆是文件，它将网络、管道都抽象成了文件，所以文件系统在 Linux 中扮演着极其重要的角色。

除了这些核心的功能以外，现代系统中还有网络系统、AI 加速器等更多复杂的模块。随着我们对操作系统的认识逐渐加深，读者将会很容易推理出这些系统是如何与操作系统的核心模块交互的。

人们把进程管理、内存管理、输入/输出管理文件系统等核心模块统称为操作系统内核，而把网卡、显卡等设备的管理模块统称为设备驱动。在操作系统的发展历史中，内核的设计主要有两种思路，分别是宏内核（Macrokernel）和微内核（Microkernel）。

宏内核是一种将大多数操作系统服务和驱动程序集成在内核空间中的设计。进程管理、内存管理、文件系统管理、设备驱动等组件都作为内核的一部分运行，具有直接访问硬件的权限。

宏内核的系统服务紧密集成，内核中的各个模块可以直接操作硬件资源，因为减少了用户态和内核态之间的切换，处理速度快。但它同时也有一些缺陷。首先是安全性，任何内核模块的错误都可能导致整个系统崩溃，尤其是来自第三方的设备驱动程序，其安全性有可能影响到内核的整体稳定性。其次是内核体积大，针对不同平台的移植难度较高。

微内核的内核空间仅包含最基本的服务（如进程通信和地址空间管理）。文件系统、设备驱动等服务则位于用户空间，通过消息传递机制与内核通信。相比宏内核，微内核只将最基本的功能保留在内核中，其余作为独立的服务运行，而且各服务组件相互独立，运行在用户空间，通过定义良好的接口通信。内核与用户服务运行在不同的地址空间，增强了安全性。

但这种设计也带来了以下三个问题。一是，用户态与内核态频繁切换，导致消息传递延迟；二是实现复杂，消息传递机制和同步问题增加了系统复杂度；三是会导致与直接操作硬件有关的效率下降。

宏内核的典型代表是 Linux，微内核的典型代表包括 Minix 和 Windows。这两种设计并不是绝对对立的，现代操作系统设计往往采用混合内核的方式，试图结合两者的优点。

1.1.2　操作系统的发展历史

操作系统的发展历史可以追溯到电子计算机的早期时代，主要包括以下几个阶段。

1）手工操作阶段（20 世纪 40 年代 ~20 世纪 50 年代）：在最早的电子计算机（如 ENIAC，1946 年诞生）出现时，还没有现代意义上的操作系统。程序员需要手动设置开关和插拔线缆来输入程序指令和数据，然后观察输出结果。这一时期使用穿孔卡片和磁带存储程序。

2）批处理系统（20 世纪 50 年代 ~20 世纪 60 年代）：为了提高效率，出现了批处理系统。用户事先准备好程序和数据，通过穿孔卡片或磁带提交给操作员，由操作员批量处理。计算机自动执行这些作业，完成后通知用户取回结果。这个时期的代表有 IBM 的 OS/360。

3）分时系统（20 世纪 60 年代）：分时操作系统允许多个用户通过终端同时连接到一台计算机，每个用户都感觉好像独占了计算机资源。这是多任务处理和交互式计算的开端，UNIX（1969 年在贝尔实验室诞生）是此时期的标志性成果。

4）实时操作系统（20 世纪 60 年代 ~20 世纪 70 年代）：针对特定应用（如工业控制和航空航天）的实时操作系统（RTOS）被开发出来，其强调对外部事件的快速响应，保证数据处理的及时性。

5）个人计算机操作系统（20 世纪 70 年代 ~20 世纪 80 年代）：随着个人计算机的普及，出现了多种个人计算机操作系统，如 CP/M、Apple Macintosh 的 System 1（1984 年），以及后来主导市场的 Microsoft MS-DOS（1981 年）和 Windows（1985 年首次发布图形界面版本）。

6）图形用户界面（GUI）的兴起（20 世纪 80 年代）：Apple Macintosh 和随后的 Windows 3.x 推动了图形用户界面的广泛使用，使得计算机对用户更加友好。

7）现代操作系统与网络（20 世纪 90 年代至今）：Linux（1991 年）作为开源操作系统迅速崛起，成为服务器和部分桌面计算机的选择。Windows 95 及后续版本进一步普及了网络功能和个人计算机的多媒体能力。随着互联网的发展，操作系统开始集成更强大的网络和安全性特性。

8）移动操作系统（21 世纪初至今）：随着智能手机和平板电脑的兴起，iOS（2007 年）和 Android（2008 年）成为移动设备上的主流操作系统，开启了移动计算的新纪元。

9）云计算与跨平台操作系统（21 世纪 10 年代至今）：云计算技术的成熟促进了操作系统向云端的迁移，例如 Chrome OS，它强调通过网络应用来完成大部分计算任务。同时，跨平台操作系统（如 Windows 10 和 macOS Catalina）开始支持运行原本为其他平台设计的应用程序。

10）物联网（IoT）操作系统（21 世纪 10 年代至今）：面向物联网设备的轻量级操作系统（如 FreeRTOS、RTOS、mbed OS 等）为智能家居、可穿戴设备等物联网应用的发展奠定了基础。

操作系统的发展持续受到技术进步、用户需求变化和新应用场景的驱动，不断向着更高的效率、更好的用户体验和更强的安全性方向演进。

从操作系统的发展历史中可以看出，Linux 并不是一个凭空出现的伟大发明，它是基于历史上的各种优秀实践不断演化而来的。早期的 Linux 和 Minix 有着密切的关系，事实上 Linux 最初就是在 Minix 操作系统的基础上开发出来的。

Minix 是由荷兰计算机科学家 Andrew Tanenbaum 教授在 1987 年开发的一个操作系统，主要用于教学和研究目的。Minix 是一个非常小巧的操作系统，只有几千行代码，但是其设计与实现思路非常精妙和先进。因此，Minix 成为当时操作系统领域内的一个重要研究对象，也吸引了很多人的关注和研究。直到现在，Minix 系统仍然在不断地演进。作为一个优秀的微内核系统，Minix 不仅具有研究价值，也有很重要的实用价值。

Linus Torvalds 在 1991 年开始开发 Linux 操作系统的时候，初衷是想创建一个类似于 UNIX 的操作系统，以便进行编程和学术研究。当时，Linus 使用的是一台 386 处理器的 PC，并且他已经接触过 Minix 操作系统。因此，Linus 选择了 Minix 的设计和实现思路作为 Linux 的基础，并采用了 Minix 的文件系统、进程调度等基本功能，同时，Linus 还根据自己的需求和想法，对 Minix 的代码进行了改进和优化，以使其更加适合自己使用。可以说早期的 Linux 和 Minix 之间具有非常紧密的关系。

随着时间的推移，Linux 内核经历了许多版本的更新，每个版本都引入了一些新的功能和改进，以提高 Linux 的性能、稳定性和安全性。

在 Linux 发展的早期阶段，有几个重要的版本，它们的发布时间和相关特性如下所示。

1）Linux 0.01（1991 年）：这是第一个非公开发布的 Linux 版本，由 Linus Torvalds 在 1991 年 9 月发布。它只有几千行代码，实现了 UNIX 操作系统的基本功能。

2）Linux 0.12（1992 年）：是 Linux 内核的第一个公开发布版本。这个版本引入了文件系统、交换分区和进程调度等基本功能。本书也将以这个版本为目标，一步步地实现它。

3）Linux 0.95（1993 年）：引入了虚拟内存管理和 TCP/IP 协议栈等功能。这使得 Linux 可以更好地适应网络环境，并提高了系统的性能和可靠性。

4）Linux 1.0（1994 年）：一个具有里程碑意义的版本。它引入了对多处理器系统和动态加载内核模块的支持，同时加入了许多新的驱动程序和工具。这使得 Linux 可以更好地适应企业级服务器等领域的需求。

5）Linux 2.0（1996 年）：是一个比较成熟和稳定的版本。这个版本引入了 SMP（Symmetric Multiprocessing，对称多处理）和更多硬件设备（如 SCSI 和 USB）的支持，同时加入了许多新的驱动程序和工具。

6）Linux 3.0（2011 年）：尽管版本号跳跃较大，但此版本主要是为了纪念 Linux 诞生 20 周年，同时也引入了一些新的特性，进行了一些功能改进。

7）Linux 4.0（2015 年）：新增了对新的 CPU 架构的支持，以及能更好地支持电源管理与容器技术（如 Docker）。

8）Linux 内核 5.0（2019 年）：此版本继续提升硬件支持，引入了多项安全增强措施，并优化了对现代硬件和云环境的支持。

随着时间的推移，Linux 逐渐成为一款功能强大、灵活、安全和高效的操作系统，并得到越来越多开发者和用户的支持。Linux 已经成为世界上最流行的操作系统之一，被广泛应用于服务器、超级计算机、移动设备、嵌入式系统等领域。

了解了操作系统和 Linux 的基础知识以后，接下来就着手开发 Linux 内核。

1.2 配置环境

开发一个操作系统需要两种基本的工具：汇编语言和 C 语言的**编译器**，以及验证和测试操作系统的**模拟器**。本书的实验主要是使用现代的工具链从零开始构建一个早期的操作系统内核，所以开发编译的环境就选择了工具链相对丰富的 Linux 系统和 GCC 编译器。接下来，先配置开发用的工具链，再配置模拟器。

1.2.1 配置开发环境

本书采用 Linux 系统作为代码的开发以及构建环境，而构建出来的操作系统需要通过虚拟机进行模拟运行。本节将介绍如何搭建开发环境和运行环境。

在开发操作系统时，我们需要使用 GNU bintools 来进行源码构建，如 as（汇编器）、ld（链接器）等工具，因此本书选择了 Ubuntu 20 系统作为开发环境。读者可以选择使用其他的 Linux 系统发行版或者在 Windows 系统上安装 WSL (Windows Subsystem for Linux)。

当构建完成以后，就得到了内核镜像文件。执行镜像文件需要通过虚拟机进行模拟运行，本书所使用的虚拟机主要是 QEMU 或者 Bochs。在 Windows、Linux 还有 macOS 等主机上都可以找到它们的安装文件。所以，虚拟机的运行主机环境 (无论是 Windows 还是 Linux) 都是可以的。

考虑到很多读者的常用 PC 系统是 Windows 环境，本节主要介绍 WSL 的安装方法。WSL 作为 Windows 官方内置的 Linux 子系统，具有安装方便、占用资源少、拥有高效的文件传输方式等优势，也是笔者在 Windows 系统上进行开发的主要方式，因此推荐给大家。

WSL 为 Windows 的开发人员提供了一套比较完整的 GNU/Linux 开发环境，包括了大部分的命令行工具以及应用程序。相比虚拟机运行的模式而言，能够有更好的运行效率。而且，WSL 的安装过程相比在 VMWare 等虚拟机中安装 Linux，无疑高效、简单了很多。

WSL 的安装对 Windows 的版本是有要求的：Windows 10 系统必须满足 2004 及更高版本（内部版本是 19041 或更高版本），或者采用 Windows 11 系统。读者可以通过"Win + R"键在运行对话框中输入 winver 命令来查看 Windows 的具体版本。

在确认 Windows 版本满足 WSL 的需求之后，就可以在 PowerShell 或者 cmd 的命令行窗口中进行安装了。注意，PowerShell 或者 cmd 需要先使用管理员权限打开。接下来通过执行如下命令来安装 WSL：

```
wsl --install
```

该命令会下载并安装最新的 Linux kernel，并安装 Ubuntu 作为默认的 Linux 发行版。安装好 WSL 之后，读者可以通过在命令行窗口中执行 wsl 命令来进入 Linux 系统。第一次安装需要配置 Linux 系统的环境，这里就不再赘述了。

因为 WSL 是 Windows 下的子系统，所以相互之间传送文件是比较容易的，在 WSL 环境中可以对 Windows 文件系统的文件直接进行读写。如果想在 WSL 中访问 Windows 的文件，例如 C 盘的文件，则只需要执行"cd /mnt/c/"便可以进入 Windows 的 C 盘。如果想在 Windows 下访问 WSL 的 home 目录，只需要在 home 目录下执行"explorer.exe"即可。在开发内核的过程中，构建的结果可以很容易地在 WSL 以及 Windows 主机之间互传。

1.2.2　配置运行环境

操作系统的运行不同于普通应用程序，需要 BIOS 支持，所以我们在运行与调试自己写的操作系统时需要采用虚拟机进行模拟运行。当系统在虚拟机上验证通过以后，再部署到真实的机器上执行。

目前，常用的虚拟机有 VMWare、Virtual PC、QEMU、Bochs 等。其中，QEMU 和 Bochs 因为轻便易用，成为开发操作系统的首选。接下来就介绍 Bochs 和 QEMU 的安装与使用方式。

首先介绍 Bochs。Bochs 是一个模拟器，它用纯软件的办法完全模拟 x86 CPU 和外围设备，所以，Bochs 的运行性能相对较差。但也正是因为 Bochs 是纯软件实现对硬件的模拟，所以使其对操作系统进行代码级的调试变得相对容易。

Bochs 是完全开放源码的软件，读者可以通过搜索引擎下载到 Windows、Linux 等各种版本的二进制安装文件。这就意味着，编译和运行调试可以采用双系统的方式，即在 Linux 下完成编译，在 Windows 等图形界面支持比较好的系统上进行调试。

Bochs 的安装过程非常简单，只需要一路单击 Next 按钮即可。需要注意的是，在安装的过程中要选择 Full 选项，这样 DLX Linux Demo 才会出现在 Bochs 的安装目录下。

安装完成以后，在 Bochs 的安装目录下，可以找到一个名为 dlxlinux 的文件夹。将这个文件夹复制一份，并且改名为 linux011。之后进入这个文件夹，编辑 bochsrc.bxrc 文件。这个文件是 Bochs 的配置文件，虚拟机运行所依赖的软盘、硬盘、显卡等信息都可以在这个文件中进行配置。

这个文件的大多数内容都不必修改，关键的配置只有两行。

第一行是 floppya: 1_44=floppya.img, status=inserted。这一行指定 Bochs 所使用的虚拟镜像文件，比如，操作系统镜像叫作 linux.img，那就需要把这一行中的 floppya.img 改为 linux.img。

第二处需要修改的地方是 boot: c。这一行代表了系统要从硬盘启动，因为本书中的实验都是以软盘为基础的，所以应该改为 boot: a，这样虚拟机就会从 floppya 开始启动了。

文件的其余部分暂时保持不变，最终 bochsrc.bxrc 的内容如下所示[⊖]:

```
1   ##########################################
2   # bochsrc.txt file for DLX Linux disk image.
3   ##########################################
4
5   # how much memory the emulated machine will have
6   megs: 32
7
8   # filename of ROM images
9   romimage: file=../BIOS-bochs-latest
10  vgaromimage: file=../VGABIOS-lgpl-latest
11
12  # what disk images will be used
13  floppya: 1_44=linux.img, status=inserted
14  floppyb: 1_44=floppyb.img, status=inserted
15
16  # hard disk
17  ata0: enabled=1, ioaddr1=0x1f0, ioaddr2=0x3f0, irq=14
18  ata0-master: type=disk, path="hd10meg.img", cylinders=306, heads=4, spt
       =17
19
20  # choose the boot disk.
21  boot: a
22
23  # default config interface is textconfig.
24  #config_interface: textconfig
25  #config_interface: wx
26
```

⊖　注释为系统生成，所以并未翻译。

```
27  #display_library: x
28  # other choices: win32 sdl wx carbon amigaos beos macintosh nogui rfb
        term svga
29
30  # where do we send log messages?
31  log: bochsout.txt
32
33  # disable the mouse, since DLX is text only
34  mouse: enabled=0
35
36  # enable key mapping, using US layout as default.
37  #
38  # NOTE: In Bochs 1.4, keyboard mapping is only 100% implemented on X
        windows.
39  # However, the key mapping tables are used in the paste function, so
40  # in the DLX Linux example I'm enabling keyboard mapping so that paste
41  # will work.  Cut&Paste is currently implemented on win32 and X windows
        only.
42
43  #keyboard: keymap=$BXSHARE/keymaps/x11-pc-us.map
44  #keyboard: keymap=$BXSHARE/keymaps/x11-pc-fr.map
45  #keyboard: keymap=$BXSHARE/keymaps/x11-pc-de.map
46  #keyboard: keymap=$BXSHARE/keymaps/x11-pc-es.map
```

QEMU 也是一款模拟器软件，采用动态二进制翻译的技术来模拟不同架构的 CPU，并提供对应的硬件设备模型。它能保证运行在其中的客户 OS（Guest OS）不用进行修改就能运行。QEMU 与 KVM 技术一起，可以使得 Guest OS 系统的运行接近物理机的速度。相比 Bochs，QEMU 的特点是高效、跨平台。

QEMU 在 Windows 上的安装很简单，只需要在 QEMU 的官网上下载对应的安装文件，并通过 QEMU installer 安装即可。

安装 QEMU 之后，打开 QEMU 所在的文件目录，可以看到有一系列 qemu-system-xxx.exe 的可执行文件。这些文件对应的是需要模拟的不同架构的 CPU 类型。本书实验开发的 Linux 0.11 的镜像文件可以使用 qemu-system-x86_64.exe 或者 qemu-system-i386.exe 运行。

读者也可以在 Linux 环境中进行开发、运行，因此需要在 Linux 上配置虚拟机，这是一项比较简单的工作。在 Linux 环境下可以直接使用发行版对应的包管理工具进行安装，下面以 Ubuntu 为例：

```
sudo apt install bochs bochs-x
```

安装完之后可以在任意目录新建 bochsrc 文件，文件内容可以参考前面的 Windows 的配置。这里要注意修改 romimage 和 vgaromimage 的路径，如下所示：

```
1   # filename of ROM images
2   romimage: file=/usr/share/bochs/BIOS-bochs-latest
3   vgaromimage: file=/usr/share/bochs/VGABIOS-lgpl-latest
```

之后就可以直接通过命令"bochs -f bochsrc"运行 Bochs。

1.3　第一个内核程序

学习一门编程语言往往会从打印 Hello World 开始，开发操作系统也同样如此。读者在本节将会看到一个最简单的操作系统雏形，它的唯一作用就是在屏幕上显示"Hello World!"。

1.3.1　打印 Hello World

首先创建文件 bootsect.S，这是一个基于汇编语言的源文件。系统的引导就是从这个文件开始的，使用汇编语言与硬件打交道是最方便的。本书选择的汇编编译器是 GNU 的 as，采用的是 AT&T 语法。编辑文件内容，如代码清单 1-1 所示。

代码清单 1-1　bootsect.S 源代码

```
1    BOOTSEG = 0x7c0
2
3    .code16
4    .text
5
6    .global _start
7    _start:
8        jmpl $BOOTSEG, $start2
9
10   start2:
11       movw $BOOTSEG, %ax
12       movw %ax, %ds
13       movw %ax, %es
14       movw %ax, %fs
15       movw %ax, %gs
16
17       movw $msg, %ax
18       movw %ax, %bp
19       movw $0x01301, %ax
20       movw $0x0c, %bx        # 文字为红色
21       movw $12, %cx          # 字符串长度
```

```
22      movb $0, %dl
23      int $0x010          # 通知显卡刷新内容
24
25  loop:
26      jmp loop
27
28  msg:
29  .ascii "Hello World!"
30
31  .org 510
32  boot_flag:
33      .word 0xaa55
```

在控制台编译 bootsect.S，命令如下：

```
1  # as -o bootsect.o bootsect.S
2  # ld -m elf_x86_64 -Ttext 0x0 -s --oformat binary -o linux.img bootsect.o
```

如果一切顺利，则在当前目录下可以看到 linux.img 文件已创建。将这个文件复制到 Bochs 的 linux011 目录下，并在这个目录下执行 run.bat 文件，则会看到 Bochs 虚拟机运行起来以后在屏幕上打印了红色的 "Hello World!"，如图 1-1 所示。

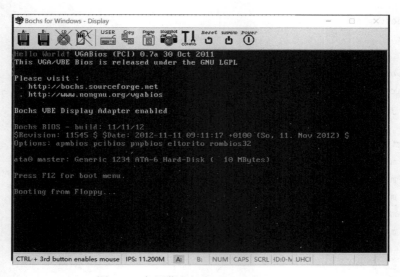

图 1-1   在屏幕上打印 "Hello World!"

如果使用 QEMU 运行，则需要将 linux.img 复制到 QEMU 所在的目录中，然后在 QEMU 文件路径中打开 PowerShell 或者 cmd，并执行如下命令：

```
.\qemu-system-i386.exe -boot a -fda linux.img
```

则同样可以看到，QEMU 虚拟机运行起来后在屏幕中打印了红色的"Hello World!"，如图 1-2 所示。

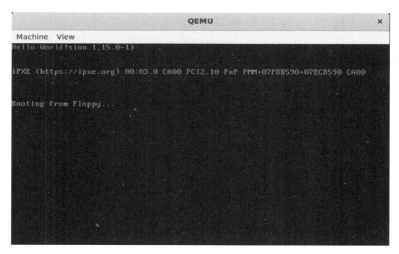

图 1-2　在 QEMU 中显示"Hello World!"

代码清单 1-1 第 11~15 行是设置寄存器的值：将 cs 寄存器中的值设置到 ds 和 es 寄存器。第 17~18 行是将要打印的字符串的首地址放到 bp 寄存器。第 23 行是一条中断触发指令，中断号是 0x10，表示和显示器相关的服务。中断功能号保存在 ah 中。在第 19 行，ax 被赋值为 0x1301，那么对应的 ah 值为 0x13。0x13 表示在 teletype 模式下显示字符串。同时 al 的值为 0x01，表示显示输出方式为字符串中含显示字符和显示属性，并且显示后光标位置不变。第 20 行将 0x0c 放入 bx，在中断号为 0x10、功能号为 0x13 的情况下，bh 寄存器存放的是页码，bl 寄存器用于设置文字颜色，其中 0xc 代表红色。第 21 行将字符串长度送入 cx 寄存器。第 22 行表示输出光标的位置，dh 表示行号、dl 表示列号，这里都为 0，表示光标在屏幕的左上角。

1.3.2　开机引导程序

BIOS（Basic Input/Output System，基本输入/输出系统）是计算机接通电源后执行的第一个程序。BIOS 首先会做硬件检查，判断是否满足计算机运行的条件，例如，内存条如果没插好，BIOS 会提示错误信息，某些情况下主板会发出蜂鸣声警告等。

做完硬件检查之后要确定启动顺序，当选中某块磁盘之后，控制权限就会交给这块磁盘上的 MBR（Master Boot Record，主引导记录）。MBR 位于磁盘的第一个扇区，一个扇区只有 512 字节，其中最后两个字节是 0x55 和 0xAA，表明这个设备可以启动。

回顾 1.3.1节的 bootsect.S 的 ld 选项，-Ttext 0x0 的含义正是将目标文件 bootsect.o 的代码段放到 linux.img 的开头，也就是在第一个扇区。同时我们可以用如下命令查看第一个扇区的最后两个字节为 0x55AA，可以用来启动。

```
xxd -s 510 linux.img
```

1981 年 8 月，IBM 公司最早的个人电脑 IBM PC 5150 上市，使用的是 Intel 的第一代个人电脑芯片 8088。8088 芯片本身需要占用 0x0000∼0x03FF 的地址空间，用来保存各种中断处理程序（引导程序本身就是中断信号 INT 19h 的处理程序）。所以，内存只剩下 0x0400 至 0x7FFF 的地址空间可以使用。为了把尽量多的连续内存留给操作系统，引导程序就被放到了内存地址的尾部。因为一个扇区是 512(十六进制为 0x200) 字节，引导程序本身也需要一段内存保存数据，系统就另外给它留出 512 字节。所以，引导扇区的预留位置就变成了 0x7FFF−512−512+1 = 0x7FFF−0x200−0x200+0x1=0x7C00。

在 1.3.1 节的例子中，bootsect.S 中定义了 BOOTSEG = 0x7c0，汇编代码将被加载到内存地址 0x7C00 执行。需要注意的是，早期的 8086 处理器的寄存器都是 16 位的，地址线是 20 位，这就意味着 CPU 的寻址能力是 1MB（2 的 20 次方），但是只采用一个寄存器只能寻址 64KB（2 的 16 次方），所以它采用了基地址加偏移的方式寻址，也就是使用两个寄存器的值拼接一个真实的物理地址。它的计算方式是物理地址等于基地址左移 4 位加上偏移值，例如下面的代码：

```
mov %ds:(%ax), %bx
```

上述代码表示以 ds 寄存器为基地址，以 ax 寄存器为偏移值计算一个地址，然后取这个内存地址处的值，送入 bx 寄存器。其中，真实物理地址的值是 ds 的值左移 4 位再加上 ax 寄存器的值。

1.4 汇编语言

在进行内核代码开发的过程中，有很多地方需要直接操作 CPU 寄存器和 I/O 端口，用 C/C++ 无法完成相应的功能。使用汇编的场景主要有两种：一是操作系统引导和初始化阶段需要大量地直接操作 I/O 端口，使用汇编语言会很高效；二是在内核代码中需要操作硬件，例如修改某些状态寄存器，改变 CPU 的工作模式等，这种情况就是以内嵌汇编为主。

每一种 C 编译器的内嵌汇编都不尽相同，下面详细介绍 GCC 内嵌汇编的语法。

1.4.1 内嵌汇编

GCC 提供的基本汇编语法形式如下：

```
__asm__ (AssemblerTemplate);
```

其中，__asm__ 是内嵌汇编命令的关键字，用来声明内嵌汇编表达式。AssemblerTemplate 则是一组插入到 C/C++ 代码中的汇编指令。

例如，下面的代码用于在 C 语言中插入一条 mov 寄存器的指令：

```
__asm__("mov %edx, %eax");
```

内嵌汇编指令的书写方式与直接在汇编文件中写汇编指令没有区别。基本内嵌汇编支持汇编器的所有指令形式，包括汇编中的伪指令。

在基本内嵌汇编中，我们可以插入一段汇编指令，但是无法让汇编指令与我们原本的 C/C++ 程序代码产生关联。例如，修改或读取 C/C++ 中的变量等。因此，除了支持基本内嵌汇编指令，GCC 还支持通过扩展内嵌汇编的方式让汇编指令与 C/C++ 代码进行互操作。

GCC 的内嵌汇编语法形式如代码清单 1-2 所示。

代码清单 1-2　内嵌汇编语法

```
1  __asm__ asm-qualifiers (
2         AssemblerTemplate
3         : OutputOperands  /* 可选 */
4         : InputOperands   /* 可选 */
5         : Clobbers)       /* 可选 */
```

从以上语法形式可以看出，GCC 的内嵌汇编主要分为 6 个部分，下面依次进行解释。

1）__asm__：同基本内嵌汇编一样，扩展内嵌汇编同样使用 __asm__ 作为关键字，GCC 可以识别 __asm__ 或者 asm 关键字。该标识符标识了内嵌汇编表达式的开始。

2）asm-qualifiers：该位置可选，一般常用的修饰符是 volatile。 GCC 在优化过程中可能会对内嵌汇编进行修改或者消除。例如，当优化器发现内嵌汇编中某些指令对最后的输出没有影响时，优化器会消除掉这些指令，又或者优化器会对循环中的一些不变量进行外提操作。在某些情况下，编译器的这些优化并不是程序员所期望的行为，因此可以通过 volatile 关键字来禁止编译器对内嵌汇编的类似优化。

3）AssemblerTemplate：这个位置是内嵌汇编的主体部分，由一组包含汇编指令的字符串组成。GCC 编译器识别其中的占位符，替换为对应的输出操作数、输入操作数等内容，最后将替换好的汇编指令作为汇编器的输入。每条指令最好以 \n\t 结尾，这样 GCC 产生的汇编文件的格式比较好看。例如下面的例子：

```
__asm__ __volatile__ ( "mov %%edx, %%eax" :);
```

该例子同基本内嵌汇编中的例子的内容是一样的，但这里采用的是扩展内嵌汇编的方式，因此有两个不同的地方：一是因为该例子不涉及任何与 C/C++ 交互的地方，所以例子中输出操作数、输入操作数以及破坏描述部分都为空，需要在最后以一个冒号结尾；二是在扩展内嵌汇编中，引用寄存器时，需要在寄存器名称前添加"%%"，这是为了与操作数占位符的"%"进行区分。

4）**OutputOperands**：输出操作数，由逗号分隔，可以为空。每个内嵌汇编表达式都可以有 0 个或多个输出操作数，用来标识在汇编中被修改的 C/C++ 程序变量。

输出操作数的形式如下：

```
[ [asmSymbolicName] ] constraint (cvariablename)
```

要理解 asmSymbolicName 的含义，需要先理解扩展内嵌汇编中操作数占位符的作用。在扩展内嵌汇编指令中，汇编指令的操作数可以由占位符进行引用，占位符代表了输出操作数以及输入操作数的位置。例如总共有 5 个操作数（2 个输出操作数，3 个输入操作数），则占位符%0~%4 分别代表了这 5 个操作数，具体的实现如代码清单 1-3 所示。

代码清单 1-3　输入/输出参数

```
1  int out1, out2;
2  int in1 = 1, in2 = 2, in3 = 3;
3  __asm__ __volatile__ (
4      "add %3, %4\n\t"
5      "add %2, %3\n\t"
6      "mov %4, %1\n\t"
7      "mov %3, %0\n\t"
8      : "=r"(out1), "=r"(out2)
9      : "r"(in1), "r"(in2), "r"(in3)
10     :
11 );
```

例子中占位符%0~%4 分别指向 C 代码中 out1、out2、in1、in2、in3 这 5 个变量。

虽然数字类型的占位符比较方便，但是如果输出/输入操作数太多，则容易使得数字类型占位符过于混乱。因此，asmSymbolicName 提供了一种别名的方式，允许在扩展内嵌汇编中使用别名来操作占位符。上面例子也可以修改为别名的形式，具体实现如代码清单 1-4 所示。

代码清单 1-4　别名形式的参数

```
1  int out1, out2;
2  int in1 = 1, in2 = 2, in3 = 3;
3  __asm__ __volatile__ (
4          "add %[in2], %[in3]\n\t"
5          "add %[in1], %[in2]\n\t"
6          "mov %[in3], %[out2]\n\t"
7          "mov %[in2], %[out1]\n\t"
8          : [out1]"=r"(out1), [out2]"=r"(out2)
9          : [in1]"r"(in1), [in2]"r"(in2), [in3]"r"(in3)
```

```
10                 :
11   );
```

constraint 表明操作数的约束，即上面例子中 out1 和 out2 的 "=r"。对输出操作数而言，约束必须以 "="（意思是对当前变量进行写操作）或 "+"（意思是对当前变量进行读和写操作）开头。在前缀之后，必须有一个或多个附加约束来描述值所在的位置。常见的约束包括代表寄存器的 "r" 和代表内存的 "m"。上述例子中 "=r(out1)" 的约束含义是：内嵌汇编指令将会对 out1 变量进行写操作，并且会将 out1 与一个寄存器进行关联。GCC 内嵌汇编中的约束符还有很多，详细列表可以查看 GCC 官方手册，此处不再赘述。

(cvariablename) 表示该输出操作符所绑定的 C/C++ 程序的变量，这个比较好理解。

最后再看一下来自 Linux 0.11 中的具体例子，如代码清单 1-5 所示。

代码清单 1-5　Linux 0.11 中的真实示例

```
1   inline unsigned long get_fs() {
2          unsigned short _v;
3          __asm__("mov %%fs,%%ax":"=a" (_v):);
4          return _v;
5   }
```

这个函数的功能是获取当前 fs 寄存器的值并返回。在函数 get_fs() 中，输出操作数为变量 _v，其形式为 "=a(_v)"。这里约束 "=a" 表明输出操作符与寄存器 %ax 绑定，因此内嵌汇编的作用就是将寄存器 %fs 的值存储到变量 _v 中。

5）**InputOperands**：输入操作数，由逗号分隔，可以为空。输入操作数集合标识了哪些 C/C++ 变量是需要在汇编代码中读取使用的。

输入操作数的形式如下：

```
[ [asmSymbolicName] ] constraint (cvariablename)
```

同输出操作数语法形式一致。这里需要单独对输入操作数的 constraint 进行说明，与输出操作数不同，输入约束字符串不能以 "=" 或 "+" 开头，另外，输入约束也可以是数字。这表明指定的输入变量必须与输出约束列表中（从零开始的）索引处的输出变量指向同一个变量。

例如以下例子：

```
1   __asm__ __volatile__(
2          "add %2, %0"
3          : "=r"(a)
4          : "0"(a), "r"(b)
5          :
```

```
6    );
```

在这个例子中，变量 a 对应的寄存器既要作为输入变量，也要作为输出变量。这里通过 "0" 约束将输入操作数与输出操作数绑定。

我们最后再看一下 Linux 0.11 中的具体例子：

```
1    inline void set_fs(unsigned long val) {
2        __asm__("mov %0,%%fs"::"a" ((unsigned short) val));
3    }
```

该函数的作用是将变量 val 的值存到 %fs 寄存器中。在对应的内嵌汇编中，输出操作数为空，而输入操作数则为 val 变量，在汇编指令里通过 %0 占位符来表示。

6）**Clobbers**：破坏描述部分。该位置需要列出除了输出操作数列表中会被修改的值之外，其他会被内嵌汇编修改的寄存器值。破坏描述部分的列表内容是寄存器的名称，要通过引号引起来，如果需要多个寄存器的话，则需要使用逗号进行分隔。这里的作用是通知编译器，说明在内嵌汇编中有哪些寄存器的值会被修改，使得编译器在内嵌汇编语句之前保存对应的寄存器值。

例如以下例子：

```
1    __asm__ __volatile__ (
2        "mov %0, %eax"
3        ::"a"(a):"%eax"
4    );
```

例子中将变量 a 的值写到 %eax 寄存器中，这里 %eax 寄存器既非输出操作数，又非输入操作数，因此需要在破坏描述部分进行声明。

除了通用寄存器，clobbers list 还有两个特殊的参数有着不同的含义：一个是 "cc"，它用来表示内嵌汇编修改了标志寄存器（flags register）；另一个是 "memory"，它用于通知编译器汇编代码对列表中的项目执行内存读取或写入（例如，访问由输入参数指向的内存）。为了确保内存包含正确的值，GCC 可能需要在执行内嵌汇编之前将特定的寄存器值保存到内存中。此外，编译器不会假设在内嵌汇编之前从内存读取的值保持不变，它会根据需要重新加载这些值。"memory clobber" 的作用等同于为编译器添加了一个读写内存屏障。

1.4.2 链接器的工作原理

从 GCC 编译源码到得到可执行二进制文件的过程主要分为 4 步。

1）预编译：将源码中的预处理指令进行展开，如 #include 以及 #define 等指令。

2）编译：编译是将源码经过一系列的分析和优化，生成对应架构的汇编代码。其中包括编译器前端的词法分析、语法分析、语义分析，编译器中端的 IR（Intermediate Representation，中间表示）、IR 之间的分析/变换/优化，以及编译器后端的指令调度、指令选择、寄存器分配以及代码生成等。

3）汇编：第 2 步生成的.s 汇编文件此时还是人类可读的 ASCII 格式的文件，但是 CPU 执行的机器码需要的是二进制指令。因此第 3 步需要将.s 中人类可读的指令与数据一一翻译成 CPU 可读的二进制文件。这个过程比较简单，只需要查表翻译即可。

4）链接：前边 3 步的预处理、编译、汇编的过程都是对单一的编译单元来进行的，也就是只有一个源文件。因此，编译器在执行完前面 3 个步骤后，会得到多个编译单元后缀为.o 的目标文件，此时就需要链接器来将这些目标文件链接到一起生成最终的可执行文件。

由此可以看到，链接器做的事情主要是对编译器生成的多个 .o 文件进行合并，一般采取的策略是把各个目标文件中相同的段进行合并，例如多个 .text 段合并成可执行文件中的一个 .text 段。在这个阶段中，链接器对输入的各个目标文件进行扫描，获取各个段的大小，同时会收集所有的符号定义以及引用信息，构建一个全局的符号表。此时，链接器已经构造好了最终的文件布局以及虚拟内存布局，再根据符号表就能确定每个符号的虚拟地址。然后链接器会对整个文件进行第二遍扫描，这一阶段会利用第一遍扫描得到的符号表信息，依次对文件中每个符号引用的地方进行地址替换。这个阶段也就是对符号的解析以及重定位的过程。

以上 4 个过程是 GCC 编译链接的全过程。其中，预处理、编译以及汇编的过程，不管在哪个平台（Windows、Linux、macOS）都是通用的。因为虽然操作系统平台不一样，但是 CPU 的指令集是一样的，有差异的地方主要在于链接的过程。

不同的操作系统平台有着自己的二进制文件格式，例如 Windows 下的 PE 格式、Linux 下的 ELF 格式，以及 macOS 上的 MachO 格式。二进制文件格式中定义了文件类型的魔数（Magic Number），代码段、数据段的存储位置以及一些其他程序相关的元数据等，因此当你运行对应系统的可执行文件时，需要对应系统的加载器（Loader）识别并加载对应格式的可执行文件，否则应用程序就无法运行，比如，ELF 格式的可执行文件就无法运行在 Windows 系统中。

链接的过程就是生成对应系统加载器可识别格式的文件，组织不同段的位置，设置魔数，设置程序运行起始地址等。由此可见，链接器与加载器的工作关系类似镜像，链接器负责根据二进制文件格式标准生成对应格式的磁盘文件，而加载器则根据二进制文件格式标准将对应的磁盘文件读取到内存当中并执行。

运行在操作系统上的应用程序，是由系统的加载器进行加载并运行的。而操作系统内核在开机上电的时候并没有加载器来负责加载系统内核，因此操作系统的引导程序就需要由自己负责加载。例如，Linux 0.11 代码中的 bootsetct.S 和 setup.S 这两个汇编文件做的事情就是加载系统内核。

同样，对系统内核的链接器而言，也不能生成 ELF 格式或者 PE 格式等，这里需要按照 bootsetct.S 和 setup.S 对初始引导过程中的内存布局进行设置, 将对应的代码段生成在 0x0 位置, 我们可以在内核的构建系统中看到 ld 的构建选项中有 "Ttext 0x0" 这个选项, 表示将对应的代码段的虚拟内存地址设置到 0x0 位置。

如果想查看经过 ld 链接后的镜像文件中的符号与虚拟内存地址的对应关系, 可以通过 "-M" 选项将对应关系输出到文件中。在调试内核代码的时候可以方便查看内存地址与符号的映射关系。

1.4.3 初识 makefile

通常在对单文件或者比较少量的文件进行编译的时候, 只需要通过 GCC 命令直接编译就可以了。因为在文件数目比较少的情况下, 其编译过程中的文件依赖关系还是很简单的, 可以通过人工控制命令的顺序来解决文件的依赖关系。

然而在大型项目的开发过程中, 编译过程面对的往往是成千上万个源码文件, 而源码的相互依赖关系又非常复杂, 想通过人力来维护这种编译顺序几乎是一件不可能的事情。当然, 可以通过维护一个 shell 脚本 (用于构建) 文件来控制整个系统中所有文件的编译过程。但是通过 shell 脚本来控制项目文件的编译顺序有 3 个问题。

1) shell 脚本语言无法原生支持依赖关系的表达, 需要通过复杂的逻辑代码来表达源码的依赖关系。

2) shell 脚本语言无法原生支持增量依赖编译 (即如果只修改项目中的一个文件, 只需要重新编译对该文件依赖的模块即可), 要想实现控制逻辑也非常复杂。

3) shell 脚本的维护成本相对较高。

GNU make 是一个收集文件依赖关系, 并根据依赖关系自动进行项目构建的工具。依赖定义在 makefile 文件中, make 工具依据 makefile 的规则来按顺序执行对应的命令。现在的大型项目都会使用更加智能的构建工具 cmake, cmake 可以自动分析文件中的依赖关系, 从而生成对应的 makefile 文件, 使得项目的构建更加简便。不过本书在实现 Linux 0.11 项目代码的过程中还是采用 make 工具, 因为这个工程结构相对清晰、简单。

1. makefile 基本规则

当我们输入 make 命令时, make 会到当前目录下去查找 makefile 文件。makefile 文件由一系列的规则组成, 每条规则的形式如下:

```
1  target … : prerequisites …
2  recipe …
```

第一行规定了目标文件以及文件的依赖关系。在 makefile 里, target 和冒号是必不可少的, prerequisites 在这一行里边可以没有。第一行之后是一条或多条 recipe 命令, 即要达成这个 target 需要执行的命令。这里需要注意的是, 这些 recipe 命令必须使用 Tab 分隔符来进行缩进, 相比第一行的 target 需要多缩进一个制表符。

target 一般是指该条规则下最终生成的文件名, 如可执行文件或者.o/.so 文件等。一个 target 往往会依赖一个或多个文件，即规则中的 prerequisites。多个依赖则用空格进行分隔。例如：

```
1  foo.o: foo.c
2      GCC foo.c -c -o foo.o
3  bar.o: bar.c
4      GCC bar.c -c -o bar.o
5  a.out: foo.o bar.o
6      GCC bar.o foo.o -o a.out
```

这里第一条规则的 target 是 foo.o 文件，foo.o 的生成依赖 foo.c。生成 foo.o 的命令要通过 GCC 编译。第二条规则表明了 bar.o 文件依赖 bar.c。第三条规则给出 a.out 同时依赖 foo.o 以及 bar.o。所以，在这个 makefile 文件里，我们可以通过执行 make a.out 生成最终的可执行文件。在构建 a.out 的过程中，根据其依赖关系可知它同时依赖 foo.o 以及 bar.o，make 会先构建出它的依赖文件 foo.o 和 bar.o，也就是先执行 make foo.o 以及 make bar.o 命令。由此可见，make 是根据 makefile 文件定义的规则，并按照依赖的顺序进行构建的。如果构建完 a.out 以后又对 bar.c 文件进行了修改，再次执行 make a.out 时，make 只需要重新构建 bar.o 以及 a.out 即可，不需要重新构建 foo.o，这样在大型项目中可以大大加快构建的速度。

一般情况下，make 命令会将第一条规则作为默认执行的规则，这样直接运行 make 命令就等价于执行 make a.out。

除此之外，target 可以用来指代一组命令的名称，常用的 target 是 clean。例如：

```
1  clean:
2      rm a.out *.o
```

这种情况下执行 make clean 会删除当前目录下的 .o 文件以及 a.out 文件。此时，clean 是一个伪目标。如果当前文件夹下恰好有一个 clean 文件，会干扰到 make 的执行。因为 make 发现这个 target 并没有依赖文件，所以不需要重新构建，这个 target 对应的 recipe 也就不需要执行了。为了消除这种影响，我们最好在这种伪目标下做一些声明：

```
1  .PHONY: clean
2  clean:
3      rm a.out *.o
```

这样的话，make 便不会认为 clean 是一个需要生成的文件目标了。

2.　makefile 的变量

在 makefile 中，还可以通过定义变量来避免在多处输入重复的命令。如在上面 a.out 的例子中，可以通过变量进行如下改写：

```
1  OBJS := foo.o bar.o
2  CC := GCC
3  CFLAGS := -O2
4
5  a.out: $(OBJS)
6      $(CC) $(CFLAGS) $(OBJS) -o a.out
7  foo.o: foo.c
8      $(CC) $(CFLAGS) foo.c -c -o foo.o
9  bar.o: bar.c
10     $(CC) $(CFLAGS) bar.c -c -o bar.o
11
12 .PHONY: clean
13 clean:
14     rm a.out $(OBJS)
```

这里将目标文件的列表定义为变量 OBJS，将编译命令定义为变量 CC，将编译选项定义为 CFLAGS。之后再修改目标文件或者编译器等只需要修改变量即可，不需要对每个规则下的命令进行修改。

除了用户定义的变量外，makefile 中还有一系列自动变量，这些自动变量可以在规则执行时根据规则的 target 以及 prerequisites 进行刷新和计算。常用的自动变量主要有以下几个。

变量 $@：指代了当前规则里的 target。如果一个规则的 target 有多个的话，则指代第一个 target。例如上述例子可以改为：

```
1  a.out: $(OBJS)
2      $(CC) $(CFLAGS) $(OBJS) -o $@
3  foo.o: foo.c
4      $(CC) $(CFLAGS) foo.c -c -o $@
5  bar.o: bar.c
6      $(CC) $(CFLAGS) bar.c -c -o $@
```

变量 $<：指代了当前规则里的第一个 prerequisites。而 $^ 变量则表示当前规则中的所有 prerequisites。由此，我们可以把上述例子继续改写为：

```
1  a.out: $(OBJS)
2      $(CC) $(CFLAGS) $^ -o $@
3  foo.o: foo.c
4      $(CC) $(CFLAGS) $< -c -o $@
5  bar.o: bar.c
6      $(CC) $(CFLAGS) $< -c -o $@
```

变量 $?：表示 prerequisites 列表中所有比 target 文件更新的文件。

至此，我们对 makefile 的规则就有了基本的了解。当然 makefile 还有很多高级的用法，本节只是简单介绍在开发 Linux 0.11 过程中用到的一些知识。如果读者对 makefile 的更多用法感兴趣，可以通过 man make 命令查看 GNU make 的官方手册。

1.5　小结

本章先简单介绍了操作系统的基本概念和核心模块。操作系统一般包括进程管理、内存管理、输入/输出系统、文件系统、用户接口等核心模块，本书也将会沿着这个脉络来构建一个完整的 Linux 内核。

之后设置了操作系统的开发环境，分别介绍了在 Linux 和 Windows 上如何配置编译环境，接着又介绍了用于执行操作系统内核的两个虚拟机 Bochs 和 QEMU，并讲解了如何修改它们的配置文件。然后，我们使用 "Hello World" 的例子来证明开发环境已经配置好了。总体上，在有了 WSL 以后，配置操作系统的开发环境并不是一件很困难的事情。

最后，重点介绍了在 Linux 内核中使用 GCC 内嵌汇编的语法和 makefile 文件的规则，并通过具体的例子详细解释了它们的使用方法。

做好了这些准备，接下来就正式开始操作系统的开发之旅了。

Chapter 2 第2章

保 护 模 式

Intel 的 CPU 有两种工作模式，分别是实模式（Real Mode）和保护模式（Protection Mode）。在不同的工作模式下，CPU 的寻址方式是不同的。

第 1 章通过编写一个简单的例子，让内核程序打印 Hello World，系统启动后会首先通过 BIOS 引导并跳转到 0x7c00 的位置执行 bootsect。在这个例子中，CPU 直接通过段基址加偏移的寻址方式访问物理内存，这种工作方式称为实模式。实模式最早可以追溯到 1978 年，Intel 发布首款 x86 架构的 8086 芯片。在实模式下，寻址范围不能超过 1MB，也就是 20 位的地址空间。经过 10 年的发展，x86 CPU 迎来了历史上使用最广泛、影响力最大的 32 位 CPU，即后来被大家熟知的 i386。i386 的通用寄存器大小为 32 位，寻址空间最大支持 4GB。除此之外，i386 还引入了一种新的工作模式，通过提供对访问内存的保护机制，程序员不必直接操作物理内存，内存访问的安全性得到了提升，所以这种工作模式也被称为保护模式。

保护模式的核心在于引入了虚拟内存，使得每个进程都可以独享 4GB 的内存空间。本章将重点介绍保护模式内存管理的工作原理。另外，在保护模式下，中断的工作原理也发生了变化，这一章也将对保护模式下的中断机制进行详细介绍。注意，进入保护模式以后，BIOS 中断将无法使用，所以在进入保护模式之前，操作系统应该充分使用 BIOS 中断的功能来获取足够多的信息，比如内存大小、硬盘参数等。这部分工作是由另一个独立模块 setup 来完成的。接下来就着手实现 setup 模块以获取硬件参数。

2.1　进入保护模式前的准备

引导过程会首先执行 bootsect 中的代码，但因为 bootsect 只有 512B，无法容纳太多的代码，所以我们就需要将更多的逻辑放到新的模块中，这就是 setup 模块。setup 模块仍然是使用汇编语言编写的，它最主要的职责是让 CPU 从实模式进入保护模式。因为 setup 的大小设置比较自由，可以实现更多的逻辑。

2.1.1　加载并执行 setup

Linux 内核将 setup 放到 bootsect 之后，使用 BIOS 中断将 setup 加载进内存。先来修改 bootsect，加载 setup 模块，然后再跳转进 setup 模块执行，加载 setup 模块的具体实现如代码清单 2-1 所示。

代码清单 2-1　加载 setup 模块

```
1   SETUPLEN   = 4
2
3   BOOTSEG    = 0x7c0
4
5   INITSEG    = 0x9000
6
7   SETUPSEG   = 0x9020
8
9   SYSSEG     = 0x1000
10
11  ENDSEG     = SYSSEG + SYSSIZE
12
13  ROOT_DEV   = 0x000
14
15  .code16
16  .text
17
18  .global _start
19  _start:
20
21      jmpl $BOOTSEG, $start2
22
23  start2:
24      movw $BOOTSEG, %ax
25      movw %ax, %ds
26      movw $INITSEG, %ax
27      movw %ax, %es
28      movw $256, %cx
```

```
29    subw %si, %si
30    subw %di, %di
31
32    rep
33    movsw
34
35    jmpl $INITSEG, $go
36
37  go:
38    movw %cs, %ax
39    movw %ax, %ds
40    movw %ax, %es
41    movw %ax, %ss
42    movw $0xFF00, %sp
43
44  load_setup:
45    movw $0x0000, %dx
46    movw $0x0002, %cx
47    movw $0x0200, %bx
48    movb $SETUPLEN, %al
49    movb $0x02,   %ah
50    int  $0x13
51    jnc  ok_load_setup
52    movw $0x0000, %dx
53    movw $0x0000, %ax
54    int  $0x13
55    jmp  load_setup
56
57  ok_load_setup:
58
59    movw $msg, %ax
60    movw %ax, %bp
61    movw $0x01301, %ax
62    movw $0x0c, %bx
63    movw $21, %cx
64    movb $0, %dl
65    int  $0x010
66
67    jmpl $SETUPSEG, $0
68
69  msg:
```

```
70    .ascii "Setup has been loaded"
71
72    .org 508
73    root_dev:
74        .word ROOT_DEV
75    boot_flag:
76        .word 0xaa55
```

在上述代码中：第 24 行到第 33 行将 bootsect 搬移到 0x90000（INITSEG 左移 4 位）。这是因为 0x7c00 是一个比较低的地址，这一块内存将来会被覆盖，所以 bootsect 一开始就把自己搬到一块更高的地址。

通过第 35 行的跳转指令进入新地址里的 bootsect 继续执行，也就是第 38 行。注意，第 35 行的跳转会使 cs 寄存器变成 0x9000（即 INITSEG），所以第 38 行到第 42 行的代码就是为了把其他段寄存器也设置成 0x9000，顺便把栈指针寄存器 sp 也设置了。在接下来的很长一段时间内，内核都不会使用到栈，但让 sp 寄存器指向合理的位置是一个好的编程习惯。

接下来的代码使用了 BIOS 的 0x13 号中断，从软盘中将 setup 模块加载进内存。0x13 号中断的入参通过各个寄存器传递。

1）ah 寄存器是功能号，其值为 02，代表读磁盘扇区到内存。

2）al 寄存器的值代表了需要读出的扇区数量。

3）ch 代表柱面号的低 8 位。

4）cl 的 0~5 位代表开始扇区号，6~7 位代表磁道号的高 2 位。

5）dh 代表磁头号。

6）dl 代表驱动器号，0 代表软盘，7 代表硬盘，es:bx 指向数据缓冲区。如果读取出错，则 CF 标志置位。

综上，第 45 行至第 50 行代码的作用就是从 0 号柱面、0 号磁头的第 2 个扇区开始，连续读取 4 个扇区数据进内存，数据会被存储在 0x90200（INITSEG:0x200）。如果成功，则 CF 标志不会置位，且第 51 行的条件跳转语句就会跳到 load_setup 处继续执行；如果不成功，则使用 0x13 号中断重置磁盘（ah=0），然后再跳转回 ok_load_setup 处循环执行。

第 59 行至第 65 行使用了 0x010（对应的十六进制为 0x10）号中断向屏幕上打印"Setup has been loaded"。最后通过第 67 行的跳转进入 setup 模块执行。

接下来的代码便是 setup 模块（见代码清单 2-2）的入口。这段代码的功能非常简单，就是在屏幕上打印提示信息，表示 setup 模块已经开始真正执行了。

代码清单 2-2　setup 模块

```
1    .code16
```

```
2   .text
3   .globl _start_setup
4
5   _start_setup:
6       movw %cs, %ax
7       movw %ax, %ds
8       movw %ax, %es
9
10      movw $setup_msg, %ax
11      movw %ax, %bp
12      movw $0x01301, %ax
13      movw $0x0c, %bx
14      movw $16, %cx
15      movb $3, %dh
16      movb $0, %dl
17      int  $0x010
18  setup_msg:
19      .ascii "setup is running"
```

0x10 号中断已经出现过很多次了，它只是简单地向屏幕上打印一行信息。这段代码就不再过多解释了。增加了一个新的文件 setup.S，makefile 文件也要做相应的修改，将这个文件编译进内核镜像，如代码清单 2-3 所示。

代码清单 2-3 makefile

```
1   AS := as
2   LD := ld -m elf_x86_64
3
4   LDFLAG := -Ttext 0x0 -s --oformat binary
5
6   image : linux.img
7
8   linux.img : tools/build bootsect setup
9       ./tools/build bootsect setup > $@
10
11  tools/build : tools/build.c
12          gcc -o $@ $<
13
14  bootsect : bootsect.o
15      $(LD) $(LDFLAG) -o $@ $<
16
17  bootsect.o : bootsect.S
```

```
18          $(AS) -o $@ $<
19
20   setup : setup.o
21          $(LD) $(LDFLAG) -e _start_setup -o $@ $<
22
23   setup.o : setup.S
24          $(AS) -o $@ $<
25   clean:
26      rm -f *.o
27      rm -f bootsect
28      rm -f setup
29      rm -f tools/build
30      rm -f linux.img
```

上面的构建文件里使用了一个名为 build 的工具，它的作用是将 bootsect 和 setup 模块拼接在一起，并且保证 bootsect 的长度为 512B，而 setup 的长度是 2KB，所以经过 build 工具的拼接，生成的 linux.img 文件的大小一定是准确的 2560B，一共是 5 个扇区。因为 build.c 文件代码比较长，逻辑又非常简单，所以这里就不再引录了。读者可以在代码仓库中找到相应版本的 build.c 文件。

构建并运行以后，可以看到屏幕上正确地显示了两行文字。

2.1.2 获取硬件信息

在实模式下，使用 BIOS 中断可以获取很多硬件信息。本节将会使用 BIOS 中断查看硬件信息，然后将结果存储在内存的特定位置。这样一来，操作系统内核就可以直接使用这些参数，从而简化编程。获取硬件信息的具体实现如代码清单 2-4 所示。

代码清单 2-4 获取硬件信息

```
1   _start_setup:
2       ...
3       movw $INITSEG, %ax
4       movw %ax, %ds
5       movb $0x03, %ah
6       xor  %bh,  %bh
7       int  $0x10
8       movw %dx, (0)
9       movb $0x88, %ah
10      int  $0x15
11      movw %ax, (2)
12
13      movb $0x0f, %ah
```

```
14        int   $0x10
15        movw %bx, (4)
16        movw %ax, (6)
17        movb $0x12, %ah
18        movb $0x10, %bl
19        int   $0x10
20        movw %ax, (8)
21        movw %bx, (10)
22        movw %cx, (12)
23
24        movw $0x0000, %ax
25        movw %ax, %ds
26        ldsw (4 * 0x41), %si
27        movw $INITSEG, %ax
28        movw %ax, %es
29        movw $0x0080, %di
30        movw $0x10, %cx
31        rep
32        movsb
33
34        /* 获取hd1数据 */
35        movw $0x0000, %ax
36        movw %ax, %ds
37        ldsw (4 * 0x46), %si
38        movw $INITSEG, %ax
39        movw %ax, %es
40        movw $0x0090, %di
41        movw $0x10, %cx
42        rep
43        movsb
44
45        movw $0x1500, %ax
46        movb $0x81, %dl
47        int   $0x13
48        jc   no_disk1
49        cmpb $3, %ah
50        je   is_disk1
51  no_disk1:
52        movw $INITSEG, %ax
53        movw %ax, %es
54        movw $0x0090, %di
```

```
55      movw $0x10, %cx
56      movw $0x00, %ax
57      rep
58      stosb
59  is_disk1:
60      ...
```

上述代码首先将 INITSEG（0x9000）保存在 ds 寄存器中，然后通过 0x10 号中断获取了光标信息，其输入功能号是 0x03（第 5~7 行）。光标位置结果作为中断的输出，会被存放在 dx 寄存器中。第 8 行代码将 dx 寄存器中的值放到内存里，其内存地址以 ds 为段基址，位置的偏移为 0，也就是 0x9000<<4+0，或者直接写成 0x90000。

这个位置存放着 bootsect 的代码，但是当 CPU 执行到 setup 的时候，bootsect 就肯定不会再被执行了，所以这部分内存是可以被复用的。操作系统选择将硬件参数保存在这里。

第 9~10 行，利用中断号 0x15 的子功能号 0x88 来获取扩展内存的大小，获取内存大小的结果会保存在 ax 寄存器中，然后第 11 行将扩展内存保存在 0x90002 处。注意，这条指令是利用了段寻址方式，这与第 8 行的写法是一致的，所以扩展内存的大小就保存在 0x90002 处。

1. 获取显卡相关信息

接下来就是获取显卡的显示模式相关信息，依然参见代码清单 2-4。

第 14 行使用了中断号 0x10，这也是一个和显示器相关的中断。ah 寄存器赋值为 0x0f，对应的子功能号为获取显示器的显示模式，将返回结果放入 ax 和 bx 两个寄存器中。其中 ah（ax 的高 8 位），存放屏幕字符的列数，al（ax 的低 8 位）存放显示器的显示模式，bh（bx 的高 8 位）存放显示器页数。第 15 和 16 行分别把获取到的显示模式信息放到 0x90004 和 0x90006 的位置。

在获取显示器的显示模式信息之后，紧接着还要获取显示器的其他信息。第 19 行，再次调用 BIOS 0x10 号中断，这仍然是与显示器相关的中断，第 17 行中的 ah 表示中断的功能号为 0x12，第 18 行的 bl 表示中断子功能号为 0x10。这个中断的作用是获取显卡的相关信息，返回结果分别存入 ax、bx、cx 三个寄存器中。

其中，ax 作为返回寄存器的作用已经被废弃。bh 存放视频状态，0x00h 表示彩色模式，0x01h 表示单色模式。bl 存放已经安装的显存大小（00h = 64KB, 01h = 128KB, 02h = 192KB, 03h = 256KB）。ch 存放特性连接器位信息。cl 存放的是显卡的一些开关设置。在之后的 20~22 行，将返回结果存入内存 0x90008~0x90012 的位置。

内核在初始化控制台的时候就会使用这些信息，这里先不详细解释这些数据的意义，等到实现控制台打印功能时再来仔细研究。更多有关显示卡编程的知识可以查看附录。

2. 获取磁盘相关信息

显卡的基本信息获取之后，接下来就是获取硬盘相关的信息。

与磁盘和内存不同，磁盘的信息是在 BIOS 引导阶段就被保存在了内存里，其中第一块硬盘的参数被存放在 4*0x41 的位置，如果系统中还有第二块硬盘，那它的参数就被存放在 4*0x46 的位置。

这两个位置本来是 BIOS 存放中断向量的地方，所以你有时会读到某些材料上说硬盘参数存储在 0x41 号中断处。这种说法是不准确的，因为 BIOS 占用了这一段内存，它已经不再是中断向量了。

第 24 和 25 行的作用是将 ds 寄存器初始化为 0x0。也就是数据段基址此时被设置成了 0。然后第 26 行使用 ldsw 指令将地址送入 si 寄存器，"(4*0x41)" 和前面提到的 "0" 是一样的，它的地址就是 4*0x41，所以这条指令最终的作用就是把值 4*0x41 送入 si 寄存器。你也可以使用 mov 指令达成同样的效果，但 ldsw 指令更加清楚地指明了 si 寄存器里存放的是一个地址。

接下来，将 es 寄存器赋值为 0x9000，即 setup.S 开头定义的 INITSEG。之后将目的寄存器 di 赋值为 0x80，并将计数寄存器 cx 赋值为 0x10，然后开始进行复制操作。通过 rep 和 movsb 两条指令完成从（0x0000:0x41*4）到（0x9000:0x80）的复制工作，重复 16 次，完成 16 个字节的复制工作。

紧接着继续复制第二块硬盘 hd1 的参数，hd1 的参数位于 4*0x46 处，它和前面复制 hd0 参数的代码几乎完全一样，差别仅仅是源地址和目标地址有所不同（第 34~43 行）。

一台机器可能有多块硬盘，所以接下来还要再通过中断来进行判断。第 47 行中断类型是 0x13，表示磁盘相关的服务，第 45 行将 0x1500 赋值给 ax，实际上是将功能号 0x15 赋值给 ah（ax 的高 8 位）。第 46 行 dl 表示的是驱动器编号，0x80 表示第一块硬盘，0x81 表示第二块硬盘。中断的返回值存放在 ah 寄存器中，当 ah 寄存器的值为 0 时，代表没有目标驱动器，同时 CF 会被置位。值为 1 或者 2 时代表软盘，值为 3 时代表硬盘。所以第 49 行进一步判断：如果 ah=3，则表示存在第二块硬盘。

如果没有第二块硬盘，则会执行 no_disk1 这个 lable 的代码。首先还是将 es 寄存器初始化为 INITSEG，然后将 di 寄存器赋值为 0x90，这个目标地址是前面初始化 hd1 时的目标地址。寄存器 ax 的值是 0，所以 no_disk1 的这段代码的作用就是将硬盘参数表的第二个表清零。

至此，在实模式下的工作就全部完成了，我们可以向保护模式"进发"了。

2.2 内存管理

i386 中的段式管理机制，相比于 8086 发生了重大变化；同时，i386 芯片在段式管理的基础上，还引入了页式管理。i386 的保护模式是一种段式管理和页式管理混合使用的模式。接下来将重点介绍 i386 相比于 8086 在内存管理方面发生了什么变化。第一个问题就是 A20 地址线问题。

2.2.1 A20 地址线

A20 地址线是一个历史遗留问题。1981 年 8 月，IBM 公司最初推出的个人计算机所使用的 CPU 是 Intel 8088。在这个计算机中，地址线只有 20 根（A0~A19）。当时，计算机的 RAM 只有几百 KB 或不到 1MB，20 根地址线已足够用来寻址。所能寻址的最高地址是 0xffff:0xffff，即 0x10ffef。对于超出 0x100000（1MB）的地址，CPU 将默认回卷到 0x0ffef，也就是最高位溢出。IBM 公司于 1985 年引入 AT 机时，使用的 CPU 是 Intel 80286，具有 24 根地址线，最高可寻址 16MB，所以在寻址值超过 1MB 时，它不再像 8088 那样实现地址的回卷。但是当时已经有一些程序利用这种地址环绕机制进行工作。为了实现完全的兼容性，IBM 公司发明了一种方法，即使用一个开关来开启或禁止地址线的 20~23 位。

在进行从实模式到保护模式的切换时，操作系统必须保证 A20 地址线是打开的，这样才能具有使用 32 位地址总线的能力。

2.2.2 全局描述符

在实模式下，地址总线宽度是 20 位，但是寄存器大小只有 16 位，寄存器的位数小于总线宽度，访问物理地址的寻址方式为"段基址: 段偏移"，段基址由段寄存器提供。在保护模式下，地址总线是 32 位，通用寄存器也变成 32 位。这就意味着段基址寄存器已经失去了作用，因为寄存器的位数足够存储一个完整的地址。但实际上，保护模式并没有直接放弃段寄存器，而是沿用了实模式下的 16 位段寄存器，只不过其中存的不再是段基址，而是被称为段选择子（Selector）的东西。

相比于 8086 芯片，i386 中多了一个名为 GDT（Global Descriptor Table，全局描述符表）的结构。它实际上就是内存中的一个数组，其中的每一项都是一个全局描述符。全局描述符中详细定义了段的起始地址、界限、段的属性等内容。而 16 位的段寄存器中存储的就是 GDT 这个数组的下标，也就是说在保护模式下，段寄存器变成了全局描述符的索引，这个索引也被称为段选择子。

段选择子的结构如图 2-1所示。它的低两位代表选择子自己的 RPL（Request Privilege Level，请求特权级），特权级的相关知识会在后面的章节专门加以介绍，这里只需要知道它的作用是控制访问权限。选择子从低位数第 2 个位是 TI，它指示了当前选择子对应的描述符表是全局的还是局部的。在创建进程的时候，操作系统才会遇到局部描述符表，这里先不用深入了解它。

15	14	13	12	11	10	9	8	7	6	5	4	3	2	1	0
描述符索引													TI	RPL	

图 2-1　段选择子的结构

在实模式下段寄存器只起到了段基址的作用，对于段的各种属性并没有加以定义，任何指令都可以对代码段进行随意更改。但是保护模式使用了 GDT 来记录段基址信息，描述符中除了记录段基址之外，还记录了段的长度，以及定义了一些与段相关的属性。段描述符共占据 8 个字节，64 位，它的结构如图 2-2 所示。

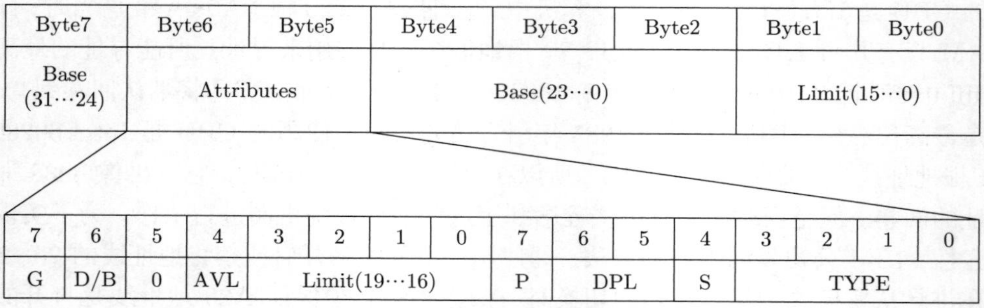

Byte7	Byte6	Byte5	Byte4	Byte3	Byte2	Byte1	Byte0
Base (31…24)	Attributes		Base(23…0)			Limit(15…0)	

7	6	5	4	3	2	1	0	7	6	5	4	3	2	1	0
G	D/B	0	AVL	Limit(19…16)				P	DPL		S	TYPE			

图 2-2　段描述符的结构

段描述符中的段基址（即图中的 Base）分成了两段，占据了 2、3、4、7 这 4 个字节，共 32 位。段界限值（Limit）也分成了两段，共 20 位。下面，结合图 2-2，再详细介绍段描述符的各个属性位。

1）P 位：指示了段在内存中是否存在：1 表示段在内存中存在；0 则表示不存在。

2）DPL：占据两个位，代表了描述符的特权级。Intel 规定了 CPU 工作的 4 个特权级，分别是 0、1、2、3，数字越小，权限越高。以 Linux 为例，Linux 只使用了 0 和 3 两个特权级，并且规定 0 是内核态，3 是用户态。后面的章节将会详细介绍特权级，这里先不展开论述。

3）S 位：其值为 1 时代表该描述符对应的段是数据段或者代码段，值为 0 时代表该段是系统段或者门描述符。

4）TYPE：定义描述符类型。具体的类型如表 2-1 所示。

5）G 位：代表段界限粒度（Granularity），值为 0 时粒度为 1B（字节），值为 1 时粒度为 4KB。在段描述符中，段界限共 20 位，当粒度为 4KB 时，段界限的最大值为 4GB。这是 i386 CPU 上可以支持的最大段长度。

6）AVL 位：保留位，可供系统软件使用。

7）D/B 位：这一位又分三种情况。

在可执行代码段描述符中，这一位称为 D 位。其值为 1 时，默认情况下指令使用 32 位地址及 32 位或 8 位操作数。值为 0 时，默认情况下使用 16 位地址及 16 位或者 8 位操作数。

在向下扩展数据段的描述符中，这一位叫作 B 位。其值为 1 时，段的上部界限为 4GB。其值为 0 时，段的上部界限为 64KB。

在堆栈段描述符中，即由 ss 寄存器指向的段，这一位叫 B 位。其值为 1 时，隐式的栈访问指令（例如 push、pop）使用 32 位栈指针寄存器 esp。其值为 0 时，隐式的栈访问指令使用 16 位栈指针寄存器 sp。

表 2-1　描述符类型

TYPE 值	数据段或代码段描述符	系统段或者门描述符
0	只读	undefined
1	只读，已访问	可用 286 TSS
2	可读，可写	LDT
3	可读，可写，已访问	忙的 286 TSS
4	只读，向下扩展	286 调用门
5	只读，向下扩展，已访问	任务门
6	可读写，向下扩展	286 中断门
7	可读写，向下扩展，已访问	286 陷阱门
8	只执行	undefined
9	只执行，已访问	可用 386 TSS
A	可执行，可读，已访问	undefined
B	可执行，可读，已访问	忙的 386 TSS
C	只执行，一致代码段	386 调用门
D	只执行，一致代码段，已访问	undefined
E	可执行，可读，一致代码段，已访问	386 中断门
F	可执行，可读，一致代码段，已访问	386 陷阱门

　　表 2-1 中出现的一致代码段、TSS、中断门、调用门等专用名词，在当前阶段还用不到。本书的目标是构建操作系统内核，而不是全面地介绍 CPU 的工作原理。所以，读者只需要掌握与操作系统相关的机制即可，这里就先不介绍了，等用到的时候再详细研究。

　　实际上，Linux 内核并没有使用 CPU 的全部机制，也能实现全面强大的功能，甚至有些机制的实现比硬件实现得更好。这一点，大家在学习操作系统源码的时候是要加以注意的。

　　GDT 的本质是内存中的一个数组，它的表项是全局描述符，全局描述符是由操作系统设置，供 CPU 使用的一个结构。理论上，它可以放在内存中的任意位置，只需要将它的起始地址告诉 CPU 即可。这就是 GDTR（Global Descriptor Table Register，全局描述符表寄存器）的作用。

　　操作系统设置完 GDT 以后，要使用一条特殊的指令将 GDT 的起始地址加载进 GDTR。CPU 在处理一个逻辑地址 cs:offset 的时候，就会将 GDTR 中的基址加上 cs 中的下标值来得到一个段描述符，再从这个段描述符中取出段基址，最后将段基址与偏移值相加，这样就可以得到线性地址了。在保护模式下，CPU 将逻辑地址转换成线性地址的过程如图 2-3 所示。

　　线性地址是虚拟地址，它的取值范围是从 0～4GB，CPU 还不能直接通过线性地址访问物理内存，还需要再通过页表将线性地址转换成物理地址。

　　在开始介绍页表之前，我们对段式管理的特点做一点总结。段式管理会按功能把内存空间分割成不同段，有代码段、数据段、只读数据段、堆栈段等，为不同的段赋予了不同的读写权限和特权级。通过段式管理，操作系统可以进一步区分内核数据段、内核代码段、用户态数据段、用户态代码段等，为系统提供了更好的安全性。

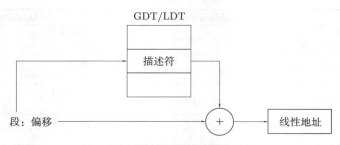

图 2-3　逻辑地址转换成线性地址

但是段的长度往往是不能固定的，例如在不同的应用程序中，代码段的长度各不相同。如果以段为单位进行内存的分配和回收的话，数据结构非常难于设计，而且难免会造成各种内存空间的浪费。页式管理则不按照功能区分，而是按照固定大小将内存分割成很多大小相同的页面，不管是存放数据，还是存放代码，都要先分配一个页，再将内容存进页里。

页式管理的优点是大小固定，分配回收都比较容易。而且段式管理所能提供的安全性，在现代 CPU 上也可以由页表项中的属性替代实现，所以现在段式管理已经变得越来越不重要了。像 64 位 Linux 系统，它把所有段的基地址都设成了从 0 开始，段长度都设置为最大。这样，段式管理的重要性就大大下降了。

2.2.3　页表的原理

相比于实模式，保护模式最重要的变化就是引入了虚拟内存，虚拟内存是保护模式的核心概念。有了虚拟内存，每个进程才能独享 4GB 的地址空间，而且程序员也不用担心会与其他进程相互影响。但同时，CPU 要访问真实的物理内存时必须使用物理地址。这就要求 CPU 有能力将线性地址转换成物理地址。

负责将虚拟内存地址翻译成物理内存地址的模块叫作 MMU（Memory Management Unit，内存管理单元），它是现代 CPU 内存管理的核心。而 MMU 要使用一个结构来辅助地址翻译，这个结构中维护着虚拟内存和物理内存的映射关系，这个结构就是页表（Page Table）。页表数据保存在内存中，是操作系统加载运行以后由操作系统主动创建的，也就是说页表和全局描述符表都是由软件维护的，并且供硬件使用的一个数据结构。

页的本质就是一块整齐的大内存。大多数操作系统默认设置页的大小为 4KB，这是一个综合了多种因素而得到的最优选择。在一些特殊的场景下，有些操作系统会把页面设得更大。但从学习操作系统内核的角度，一开始就认为页的大小是 4KB 是没什么问题的。

1. 物理页面映射

虽然虚拟内存提供了很大的空间，但实际上进程启动之后，这些空间并不是全部都能使用的。开发者必须使用 malloc 等分配内存的接口才能将内存从待分配状态变成已分配状态。

得到一块虚拟内存以后，这块内存就是未映射状态，因为它并没有被映射到相应的物理内存，直到对该块内存进行读写时，操作系统才会真正地为它分配物理内存。然后这个页面才能成为正常页面。这个过程当然还依赖 CPU 的缺页中断机制，在实现操作系统内核的过程中，很长一段时间都不会涉及缺页中断，所以这部分内容被安排在第 7 章实现 execve 函数时再详细介绍。

在虚拟内存中连续的页面，在物理内存中不必是连续的。只要维护好从虚拟内存页到物理内存页的映射关系，开发人员就能正确地使用内存。这种映射关系是操作系统通过页表来自动维护的，如图 2-4 所示。图 2-4 中展示了两个进程的页表，左侧是进程 1 的页表，右侧是进程 2 的页表。页表中的每一项叫作 PTE（Page Table Entry，页表项）。每一个 PTE 对应一个物理页面，这种对应关系被称为页面映射（Mapping）。

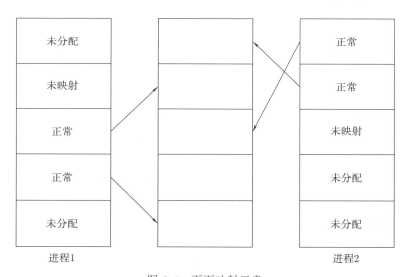

图 2-4　页面映射示意

页的大小是 4KB，那么用于页内地址编码的长度就是 $\log_2 4096 = 12$ 位，32 位地址还有 20 位用于编码 PTE 的索引。换言之，4GB 的虚拟内存需要使用 1M 个 PTE 进行映射。每个 PTE 的大小是 4B，所以理论上创建一个进程，它自己的页表就占据了 4MB 的空间。实际上，进程的地址空间中有大量空间是从不使用的，这些空间所对应的 PTE 并不需要保留在内存中，为了避免页表过大，人们进一步引入了多级页表。

2. 多级页表

将 1024 个 PTE 组成一张页表，因为每个 PTE 的大小是 4B，所以一张页表的大小刚好就是 4KB，占据一个内存页，这样管理就更加方便。

一个页表项对应着一个大小为 4KB 的页，所以 1024 个 PTE 所能支持的空间就是 4MB。那为了编码更多地址，系统就必须使用更多的页表。为了管理这些页表，人们进一步引入了页表的数组：页目录表。

页目录表中的每一项叫作 PDE（Page Directory Entry，页目录项），每个 PDE 都对应一个页表，它记录了页表开始处的物理地址，这就是多级页表结构，如图 2-5 所示。为了编码更大的空间，现代的 64 位处理器上还设置了更多级的页表。

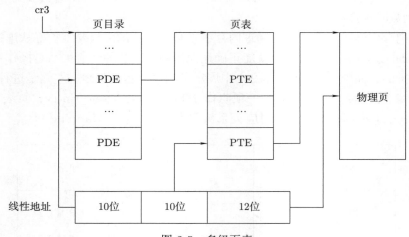

图 2-5　多级页表

有了多级页表（见图 2-5）以后，CPU 要通过虚拟地址找到物理地址就需要以下 4 个步骤。

1）确定页目录基地址。每个 CPU 都有一个特殊寄存器，最高级页表的基地址就存在于这个寄存器里。在 x86 上，这个寄存器是 cr3。cr3 寄存器又叫作 PDBR（Page Directory Base Register，页目录基地址寄存器）。每一次计算物理地址时，MMU 都会从 cr3 寄存器中取出页目录所在的物理地址。

2）定位 PDE。一个 32 位的虚拟地址可以拆成 10 位、10 位和 12 位三段，上一步找到的页目录表基地址加上高 10 位的值再乘以 4 就是 PDE 的位置。这是因为，一个 PDE 正好是 4B，所以 1024 个 PDE 共占据 4096B，刚好组成一页，而 1024 个 PDE 需要 10 位进行编码。这样，CPU 就可以通过最高 10 位找到该地址所对应的 PDE 了。

3）定位 PTE。PTE 里记录着页表的位置，CPU 通过 PDE 找到页表的位置以后，再用中间 10 位计算页表中的偏移，就可以找到该虚拟地址所对应的页表项了。PTE 的大小是 4B，所以一页之内刚好也是 1024 项，用 10 位进行编码。所以计算公式与上一步相似，用页表基地址加上中间 10 位再乘以 4，可以得到 PTE 的地址。

4）确定真实的物理地址。上一步 CPU 已经找到 PTE 了，这里存储着物理地址，这才真正找到该虚拟地址所对应的物理页。虚拟地址的低 12 位刚好可以对一页内的所有字节进行编码，所以我们用低 12 位来代表页内偏移。计算的公式是物理页的地址直接加上低 12 位。

页总是 4KB 地址对齐的，这意味着每个页的起始地址都是 4KB 对齐的，每个页表占一个页，所以页表的起始地址也是 4KB 对齐的。也就是说，起始地址的低 12 位都是 0。PDE 和 PTE 的大小是 32 位，它们的低 12 位就空闲出来，CPU 可以使用这些位进行权限管理。这对页管理机制至关重要，下一节就来详细分析 PDE 和 PTE 的结构。

3. 页目录项和页表项的结构

由前可知，PDE 中存储着页表基地址，这个地址只会占据高 20 位，而低 12 位用不到，所以 CPU 把低 12 位用于属性管理了。

PDE 的详细结构如图 2-6所示。

31…12	11…9	8	7	6	5	4	3	2	1	0
页表基地址	Avail	G	PS	0	A	PCD	PWT	U/S	R/W	P

图 2-6　PDE 结构

PTE 的详细结构如图 2-7所示。

31…12	11…9	8	7	6	5	4	3	2	1	0
页表基地址	Avail	G	PAT	D	A	PCD	PWT	U/S	R/W	P

图 2-7　PTE 结构

从 PDE 和 PTE 两个结构的对比可以看出，两者的区别主要是第 6 位和第 7 位，除此之外，其他的属性位都是相同的。所以，这里就将这两个结构的各个属性合并起来讲解。以下是每个属性的具体作用。

❏ P 位：指示当前表项指向的页是否在物理内存中。值为 1 代表在内存中，值为 0 代表不在内存中，当 CPU 试图访问不在物理内存中的页时，就会产生缺页中断。操作系统必须处理这个中断，为该表项所代表的线性地址分配物理内存，也就是建立从线性地址到物理地址的映射关系。

❏ R/W 位：指示当前表项指向的页的读写权限。该位为 0 表示只读，为 1 表示可读、可写。该位与 U/S 位和 cr0 中的 WP（Write Protection，写保护）位相互作用。确保特定特权级的指令有权限对页面进行读写操作。

❏ U/S 位：指示一个页的特权级。如果 CPU 当前特权级是 0、1 或者 2，该位就是 0，表示系统级别（Supervisor Privilege Level）。如果当前特权级为 3，该位就是 1，表示用户级别（User Privilege Level）。

　　R/W 位和 U/S 位，以及 WP 位之间会相互影响。如果 WP 位为 0，用户级页面的 R/W 位为 0，系统级程序依然可以对页面进行写操作。如果 WP 位为 1，则系统级程序不能写入用户级只读页。

❏ PWT 位：控制页的缓存（Cache）策略，该位为 0 时，缓存写采用写回（Write Back）策略，为 1 时，采用写直达（Write Through）策略。当 cr0 寄存器的 CD（即

Cache Disable，可理解为缓存有效位）位为 1 时，则 PWT 位不起作用。

❑ PCD 位：用于控制对单个页的缓存，为 0 时页可以被缓存，为 1 时页不可以被缓存。当 cr0 寄存器的 CD 位为 1 时，PCD 位不起作用。

❑ A 位：用于指示页是否被访问。当页面被加载到物理内存中以后，处理器第一次访问此页时设置这一位。处理器不会自动清除此位，需要软件来清除。Linux 的内存管理没有使用这一位来标识是否访问过。

❑ D 位：用于指示页是否被写入。此位为 1 时表示该页被写入。当页被加载进物理内存后，处理器第一次写入此页时设置该位。处理器不会自动清除此位，需要软件清除。脏页面是内存管理的核心概念之一，它往往意味着内存中的值与硬盘设备上的内容不一致，需要软件来进行数据同步。在后面的缓冲区管理部分我们会看到这一点。Linux 采用了软件的手段来自己维护页面状态，没有使用 D 位。

❑ PS 位：决定页的大小，为 0 时代表页大小为 4KB。

❑ PAT 位：在 Linux 中未使用，此处设为 0 即可。

❑ G 位：指示当前页是否是全局页。如果此位置位，那么此页的页表或者页目录项就不会在 TLB 中失效。

至此，保护模式下的内存管理机制就全部介绍完了。下一节将会实现从实模式向保护模式的跳转。

2.2.4 进入保护模式

进入保护模式，GDT 是必需的，而页式管理则不是。分页机制可以通过 cr0 寄存器的最高位，也就是 PG 位来控制。本节的实验将实现进入保护模式，并通过保护模式访问在显存中显示白色的字母 B，以验证代码的正确性。为了使代码尽量简单，这里先不开启分页，实验的步骤包括：

1）正确地设置 GDT。

2）打开 A20 地址线。

3）设置 cr0 的 PE 位。

4）跳转进入保护模式。

5）打印白色的字母 B。

前 4 个步骤都可以在 setup.S 中实现，因为 setup.S 是以 16 位模式进行编译的，所以前 4 个步骤就可以放在 setup 模块。第 5 个步骤的代码就应该以 32 位模式进行编译，所以它会被安排在一个新的文件中，这个文件可以看作操作系统内核的真正开始，所以被命名为 head.S。

head.S 应该被独立地编译成新的模块并且由 build 工具把它拼接在 setup 模块之后，然后再由 bootloader 加载进内存的特定位置，由 setup 模块的最后一条跳转语句转移到 head 中执行。所以这里先把它准备好。新建 kernel 目录，并在这个目录下新建 head.S 文件，它的内容如代码清单 2-5 所示。

代码清单 2-5 在保护模式打印字母（head.S）

```
1   .code32
2   .text
3   .globl startup_32
4   startup_32:
5       movl $0x18, %eax
6       movw %ax, %gs
7       movl $0x0, %edi
8       movb $0xf, %ah
9       movb $0x42, %al
10      movw %ax, %gs:(%edi)
11
12      movl $0x10, %eax
13      movw %ax,    %ds
14      movw %ax,    %es
15      movw %ax,    %fs
16
17  loop:
18      jmp  loop
```

第 1 行指明 head.S 应该以 32 位模式进行编译。第 3 行导出 startup_32 这个符号供链接器使用。第 5 行和第 6 行使用 0x18 来指示 gs 寄存器中的段选择子是 GDT 中的第三项，且特权级为 0。CPU 加载以后就一直在特权级 0 上运行。到现在为止，特权级的概念尚未完全说明，而且也从未切换过特权级，所以这里可以先忽略。本节的实验将会把 GDT 的第三项的基地址设为 0xb8000，这是显存地址，所以第 10 行就是把一个白色的字母 B 显示到屏幕的最左上角。

第 12~15 行是把 ds、es、fs 寄存器的值设为 0x10，它代表 GDT 中的第二项，它指向数据段。如果对于 0x18 和 0x10 还有疑惑的话，也不必急于现在搞清楚，等这一节的最后将 GDT 设置完成了，再回过头来看这两个段选择子就会比较清楚。学习的时候，适当地囫囵吞枣，遇到不懂的地方先跳过去，也许等到后面就会发现，前边的这些问题不攻自破了。

在 kernel 目录里同时新建 makefile 文件以构建内核的二进制文件，如代码清单 2-6 所示。

代码清单 2-6 新建 makefile 文件以构建内核

```
1   GCC := gcc
2   CCFLAG := -mcpu=i386 -I../include -nostdinc -Wall -fomit-frame-pointer
        -c
3   LDFLAG := -Ttext 0x0 -s --oformat binary
```

```
4   OBJS    := head.o
5
6   system: $(OBJS)
7       $(LD) $(LDFLAG) -e startup_32 -o $@ $^
8
9   head.o : head.S
10      $(GCC) -traditional -c -o $@ $<
11
12  clean :
13      rm *.o
14      rm system
```

注意，GCC 的编译选项要指明 CPU 指令架构是 i386，并且需要使用 nostdinc 明确地告诉编译器，不要使用标准 C 语言的运行时。要知道，操作系统的环境是完全"干净"的，没有任何的 C 语言内建函数可以用，所以必须指定这个选项来产生不依赖任何 C 语言运行时的二进制文件。

通过这个 makefile 文件就可以编译出一个名为 system 的二进制文件。在工程的根目录下的 makefile 文件中，要把 kernel 中的 makefile 关联起来，如代码清单 2-7 所示。

代码清单 2-7　节选自根目录下的 makefile

```
1   ...
2   image : linux.img
3
4   linux.img : tools/build bootsect setup kernel/system
5       ./tools/build bootsect setup kernel/system > $@
6
7   tools/build : tools/build.c
8       gcc -o $@ $<
9
10  kernel/system :
11      cd kernel; make system; cd ..
12  ...
```

第 4 行的规则，使用 build 工具将 bootsect、setup 模块和 kernel/system 三部分简单地拼接在一起。第 10 行的规则调用 shell 命令进入 kernel 目录构建 system 模块。

接下来就要修改 bootsect，将 system 加载进内存的 0x10000 位置。选择这个位置的原因是低地址的内存被 BIOS 中断服务程序占用了，在实模式下，操作系统要依赖 BIOS 做很多事情，所以在进入保护模式之前，低于 0x10000 的地址是不能被覆写的。

在 Linux 0.11 的时代，因为 Linus 假设操作系统内核不会超过 512KB（0x80000），所以就把 bootsect 和 setup 放到了 0x90000，把操作系统内核（也就是 system 模块）放在了 0x10000 的位置。这一部分代码主要是通过 BIOS 中断来实现的，逻辑很简单，但代码比较冗长，所以本书就不再列出它的源码了，如果读者感兴趣的话，可以直接阅读最终版本的 bootsect.S 代码。它不仅包括了使用软盘中断加载内核，清除屏幕等操作，还有一些控制软盘驱动的代码，用于及时地关闭软盘驱动马达，如果不这么做，仿真软件的软盘驱动将会一直亮着。

bootsect 将 system 模块加载进内存以后，setup 模块还要再把它搬到内存地址 0 的位置。因为进入保护模式以后，BIOS 所使用的数据就全部失效了，所以它所占用的低地址处的内存就可以全部被操作系统使用了，把操作系统内核的代码搬到 0 的位置是合理的。对 setup.S 进行修改，如代码清单 2-8 所示。

代码清单 2-8　修改 setup.S

```
1   ...
2   is_disk1:
3       /* 为进入保护模式做准备 */
4       cli
5
6       movw $0x0000, %ax
7       cld
8   do_move:
9       movw %ax, %es
10      addw $0x1000, %ax
11      cmpw $0x9000, %ax
12      jz   end_move
13      movw %ax, %ds
14      subw %di, %di
15      subw %si, %si
16      movw $0x8000, %cx
17      rep
18      movsw
19      jmp  do_move
20
21  end_move:
22      movw $0xb800, %ax
23      movw %ax, %gs
24      movb $0xf, %ah
25      movb $0x41, %al
26      movl $0x100, %edi
27      movw %ax, %gs:(%di)
28
```

```
29        movw $SETUPSEG, %ax
30        movw %ax, %ds
31        lgdt gdt_48
32
33        call empty_8042
34        movb $0xD1, %al
35        outb %al,  $0x64
36        call empty_8042
37        movb $0xDF, %al
38        outb %al,  $0x60
39        call empty_8042
40
41        movl %cr0, %eax
42        xorb $1, %al
43        movl %eax, %cr0
44
45        .byte 0x66, 0xea
46        .long 0x0
47        .word 0x8
48
49    empty_8042:
50        .word 0x00eb, 0x00eb
51        inb $0x64, %al
52        testb $2, %al
53        jnz empty_8042
54        ret
55
56    gdt:
57        .word 0,0,0,0
58
59        .word 0x07ff
60        .word 0x0000
61        .word 0x9A00
62        .word 0x00C0
63
64        .word 0x07ff
65        .word 0x0000
66        .word 0x9200
67        .word 0x00c0
68
69        .word 0xffff
```

```
70          .word 0x8000
71          .word 0x920b
72          .word 0x00c0
73  gdt_48:
74          .word 0x800
75          .word 512+gdt, 0x9
```

这段代码比较长，它一共完成了 4 项工作，接下来逐一进行分析。

1. 搬移操作系统内核

这段代码的第 7 行是 cld 指令，它的作用是将标志寄存器 eflags 的方向标志位 DF 清零。使变址寄存器 si 或 di 的地址指针自动增加。

之后的 8~19 行其实是一个循环，第 10 行每次会将 ax 加 0x1000，第 11 行和 0x9000 进行比较，所以这个循环的迭代次数就是 8 次。然后就是前面讲过多次的内存复制操作，cx 的值为 0x8000，意味着 movsw 这条指令会重复 0x8000 次，因为每次复制一个 word（即两字节），所以每次大的循环会复制 0x8000×2B = 64KB。第 14 行和第 15 行使用减法指令将 di、si 寄存器清零。es 与 ds 的初始值分别为 0x0000 和 0x1000，每次迭代之后加 0x1000。这样就实现了将 system 模块，从 0x10000 搬运到 0x00000 的起始位置的目标。

简单来说，这一段代码的作用就是使用一个执行了 8 次的循环，从 0x10000 开始，每次向地址 0 处复制 0x10000 个字节。

完成内存移动动作以后，从第 22 行开始，通过直接往显存里写数据的方式在屏幕上方打印了一个白色的大写字母 A。关于字母的颜色和背景色的设置，请参考附录。

2. 加载 GDT

GDT 是在保护模式下用于寻址所依赖的一张表，里面存放的内容是段描述符。之前已经介绍过，GDT 是由操作系统设置供 CPU 使用的，CPU 通过查询 gdtr 寄存器来找到 GDT 的起始地址。所以操作系统就必须使用 lgdt 指令将 GDT 的起始地址加载进 gdtr 寄存器（第 31 行）。lgdt 指令的参数是 48 位，前 16 位是 GDT 的大小，后 32 位是 GDT 的存放地址。第 74 行表示 lgdt 参数的前 16 位，lgdt 的值为 0x800=2048，而一个描述符的大小是 8B，所以这个 GDT 可以容纳 2048/8=256 个元素。第 75 行表示 GDT 的存放地址，因为符号 gdt 是在 setup.S 中定义的，而 setup 模块又被加载到 0x90200 这个地址。那么真实的 GDT 存放位置就是 0x90200 加符号 gdt 在 setup 模块的相对偏移。其中 0x90200 的地址被拆成了两段，高地址在后，低地址在前，这一点是要加以注意的。

在上面的代码中，GDT 里总共定义了 4 个描述符。第一个描述符全是 0，这是 CPU 预留的，不能使用的，必须全部设为 0（第 57 行）。第二个描述符是代码段的描述符。对照图 2-2的结构可知这个描述符的各个段的含义如下。

❑ 基地址为 0。

❑ 第 6 字节为 0xC0，对应的 G 位为 1，作为段的界限（以 4KB 为单位）。

❑ D/B 位为 1，代表指令使用 32 位地址。

❑ 第 5 字节为 0x9A，对应的 P 位为 1，代表该段在内存中存在。

❑ S 位为 1，代表数据段或者代码段描述符。

❑ DPL 为 0，代表段描述符的特权级为 0。开机引导到现在，所有的特权级都是 0，其他特权级尚未使用。

❑ TYPE 为 0xA，结合 S 的值可知段为可执行、可读。

❑ 段界限为 0x7ff，结合 G 位的值可知段的总长度为 0x800×4KB=8MB。

第 3 个描述符存放数据段的描述符，它的起始地址也为 0x0，段界限也是 8MB。作为练习，请读者自行分析数据段描述符的各字段的含义。从这两个描述符的特点就可以看出来，Linux 将代码段和数据段的基地址都设成了 0，相当于没有分段，这里只是使用了段的保护机制而已。

第 4 个描述符有点特殊，如果你去查看 Linux 源码的话会发现并没有这一项，这是本书为了方便实验而故意引入的。它是一个基地址为 0xb8000 的数据段。这个地址指向的是显存的地址，引入这样一个段描述符，就可以使得直接读写显存变得简单很多。同样，这一项任务也交给读者自己完成。

3. 打开 A20 地址线

从第 33 开始到第 39 行，这一段代码的作用是打开 A20 地址线。其中，第 39 行使用的 empty_8042 的定义在 49 行。

第 50 行是直接用二进制表示的代码，0x00eb 是一个跳转指令，表示向前跳转 0，其实就是下一条指令。这条指令只是让 CPU 空转一条指令，可以起到延时的作用。因为 in 和 out 等 I/O 指令的执行速度比较慢，所以操作系统经常使用空指令的方式进行等待。Linus 在写 Linux 0.11 的时候使用的汇编编译器并不支持跳转，所以就使用硬编码的方式来写指令，现在的 GCC 工具链已经很好地支持了各种跳转，你也可以使用向前跳转的方式来改写这一行代码。这里为了和 Linux 源码保持一致，也采用了老式的写法。

第 51 行读取端口 0x64，并检测它的第 1 位。这个端口对应 8042 的状态寄存器（一个 8 位的只读寄存器）：第 1 位为 1 时，表示输入缓冲器满；第 1 位为 0 时，表示输入缓冲器空。如果该位为 1，则说明输入缓冲已满，就跳回去继续执行，直到该位为 0，然后才返回到 34 行继续执行。所以，empty_8042 的作用为了等待输入缓冲器为空的状态出现。

第 34 行准备数据，第 35 行的 outb 指令中出现的 0xD1 是命令码，表示写 8042 的输出端口 P2，原 IBM PC 使用 P2 的第 1 位控制 A20 的开闭。此命令后面带一个字节的参数，这个参数由端口 0x60 写入。也就是第 37 行的 0xDF，翻译到二进制表示就是 1101_1111，其中第 0 位和第 1 位为 1 就表示要打开 A20 地址线。

4. 正式进入保护模式

进入保护模式是通过将 cr0 寄存器的 PE 位置 1 来实现的。cr0 寄存器的结构如图 2-8所示，其中第 0 位代表是否开启保护模式。cr0 寄存器在后文还会遇到，这里先不全面介绍它的每一位的作用，当用到的时候再介绍。PE 位置 1，CPU 就会进入保护模式；PE 位置 0，CPU 就进入实模式。所以第 41 行至 43 行把 cr0 寄存器的最低位置 1，用于开启保护模式。

31	30	29	28…19	18	17	16	15…6	5	4	3	2	1	0
PG	CD	NW		AM		WP		NE	ET	TS	EM	MP	PE

图 2-8　cr0 寄存器的结构

第 45 行至 47 行使用了长跳转，0xea 是跳转指令，0x66 是 x86 指令集用于扩展指令的前缀，跳转的目标地址是 0x8:0x0。前边已经介绍了，0x8 是代码段的选择子，而代码段的基地址是 0，所以这条指令的作用就是跳入物理地址为 0 的地方执行，而这个位置正是 head 模块所在的位置。

编译并执行，如图 2-9所示，可以看到屏幕的中上部打印了一个字母 A，左上角打印了字母 B，虽然看上去这两个字母并没有什么特别大的差别，但实际上，一个是在实模式下对显存进行修改，一个是在保护模式下，即通过 GDT 对显存进行修改，它们的内涵是完全不同的。从这里开始，CPU 就可以正常地在保护模式下工作了。

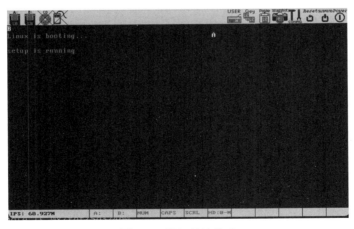

图 2-9　进入保护模式

接下来，继续研究保护模式下中断的工作机制。

2.3　中断机制

进入保护模式以后，中断的机制也发生了很大的变化。BIOS 中断将不再继续使用，操作系统通过可编程的中断控制器与硬件进行交互。

BIOS 中断更像是一次函数调用，但保护模式的中断比较复杂。当硬件发生中断时，会由中断控制器产生信号通知 CPU，CPU 就会根据中断号调用相应的中断服务程序。执行中断服务程序之前，操作系统要先把 CPU 状态保存起来，这里的状态主要是指通用寄存器的值，等中断服务程序执行完毕以后，再把状态恢复出来。这就完成了一次中断。上述过程是中断概念的简单介绍，下面的章节就将详细介绍中断所涉及的所有技术细节。首先要介绍的就是保护模式中断机制的核心数据结构：中断描述符表。

2.3.1　中断描述符表

IDT（Interruption Descriptor Table，中断描述符表）是保护模式下用于存储中断处理程序入口的数据结构。它和 GDT、页表等数据结构一样，是由软件设置，并供硬件使用的一个数组。IDT 中的每一项都是一个中断门描述符。为了便于管理，处理器为中断和异常都赋予了一个标识号，通常称为中断号，或者中断向量。CPU 在接收到中断时，会根据中断向量在中断描述符表中检索对应的描述符，中断向量就是中断描述符表的下标。

中断门描述符之所以多了个门字，是因为 x86 芯片希望使用 Gate 这个词来强调特权级变化。调用中断门里的程序有可能发生特权级由低向高的转移。同时，x86 提供了以下几种门描述符：任务门描述符、中断门描述符、陷阱门描述符、调用门描述符。

CPU 提供任务门的本意是提供一种低特权级调用高特权级代码的机制，但是 Linux 的设计巧妙地通过软中断避免了使用任务门。Linux 系统只使用了中断门这一种机制。所以本书只介绍中断门的结构，如果读者对其他类型的门描述符感兴趣，可以查阅相关资料。

中断门包含中断处理程序所在的段选择子和段内偏移地址，当通过此方式进入中断后，标志寄存器 eflags 中的 IF 位会自动置 0，表示把中断关闭，避免中断嵌套。中断门只允许保存在 IDT 中。中断门描述符结构如图 2-10所示。

中断门描述符的各个属性域的具体含义与段描述符中的含义是相同的，这里就不再重复介绍了。由表 2-1可知，中断门描述符 S 位的值是 0，代表这是一个门描述符，TYPE 的值是 0xE，代表这是一个 i386 中断门。

描述符中的选择子和偏移地址一起构成了一个逻辑地址，这个地址指向了中断服务程序入口。CPU 会根据中断号在 IDT 中找到对应的描述符，然后根据描述符中的段选择子和偏移地址，进一步调用中断服务程序。

因为 IDT 是操作系统设置的，所以它的地址不是固定的，与 GDT 一样，CPU 也需要一个寄存器来获得 IDT 的起始位置。这个寄存器就是 IDTR（中断描述符表寄存器）。和 GDTR 一样，IDTR 也是一个 48 位的寄存器，它的高 32 位存储 IDT 的基地址，低 16 位存储 IDT 的大小，单位是字节。每个中断描述符的大小是 8B，所以 IDT 中最多

可以存储 $2^{16}/8 = 8192$ 个描述符。通过 lidt 指令可以将 IDT 的信息加载到 IDTR 寄存器中。

Byte7	Byte6	Byte5	Byte4	Byte3	Byte2	Byte1	Byte0
Offset(31···16)		Attributes		Selector		Offset(15···0)	

7	6	5	4	3	2	1	0	7	6	5	4	3	2	1	0
P	DPL		S	TYPE				0	0	0	Reserved				

图 2-10　中断门描述符结构

i386 处理器已经定义的中断和异常如表 2-2所示。这就要求操作系统内核所设置的 IDT 的前 32（即至 0x20）项，必须用于处理这张表中定义的异常。从 48 项开始才是用户自定义的中断处理程序。

表 2-2　预定义的中断和异常

中断号	助记符	描述	出错码	源
0	#DE	除法错	无	DIV 和 IDIV 指令
1	#DB	调试异常	无	代码和数据访问
2	—	非屏蔽中断	无	非屏蔽外部中断
3	#BP	调试断点	无	指令 int 3
4	#OF	溢出	无	指令 into
5	#BR	越界	无	指令 bound
6	#UD	无效（未定义的）操作码	无	指令 ud2 或者无效指令
7	#NM	设备不可用（无数学协处理器）	无	浮点或 wait/fwait 指令
8	#DF	双重错误	有	所有能产生异常、NMI 或 INTR 的指令
9	—	协处理器段越界（保留）	无	浮点指令（386 之后的处理器不再产生此种异常）
10	#TS	无效 TSS	有	任务切换或访问 TSS 时
11	#NP	段不存在	有	加载段寄存器或访问系统段时
12	#SS	堆栈段错误	有	堆栈段操作或加载 SS 时
13	#GP	常规保护错误	有	内存或其他保护检验
14	#PF	页错误	有	内存访问
15	—	Intel 保留，未使用		—
16	#MF	x87 FPU 浮点错（数学错）	无	x87 FPU 浮点指令或 wait/fwait 指令
17	#AC	对齐检验	有（0）	内存中的数据访问

（续）

中断号	助记符	描述	出错码	源
18	#MC	Machine Check	无	依赖于具体模式（自奔腾 CPU 开始支持）
19	#XF	SIMD 浮点异常	无	SSE 和 SSE2 浮点指令（自奔腾 3 开始支持）
20～31	—	Intel 保留，未使用	—	—
32～255	—	用户定义中断	—	外部中断或 int n 指令

2.3.2　可编程中断控制器

PIC（Programmable Interrupt Controller，可编程中断控制器）用于对硬件产生的外部中断进行控制。i386 中的可编程中断控制器是 8259A 芯片。随着技术的进步，现代 CPU 中的中断控制芯片的能力越来越强，人们称之为 APIC（Advanced Programmable Interrupt Controller，高级可编程中断控制器），但 x86 体系中的 APIC 依然保持着对 8259A 的兼容。所以了解 8259A 的工作原理是十分必要的。

PIC 的作用是将外部中断和中断向量号对应起来，例如通过对 8259A 的设置可以将时钟中断信号 IRQ0 与中断号 0x20 进行绑定。8259A 的芯片结构如图 2-11 所示。

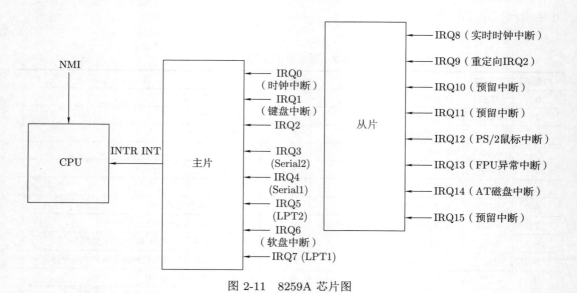

图 2-11　8259A 芯片图

外部中断分为 NMI（Non-maskable interrupt，非屏蔽中断）和可屏蔽中断两种，其中 NMI 由 CPU 的 NMI 引脚接收，可屏蔽中断由 INTR 引脚接收。机器出现电源故障、CPU 内部奇偶校验错误等不可恢复的硬件故障才会导致 NMI 发生。而 INTR 引脚与 8259A 芯片相连。

两片 8259A 芯片以串联的方式进行连接，主 8259A 芯片的 IRQ2 连接着从 8259A 芯片。一个 8259A 芯片有 8 个中断信号线，两片芯片级联就可以处理 15 种不同的中断信号。在 BIOS 初始化时，设置 IRQ0~IRQ7 的对应向量号为 0x8~0xf，但在保护模式下，0x8~0xf 已经被占用了，所以操作系统进入保护模式以后需要对 8259A 重新进行初始化。

对 8259A 的初始化是通过向对应的端口发送 ICW（Initialization Command Word，初始化命令字）来实现的。ICW 共有 4 个，分别是 ICW1、ICW2、ICW3、ICW4。每个 ICW 都是 1 字节大小。8259A 对每个 ICW 的格式和设置顺序都有严格的定义，下面介绍各个 ICW 的格式。

（1）ICW1

ICW1 的各个位的含义说明如表 2-3 所示。

表 2-3　ICW1 各个位的含义说明

位	为 0 时的含义	为 1 时的含义
0	不需要 ICW4	需要 ICW4
1	级联 8259A	单个 8259A
2	8 字节中断向量	4 字节中断向量
3	边缘触发模式	水平触发模式
4	必须为 1	
5	PC 系统必须为 0	
6	PC 系统必须为 0	
7	PC 系统必须为 0	

每一位的作用表格里都有详细说明，这里就不再多加解释了。

（2）ICW2

ICW2 主要用来设置中断向量号，即标识每个中断信号线和中断向量号的对应关系。因为 8259A 有 8 个 IRQ，所以低三位必须是 0。这里只需要向 21h 或者 A1h 端口写入一个起始向量号，8259A 芯片就可以根据 IRQ 的个数确定每个 IRQ 对应的中断向量号。

（3）ICW3

ICW3 主要用于记录 8259A 的连接信息，主片的哪个 IRQ 连接了从片，对应的位就需要被设置成 1，同时从片的 ICW3 也要将低 3 位设置为连接主片的 IRQ 号。例如按照图 2-11 中的连接方式，主片的 ICW3 的第 2 位就应该设置为 1，其他位设置为 0，而从片的 ICW3 为 0x2，也就是第 1 位设置为 1，其他设置为 0，代表从片连接了主片的 IRQ2。

（4）ICW4

ICW4 用于设置 8259A 的其他工作模式，它的各个位的含义如表 2-4 所示。

第 0 位表示和处理器架构相关的工作模式：1 表示 8086 处理器工作模式；0 表示 MCS80/85 处理器工作模式。

第 1 位表示中断结束方式：为 1 表示自动结束方式，为 0 表示手动结束方式。如果是手动结束方式，那么在中断处理程序的末尾向 8259A 写入 OCW2，以便告诉 8259A 中断处理程序执行结束。如果是自动方式结束，那么是由硬件自动完成这个工作的，不过自动方式只适用于在中断请求信号持续时间有限制，并且没有中断嵌套的场景。

表 2-4　ICW4 的各个位的含义

位	为 0 时的含义	为 1 时的含义
0	MCS80/85 模式	80x86 模式
1	正常 EOI	自动 EOI
2	从片	主片
3	缓冲模式	非缓冲模式
4	sequential 模式	SFNM 模式
5		未使用，设为 0
6		未使用，设为 0
7		未使用，设为 0

第 2 位表示缓冲模式下的主片或者是从片，为 1 表示主片，为 0 表示从片。

第 3 位表示是否为缓冲模式，如果 8259A 通过总线驱动器和系统数据总线连接，则应选择缓冲方式。如果 8259A 的数据线与系统数据总线直接相连，那么应选择非缓冲方式。

第 4 位表示中断嵌套方式，为 0 表示普通全嵌套方式，为 1 表示 SFNM 嵌套方式。

8259A 芯片还需要写入 OCW（Operation Control Word，操作控制字）来对中断进行控制。OCW 共有三个，分别是 OCW1，OCW2 和 OCW3。OCW3 则是用来设置和使能特殊屏蔽方式的，暂时可以不用关注。

（5）OCW1

OCW1 是用来屏蔽或者打开外部中断的。主片的端口号是 0x21，从片的端口号是 0xa1。若想屏蔽一个中断，可将对应那一位设成 1 即可。例如，若想屏蔽其他所有中断，只打开时钟中断，就需要将 OCW1 的第 0 位设置为 0，其他位设置为 1。实际上，OCW1 被写入了 IMR（Interrupt Mask Register，中断屏蔽寄存器），当一个中断到达，IMR 会判断此中断是否应被丢弃。

（6）OCW2

OCW2 是 8259A 芯片用来接收 EOI 的。主片的端口号是 0x20，从片的端口号是 0xa0。每当一个中断处理程序结束后，就需要通知 8259A，以便继续接收中断。OCW2 的第 5 位代表 EOI，这里并不需要关心其他位，所以中断结束以后，就需要向相应的端口号发送 0x20。

中断的过程还和特权级有密切的关系，下一节将介绍 CPU 特权级的相关知识。

2.3.3　特权级

特权级是保护模式中的一个重要概念。i386 的分段机制中定义了 4 个特权级。分别使用数字 0、1、2 和 3 代表。数字越小，特权级越高，代码的权限越高，能使用的 CPU 指令就越多。

如图 2-12 所示，CPU 的设计者希望核心的代码和数据被放到较高的特权级中，比如操作系统内核的代码最好运行在 0 号特权级。而操作系统服务，比如文件、网络服务等则运行在 1 号或者 2 号特权级。应用程序则运行在 3 号特权级。

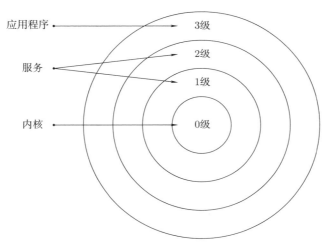

图 2-12　CPU 的特权级

处理器使用这样的机制来确保低特权级的任务不能随意访问高特权级的代码和数据。如果处理器检测到一个访问请求是不合法的，将会产生保护错误（#GP）。后面的章节会逐步实现 CPU 的错误处理，这里就不再详细介绍了。

设想一下，如果每个进程都有显示器、IDT、页表等核心资源的权限访问，那么必然带来巨大的安全风险，所以这些被内核管理的资源一定要放在高特权级中。但同时，操作系统也要提供一些接口给应用程序，让应用程序可以向显示器上打印数据，从键盘上输入数据，甚至是可以向其他进程发送信号等，这些接口就是系统调用。可见系统调用的本质就是高特权级的内核程序向低特权级的应用程序提供的，用于使用计算机资源的接口，只是这种使用必须在内核的严密管理之下，而不是任意的。这就大幅提升了计算机系统的安全性，这也是保护模式中"保护"一词的一种体现。

到目前为止，本书提到特权级的场景包括段选择子的低两位是 RPL（Request Privilege Level，请求特权级）和段描述符中的 DPL（Descriptor Privilege Level，描述符特权级）。

段选择子的低 2 位，也就是第 0 位和第 1 位代表了段的特权级，它刚好可以表示 4 个特权级。Linux 系统只使用了 0 号和 3 号特权级，并把 0 号特权级称为内核态，把 3 号特权级称为用户态。选择子的第 2 位则指示这个描述符位于 GDT 中还是 LDT 中。GDT 中的段描述符都是内核使用的，运行在内核态，所以指向 GDT 的段选择子的低 3 位就全部是 0。因为 GDT 中的第 0 项是保留项，不能使用，所以选择子 0x0 是无效的。段选择子 0x8 代表 GDT 的第一项，这是内核代码段，0x10 代表 GDT 的第二项，这是内核数据段。我们也使用一个段描述符对显存进行管理，这就是 GDT 中的第三项，它的段选择子是 0x18，所以当需要向显存中写字符的时候，就可以使用 0x18 段选择子。

关于特权级，这里就先介绍这么多，后面的章节将会深入介绍特权级的转换以及特权级相关的错误处理。2.4 节将通过一个实验来验证保护模式下的中断处理机制。

2.4 时钟中断

本节将会通过代码来实现保护模式下的中断机制，最终通过一个时钟中断实验来验证中断设置是否成功。实验的步骤包括初始化 8259A 芯片，设置中断描述符表以及触发中断。接下来，先从初始化中断控制芯片开始，也就是 8259A 芯片。

2.4.1 初始化中断控制芯片

设置 8259A 芯片只需要按照上一节的说明向相应的端口写入 ICW 即可，具体实现如代码清单 2-9 所示。

代码清单 2-9 初始化 8259A（setup.S）

```
1   movb $0x11, %al
2   outb %al,  $0x20
3   .word 0x00eb, 0x00eb
4   outb %al,  $0xA0
5   .word 0x00eb, 0x00eb
6   movb $0x20, %al
7   outb %al, $0x21
8   .word 0x00eb, 0x00eb
9   movb $0x28, %al
10  outb %al,  $0xA1
11  .word 0x00eb, 0x00eb
12  movb $0x04, %al
13  outb %al, $0x21
14  .word 0x00eb, 0x00eb
15  movb $0x02, %al
16  outb %al, $0xA1
17
18  .word 0x00eb, 0x00eb
19  movb $0x01, %al
20  outb %al, $0x21
21  .word 0x00eb, 0x00eb
22  outb %al, $0xA1
23  .word 0x00eb, 0x00eb
24  movb $0xff, %al
```

```
25    outb %al, $0x21
26    .word 0x00eb, 0x00eb
27    outb %al, $0xA1
```

整个初始化的过程分为 4 步。

1） 往端口 20h（主片）或 A0h（从片）写入 ICW1。

2） 往端口 21h（主片）或 A1h（从片）写入 ICW2。

3） 往端口 21h（主片）或 A1h（从片）写入 ICW3。

4） 往端口 21h（主片）或 A1h（从片）写入 ICW4。

以上步骤顺序不能错乱，必须按顺序进行设置。

上述代码的第 1~5 行，向端口 20h（主片）和 A0h（从片）写入 0x11，结合 ICW1 的定义，可以知道这是将 ICW1 的第 0 位和第 4 位设置为 1，其余位是 0。ICW1 的取值表示中断向量是 8 字节，并且是级联的 8259A 芯片，同时需要设置 ICW4。0x00eb 是向前跳转 0 条指令，这么做的原因是 I/O 指令要通过总线与中断控制器通信，所需要时间比较长，CPU 需要进行延时等待。

第 6~11 行设置主片和从片的端口对应的中断向量号，将 IRQ0 的中断号设置为 0x20，即第 32 号中断，将从片上的 IRQ8 的中断号设置为 0x28，设置完以后，主片的 IRQ0~IRQ7 就对应中断向量 0x20~0x27，从片的 IRQ8~IRQ15 对应中断向量 0x28~0x2f。

第 12~17 行设置 ICW3，根据定义，这代表主片的 IRQ2 连接从片。第 18~22 行设置 ICW4，规定了 EOI 的方式为手动结束。第 24~27 行，向端口 0x21 和 0xA1 写入 OCW1（值为 0xff，写成二进制，即 11111111b）就可以屏蔽所有外部中断。

2.4.2 设置中断描述符表

本章已经详细地介绍了 IDT 和中断描述符（ID）的结构，进入到保护模式以后，需要在内核里为 CPU 内核设置一个包含 256 个中断描述符的 IDT，具体实现如代码清单 2-10 所示。

代码清单 2-10 设置 IDT（head.S）

```
1     .code32
2     .text
3     .globl startup_32
4     startup_32:
5         movl $0x10, %eax
6         movw %ax,   %ds
7         movw %ax,   %es
8         movw %ax,   %fs
9         movl $0x18, %eax
10        movw %ax, %gs
11
```

```
12        call setup_idt
13        int $0x80
14
15        movl $0x18, %eax
16        movw %ax, %gs
17        movl $0x0, %edi
18        movb $0xf, %ah
19        movb $0x42, %al
20        movw %ax, %gs:(%edi)
21
22   loop:
23        jmp  loop
24
25   setup_idt:
26        leal ignore_int, %edx
27        movl $0x00080000, %eax
28        movw %dx, %ax
29        movw $0x8e00, %dx
30        leal idt, %edi
31        movl $256, %ecx
32   rp_sidt:
33        movl %eax, (%edi)
34        movl %edx, 4(%edi)
35        addl $8, %edi
36        decl %ecx
37        jne  rp_sidt
38        lidt idt_descr
39        ret
40
41   ignore_int:
42        /* 我们现在还没有 printk 函数，通过向显存直接写入字符来模拟它 */
43        pushl %eax
44        pushl %ecx
45        pushl %edx
46        pushw %ds
47        pushw %es
48        pushw %fs
49        movl $0x10, %eax
50        movw %ax, %ds
51        movw %ax, %es
52        movw %ax, %fs
```

```
53        /* 调用printk 函数 */
54        movl    $0x96, %edi
55        movb    $'I', %al
56        movb    $0x0c, %ah
57        movw    %ax,    %gs:(%edi)
58        popw    %fs
59        popw    %es
60        popw    %ds
61        popl    %edx
62        popl    %ecx
63        popl    %eax
64        iret
65
66    .align 4
67    .word 0
68    idt_descr:
69        .word 256*8-1
70        .long idt
71
72    idt:
73        .fill 256, 8, 0
```

首先，第 73 行声明了一个包含 256 个元素，每个元素的宽度都是 8B，且其值为 0 的数组，这就是内核所要使用的 IDT。接下来，就是初始化 IDT 的过程，第 12 行调用了 setup_idt 这一段子程序，从第 25 行到 39 行是 setup_idt 子程序的定义。

setup_idt 子程序先初始化中断描述符，并将它保存到 edx、eax 寄存器中，其中描述符中的中断服务程序都指向了 ignore_int。接下来通过 rp_sidt 循环了 256 次，将 IDT 的 256 项都设置成相同的中断描述符（读者可以根据图 2-10 自己分析中断描述符的结构）。这样一来，不管发生什么中断，CPU 都会转而调用 ignore_int 这个中断服务程序。

而 ignore_int 的实现则是在屏幕第 1 行的靠右位置（0x96/2=0x4b）处打印红色的字母 I。这里要注意的是，所有的中断服务程序要遵循开始时保存上下文，结束后恢复上下文的规定。中断服务程序的最后，一定是 iret 指令，用于恢复到中断发生之前的程序继续执行。

程序的第 13 行使用了 int $0x80 语句进行了实验。这条语句使用了软中断来触发一次 CPU 中断，看上去它和之前使用的 BIOS 中断的指令是一样的，但实际上现在已经是保护模式了，它背后的原理和 BIOS 中断已经大相径庭了。如果一切正常的话，当 0x80 号中断被触发时，屏幕上就可以正确地显示红色的 I 了，如图 2-13 所示。

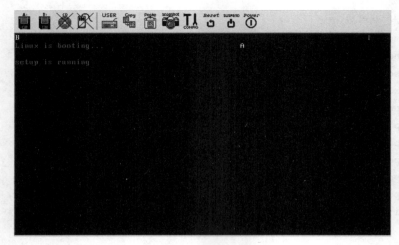

图 2-13 中断服务程序

2.4.3 重设全局描述符表

设置完 IDT 以后，还需要再次设置 GDT。在 setup.S 中已经设置过一次全局描述符表，为什么在 head.S 中还要重新设置呢？这是因为 setup 中使用的 GDT 位于 setup 所处的那一段内存，也就是 0x90200 的位置，但是内核真正运行起来以后的 GDT 应该位于内核数据结构中，所以进入 head.S 以后就需要重新设置。但这并不难，只需要和 setup 中的 GDT 保持一致就可以了。

与 IDT 一样，GDT 也包含 256 个元素，每个元素是一个全局描述符，它的大小是 8B。GDT 的前 5 项可以手动编辑后硬编码进去，后面的 251 项则使用 fill 伪指令进行填充。设置 GDT 的代码如下所示：

```
1  ...
2      call setup_idt
3      call setup_gdt
4  ...
5
6  setup_gdt:
7      lgdt gdt_descr
8      ret
9  ...
10
11 .align 4
12 .word 0
13 idt_descr:
14     .word 256*8-1
```

```
15          .long idt
16
17  .align 4
18  .word 0
19  gdt_descr:
20          .word 256 * 8 - 1
21          .long gdt
22
23  .align 8
24  idt:
25          .fill 256, 8, 0
26
27  gdt:
28          .quad 0x0000000000000000
29          .quad 0x00c09a0000000fff
30          .quad 0x00c0920000000fff
31          .quad 0x00c0f20b8000ffff
32          .quad 0x0000000000000000
33          .fill 251, 8,0
```

GDT 的第一项（第 28 行）是为 CPU 准备的保留项，不会被使用。第二项（第 29 行）是全局代码段，它的段基址为 0，段长度为 16MB。第三项是全局数据段，它的段基址也是 0，段长度也是 16MB。大家可以对照图 2-2，自己计算全局描述符各个段的读写属性。同时，这里也保留了段基址为 0xb8000 的一个数据段，它的基址指向显存。这个描述符与 setup 中的 GDT 的第 4 项是一样的，使用这个描述符是为了方便地访问显存，因为不用每次都计算基地址。所以这里不妨称这一项为视频段描述符。

2.4.4 时钟中断实验

设置完 GDT 以后，接下来就可以做一个简单的时钟中断实验。为了使能时钟中断，需要将时钟中断的屏蔽位打开，打开的方式很简单，代码如下：

```
1  movb $0xfe, %al
2  outb %al, $0x21
3
4  movb $0xff, %al
5  outb %al, $0xA1
```

只需要修改 setup.S 中设置 OCW1 的语句，即向 0x21 端口写入 0xfe（11111110b），这样就把主 8259A 的 IRQ0 打开了，IRQ0 对应的外部中断正好是时钟中断，同时向 0xA1 端口继续写入 0xff（11111111b），表示屏蔽来自从 8259A 的全部中断。

中断打开之后，需要为其设置中断服务程序，并同时修改 IDT。时钟中断服务程序如下：

```
1   .code32
2   .text
3   .globl startup_32
4   startup_32:
5       ...
6
7       call setup_idt
8       call set_clock_idt
9       int  $0x80
10      sti
11
12  loop:
13      jmp  loop
14
15  setup_idt:
16      ...
17
18  ignore_int:
19      ...
20
21  set_clock_idt:
22      leal clock_handle, %edx
23      movl $0x00080000, %eax
24      movw %dx, %ax
25      movw $0x8e00, %dx
26      leal idt, %edi
27      addl $0x100, %edi
28      movl %eax, (%edi)
29      movl %edx, 4(%edi)
30      ret
31  clock_handle:
32      movl  $0x96, %edi
33      incb %gs:(%edi)
34      /* 向0x20端口发送 EOI */
35      movb $0x20, %al
36      outb %al, $0x20
37      iret
38
39  .align 4
40  .word 0
41  idt_descr:
```

```
42          .word 256*8-1
43          .long idt
44
45  idt:
46          .fill 256, 8, 0
```

从 31 行开始是中断服务程序，主要用于将%gs:(%edi) 内置位置的一个字节值加 1，而%gs 中的选择子对应 GDT 的第三项，它的段基地址为显存的基地址，即 0xb8000。在第 9 行的软中断触发之后，会在屏幕的右上角打印一个红色字母 I，而 clock_handle 的功能是将这个字节加 1。也就是说，时钟中断到来之后红色字母将变成 J，下一次时钟中断到来之后将变成 K，依此类推。clock_handle 处理程序向 20h 端口写入了 0x20，也就是OCW2 的 EOI 标识，通知 8259A 将当前处理程序结束，并且通过执行 iret 指令返回，这样 8259A 就可以继续接收下一个中断。

第 21～30 行对 IDT 进行了设置，并且设置了其中一个表项（第 29 行），它相对 idt 的偏移为 0x100（256），因为一个 IDT 占用 8 个字节，所以这里设置的中断向量号为256/8=32=0x20，正是主 8259A 的 IRQ0 对应的时钟中断向量号。还需要注意的是第 22 行、23 行对中断描述符中服务程序入口的设置，对照图 2-10 可以推断，set_clock_idt 程序的作用是将第 32 号中断的中断处理程序设置为 clock_handle。它所对应的中断描述符的 8 字节的最终内容为：

❑ 第 0～15 位保存了中断处理程序 clock_handle 的低 16 位。
❑ 第 16～31 位保存了段选择子 0x0008 表示的是代码段。
❑ 第 32～47 位保存了 0x8E00，设置了 IDT 的类型、特权级等信息。
❑ 第 48～63 位保存了中断处理程序 clock_handle 的高 16 位。

如此一来，在初始化所有 IDT 之后，调用 set_clock_idt，就成功设置了时钟中断的处理程序，虽然已经打开了时钟中断的屏蔽位，但是还需要一个条件，时钟中断才能被 8259A 成功接收，那就是中断标识位 IF（Interrupt Flag，中断标志）。

通过第 10 行的 sti 指令，可以将 IF 打开，这次时钟中断就可以被 CPU 响应并处理。如果一切都顺利的话，重新编译内核会发现原本红色字符 I 出现的位置会不停地加 1，呈现出字符不断跳动的状态。

2.5　小结

本章详细介绍了从实模式跳转到保护模式的步骤，并介绍了保护模式下段式管理和中断机制相比实模式的变化。段式管理的变化点主要在于实模式下的段基址寄存器都变成了段选择子，而选择子则代表了 GDT 的下标。GDT 中的每一项都是一个段描述符，描述了一个段的基地址、长度和读写等其他各种属性。

保护模式的中断则依赖 IDT，中断向量号变成了 IDT 的下标。中断描述符中记录了中断服务程序的入口地址。一旦有中断发生，CPU 就通过 IDT 转到中断服务程序中执行。

当然，保护模式还有很多内容本章尚未涉及，本书还是秉持"用到了再学"的原则，按需介绍相关的原理，这样的话，读者可以在阅读完理论知识以后，立即动手进行实验。在后面的章节中，读者将会遇到更多与保护模式相关的机制。

进入保护模式以后，操作系统的实现就自由了很多，下一章将实现更多的功能，为创建进程做好准备。

第3章 *Chapter 3*

进 入 内 核

第 2 章详细介绍了 i386 保护模式的工作原理，而且也在 head.S 中设置了 GDT 和 IDT，并且完成了时钟中断的实验。之前的代码都是使用汇编语言编写的，编写和调试都很困难，这一章将会进入内核开发，开发工具也从针对汇编语言的变为 C 语言的。在 GDT 设置完以后，就应该进行分页管理，为进入内核做最后的准备。

3.1 开启分页管理

页表的工作原理在第 2 章已经讲解过了。页表是一种由操作系统设置的字典，供 CPU 进行虚拟地址到物理地址的映射。要开启分页管理，第一步就是设置页表。

3.1.1 设置页表

在 32 位的操作系统上，Linux 只需要使用二级页表（即页目录表和页表）就可以支持 4GB 地址空间寻址。所以，接下来就可以将页目录表放在物理地址 0 处，它的大小是 4KB，共包含 1024 个页目录项，每个页目录项的大小为 4B。

因为 setup 模块已经将内核代码搬到物理地址 0 处，所以代表页目录表的 pd_dir 就可以放到 head.S 代码的开始处。设置页表的代码如代码清单 3-1 所示。

代码清单 3-1　设置页表（head.S）

```
1   .code32
2   .text
3   .globl startup_32, idt, gdt, pg_dir, tmp_floppy_area
4   pg_dir:
5   startup_32:
```

```
 6      movl $0x10, %eax
 7      ...
 8
 9      xorl %eax, %eax
10  1:
11      incl %eax
12      movl %eax, 0x000000
13      cmpl %eax, 0x100000
14      je   1b
15
16      jmp  after_page_tables
17
18  setup_idt:
19      leal ignore_int, %edx
20      ...
21
22  setup_gdt:
23      lgdt gdt_descr
24      ret
25
26  .org 0x1000
27  pg0:
28
29  .org 0x2000
30  pg1:
31
32  .org 0x3000
33  pg2:
34
35  .org 0x4000
36  pg3:
37
38  .org 0x5000
39
40  tmp_floppy_area:
41  .fill 1024, 1, 0
42
43  after_page_tables:
44  /*我们可以在此处跳转至main函数*/
45      pushl $0
46      pushl $0
```

```
47      pushl $0
48      pushl $L6
49      pushl $main
50      jmp setup_paging
51  L6:
52      jmp L6
53      ...
54
55  .align 4
56  setup_paging:
57      movl $1024*5, %ecx
58      xorl %eax,     %eax
59      xorl %edi,     %edi
60      cld
61      rep
62      stosl
63
64      movl $pg0 + 7, pg_dir
65      movl $pg1 + 7, pg_dir + 4
66      movl $pg2 + 7, pg_dir + 8
67      movl $pg3 + 7, pg_dir + 12
68      movl $pg3 + 4092, %edi
69      movl $0xfff007, %eax
70      std
71  1:
72      stosl
73      subl $0x1000, %eax
74      jge  1b
75      xorl %eax, %eax
76      movl %eax, %cr3
77      movl %cr0, %eax
78      orl  $0x80000000, %eax
79      movl %eax, %cr0
80
81      ret
```

注意，bootsect 中已经使用过上述代码的 .org 伪指令，该指令可以规定程序的起始地址，例如 pg0 就被强制放在了文件开头偏移 0x1000 的位置，这就相当于在二进制文件中预留下了页目录表和页表的空间。bootsect 将 head 模块加载进内存以后，setup 模块还会进一步将它移到物理内存的 0 的位置。移动以后的内存布局如图 3-1所示。

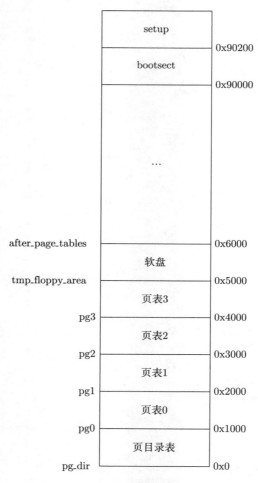

图 3-1　内存布局

实际上，在图 3-1 中，pg_dir 处不仅有页目录项，还有很多代码，即 startup_32 处的那些代码。这些代码会先执行，当它们执行完以后就跳到 after_page_tables 处继续执行。跳转以后，startup_32 处的代码就再也不会被使用了，这时就可以设置页目录表，将这部分内存全部重写。

第 3 行将 gdt、idt、pg_dir 等符号导出，以让内核的其他模块可以访问这些符号。第 4 行，即 head.S 的开头处，定义了 pg_dir，前面已经介绍过了，这是定义页目录表的位置。在第 26 行，.org 伪指令为页目录表预留了 4KB（0x1000）的空间，pg0 定义了第一张页表，第 29 行的伪指令也是相同的作用，它为 pg0 页表预留了 4KB 空间。后面的 pg1、pg2、pg3 的定义与 pg0 是相同的，这里不再赘述。

第 40 行的代码又定义了一个名为 tmp_floppy_area，这个空间是为虚拟软盘准备的，这里先不介绍，等后文讲解到软盘的输入/输出实现时再加以介绍。

在这些数据结构定义之后，才是设置页表的代码。这些代码必须放在 tmp_floppy_area 之后，否则就会被新的页目录表覆盖。这段代码的开始处以 after_page_tables 进行标识。第 45～49 行代码往栈上存放了一个名为 main 的符号。这个动作的作用稍后讲解，我们还是先把设置页表的动作讲解完。

setup_paging 一开始先把从 0～5KB 这一段物理内存全部清零（第 57～62 行），从这里开始，head.S 的部分代码就会永远地从内存中擦除了。第 64～67 行代码负责将前 4 个页表，即 pg0～pg3 的地址填入相应的页目录项。这里的地址加上 7 表示页目录项的低三位都是 1，参考第 2 章中介绍的页目录项的结构（参考图 2-6），可以知道，这代表页目录项所对应的页表是用户态可读写，并且在内存中存在。

第 68 行至第 74 行代码使用了一个循环，将 0x0～0xfff000 的物理内存的地址填入页表。因为每个物理页的大小是 4KB（0x1000），所以在每一次循环中，地址的值都会减掉 0x1000。stosl 指令的作用是将 eax 寄存器中的值保存到 edi 指向的地址中，若 eflags 中的方向已置位（即在 stosl 指令前使用 std 指令），则 edi 自减 4。所以这里的循环会把 16MB（0xfff000）物理内存的地址都设置在页表中，共需要 4096 个页表项，刚好占据 4 个页表。这 4 个页表的最后位置是 pg3+4092，所以将 edi 的初始值设成页表的末尾地址，然后每一次循环设置一个页表项，之后 edi 减 4，直到地址 0 被填入 pg0 的第一页，循环就会结束（第 71～74 行）。

最后，把页目录表的物理地址（也就是 0），送入 cr3 寄存器（第 75～76 行），然后把 cr0 的最高位置为 1，代表打开保护模式的分页机制（第 77～79 行）。至此，页表的设置就全部完成了。

在第 81 行有一个 ret 指令。你可能会有这样的疑惑：我们明明没有使用 call 指令进行控制流的转移，为什么要使用 ret 指令呢？这个 ret 指令又"返回"到哪里执行呢？实际上，call / ret 指令并不是一定要成对出现的。call 指令的作用是把返回地址放到栈上，然后转移到目标地址执行。而 ret 指令的作用是把返回地址从栈上取出，然后跳转到返回地址继续执行。可见，只要把返回地址放到栈上，然后执行 ret 指令就可以让 CPU 转移到目标地址执行，而把地址放到栈上这个操作并不一定非得使用 call 指令才能实现，使用 push 指令也可以实现同样的功能。第 49 行代码将 main 这个符号放到栈上，所以当 CPU 执行第 81 行的 ret 指令时，就会跳转到 main 函数的入口执行。45～48 行是为 main 函数准备的参数和返回地址，实际上这些值不会再起作用，可以忽略。这里当然也可以使用 call 指令或者 jmp 指令进行控制流的转移。但以后内核的代码还会使用 iret 进行特权级的转换，这里为了统一，就都使用 ret 指令了。

而 main 这个符号位于 main.c 中，main.c 的代码如下所示：

```
1  #define __LIBRARY__
2
3  void main(void)
```

```
4    {
5        __asm__("int $0x80 \n\r"::);
6        __asm__ __volatile__(
7                "loop:\n\r"
8                "jmp loop"
9                ::);
10   }
```

main 函数里包含了两段内嵌汇编代码，第 5 行的汇编代码触发了一个 0x80 号中断，实际上第 6 行的汇编代码开启了一个死循环，让 main 函数不会结束。第 6 行换成 while 语句或者 for 语句效果是一样的，读者可以自己动手尝试一下。同时，makefile 文件中也要添加对 main.c 文件的编译支持：

```
1    GCC := gcc
2    CCFLAG := -I../include -nostdinc -Wall -fomit-frame-pointer -c
3    LDFLAG := -Ttext 0x0 -s --oformat binary -m elf_x86_64
4    INCDIR := ../include
5    OBJS   := head.o main.o
6
7    system: $(OBJS)
8        $(LD) $(LDFLAG) -e startup_32 -o $@ $^
9
10   head.o : head.S
11       $(GCC) -traditional -c -o $@ $<
12
13   main.o : main.c
14       $(GCC) $(CCFLAG) -o $@ $<
```

这种方式可以把 head.S 和 main.c 两个文件链接在一起，形成了新的内核文件。相比第 2 章，这里把 "int 0x80" 指令从 head.S 移到了 main 函数里，这说明操作系统确实进入 main 函数执行了。最后运行的结果虽然与第 2 章结尾时是一样的，但现在已经利用 C 语言编程了。

3.1.2 设置栈指针

栈是程序正常执行的必备条件，调用函数和返回，创建局部变量等都需要依赖栈，所以在进入内核的时候，必须保证栈已经被正确设置过了。而如果使用 C 语言做这些工作是比较简单的，所以这里就使用 C 语言来为内核准备程序栈。

在 kernel 目录下新建 sched.c 文件。这个文件的作用是进行进程调度，和进程相关的数据结构和算法都在这个文件中。毫无疑问，栈与进程之间的关系是极其密切的，所以内核程序栈的定义就被放到了这个文件。添加新的文件时，不要忘记修改 makefile 文件，这里的修改比较简单，就不再单独列出了。

　　虽然进程到现在为止还没有真正地被引入，但是它的栈、时钟中断等相关的数据结构必须先准备好。栈定义的代码如下所示：

```
1   #define PAGE_SIZE 4096
2
3   long user_stack[PAGE_SIZE >> 2];
4
5   struct
6   {
7       long *a;
8       short b;
9   } stack_start = {&user_stack[PAGE_SIZE >> 2], 0x10};
```

　　在 32 位编译器上，long 类型的长度是 4B，所以 user_stack 的大小是 4KB，是一个物理页的大小。stack_start 这个结构体是供 lss 指令使用的，lss 会把 b 的值送入 ss 寄存器，把 a 的值送入 esp 寄存器。这里要注意，初始化 a 的时候，用的不是 user_stack 的起始地址，而是它的结束位置。（最后一行，a 的值是通过数组的最后一个元素地址初始化的。）这是因为 x86 的栈是向下增长的，即 push 指令会使得 esp 的值减小，所以 esp 的初始值就应该被设成高地址，而不是低地址。准备好 stack_start 结构以后，esp 的初始化就可以在 head.S 中完成了：

```
1       ...
2       lss   stack_start, %esp
3       call setup_idt
4       call setup_gdt
5       ...
```

　　再次编译执行，虽然看上去操作系统执行的效果没有发生什么变化，但实际上从 lss 指令开始，它后面的 push 指令和 pop 指令操作的都是新的栈了，所以 main 函数也在新的栈上运行。从现在开始，我们才真正地可以在 main 函数里实现更多的功能，这才是真正"天高任鸟飞"。

　　因为 sched.c 文件是新增的，所以在 makefile 文件中也必须新增相应的构建命令。这一步的代码比较简单，与 main.c 文件的做法基本一致，所以这里就不再列出了。接下来，我们还要为正式进入内核开发做更多的准备。

3.2　实现格式化打印

　　进入内核以后，创建进程就被正式提上日程了。但在这之前，还必须完成一些准备工作，以提升开发内核的效率。相比应用程序有丰富的调试手段，对内核进行调试的手段并没有那么多，除了第 1 章介绍的使用 QEMU 或者 Bochs 进行单步调试以外，目前就没有更多的手段了。比如，普通的应用程序可以使用 printf 对变量的值进行跟踪打印，在当前阶段的内核中还没有其他打印变量的方法。但我们是在写操作系统，万事万物都在掌控之中，没有打印的手段也完全可以自己实现。所以，这一节要实现用于打印内核信息的 printk 函数，以方便后面对内核中的变量值进行打印。这对调试至关重要。

3.2.1 初始化终端和控制台

在 Linux 相关的文档中，可以经常看到 tty、console、terminal、shell 等单词。在一些不那么严格的场景中，它们会被混用，如在一些中文翻译中有可能都被翻译成终端。但实际上，在计算机发展的早期，它们分别对应不同的实体。早期的计算机往往会配备一个操作面板，上面带有大量开关和指示灯，操作员就通过这个面板操作计算机，这个面板就叫作 console。Windows 系统上的"控制面板"这个名词也来源于此。一台电脑通常只有一个 console。随着技术的进步，计算机可以支持多个用户远程连接，每个用户手上有一个专用硬件用于登录，这个专用硬件就是 terminal，中文可以翻译为终端。终端的形态是多种多样的，tele typewriter，即远程打字机，缩写为 tty。所以慢慢地人们也会使用 tty 这个缩写来指代终端。而 shell 则是与内核相对应的一个概念，它是一个运行在 console 上的进程，也是一个负责读入用户输入、处理用户请求和用户交互的应用程序。

搞清楚这些概念以后，再来阅读 Linux 源码就能轻松区分代码中的这些概念了。终端 tty 不只包含屏幕的输出，还包括键盘的输入，你慢慢会发现原来串口通信也是一种终端，所以我们就可以先实现终端的初始化函数，然后在这个函数中进行屏幕、键盘和串口输入/输出的初始化。tty_init 就负责初始化终端，而 con_init 则负责初始化控制台，在屏幕上进行显示这个工作显然适合由控制台来实现。console 的初始化的代码如代码清单 3-2 所示。

代码清单 3-2 初始化控制台

```
1   /* kernel/chr_drv/console.c */
2   #include <linux/tty.h>
3
4   #define ORIG_X              (*(unsigned char *)0x90000)
5   #define ORIG_Y              (*(unsigned char *)0x90001)
6   #define ORIG_VIDEO_PAGE     (*(unsigned short *)0x90004)
7   #define ORIG_VIDEO_MODE     ((*(unsigned short *)0x90006) & 0xff)
8   #define ORIG_VIDEO_COLS     (((*(unsigned short *)0x90006) & 0xff00) >>
        8)
9   #define ORIG_VIDEO_LINES    ((*(unsigned short *)0x9000e) & 0xff)
10  #define ORIG_VIDEO_EGA_AX   (*(unsigned short *)0x90008)
11  #define ORIG_VIDEO_EGA_BX   (*(unsigned short *)0x9000a)
12  #define ORIG_VIDEO_EGA_CX   (*(unsigned short *)0x9000c)
```

```
13
14   #define VIDEO_TYPE_MDA      0x10
15   #define VIDEO_TYPE_CGA      0x11
16   #define VIDEO_TYPE_EGAM     0x20
17   #define VIDEO_TYPE_EGAC     0x21
18
19   static unsigned char    video_type;
20   static unsigned long    video_num_columns;
21   static unsigned long    video_num_lines;
22   static unsigned long    video_mem_base;
23   static unsigned long    video_mem_term;
24   static unsigned long    video_size_row;
25   static unsigned char    video_page;
26   static unsigned short   video_port_reg;
27   static unsigned short   video_port_val;
28
29   void con_init() {
30       char * display_desc = "????";
31       char * display_ptr;
32
33       video_num_columns = ORIG_VIDEO_COLS;
34       video_size_row = video_num_columns * 2;
35       video_num_lines = ORIG_VIDEO_LINES;
36       video_page = ORIG_VIDEO_PAGE;
37
38       /* 这是一个单色显示器吗? */
39       if (ORIG_VIDEO_MODE == 7) {
40           // 部分代码略
41       }
42       else { /* color display */
43           video_mem_base = 0xb8000;
44           video_port_reg  = 0x3d4;
45           video_port_val  = 0x3d5;
46
47           if ((ORIG_VIDEO_EGA_BX & 0xff) != 0x10) {
48               video_type = VIDEO_TYPE_EGAC;
49               video_mem_term = 0xc0000;
50               display_desc = "EGAc";
51           }
52           else {
53               //部分代码略
```

```
54              }
55          }
56
57          display_ptr = ((char *)video_mem_base) + video_size_row - 8;
58          while (*display_desc) {
59              *display_ptr++ = *display_desc++;
60              *display_ptr++;
61          }
62      }
```

因为 QEMU 和 Bochs 虚拟机都采用了彩色模式的 EGA，所以上述代码在执行初始化的过程就会走到 EGA 的分支。其他分支是用于支持更早期的单色显示器，已经不重要了，所以正文里的代码就把其他分支略去了。第 43 行代码把显存的起始位置设为 0xb8000，因为已经启用了保护模式分页机制，所以这里的地址实际上是虚拟地址，尽管这个值与物理地址是相同的。第 49 行设置显存结束地址为 0xc0000。

setup 模块通过使用 BIOS 中断取得计算机的显卡、内存、硬盘等信息，然后把它们都存储在 0x90000 的位置，这里就是使用显卡信息的地方。video_num_columns 指示了显示器的列数，video_num_lines 指示了显示器的行数。除此之外，与显卡相关的其他信息会在后面用到时再介绍。结合上述分析可以知道，第 57 行 ~ 第 61 行的作用是把代表显示器类型的字符串打印到屏幕的右上角。因为一个字符占据两个字节，第一个字节指示字符的颜色和背景色，第二个字节是字符的 ASCII 值，所以 display_ptr 就指向了第一行往前的 8 个字节，这里预留了显示 4 个字符的宽度。

同时，main 函数也要增加对 con_init 的调用：

```
1   // kernel/main.c
2   void main(void) {
3       tty_init();
4       __asm__ __volatile__(
5           "loop:\n\r"
6           "jmp loop"
7           ::);
8   }
9
10
11  // kernel/chr_drv/tty_io.c
12  #include <linux/tty.h>
13
14  void tty_init() {
15      con_init();
```

```
16    }
```

最后一步，再把这两个新增的 C 文件移到 chr_drv 目录下，并新建 makefile 文件以编译这个目录。目录名是 character drvier 的缩写，这个目录的作用是处理字符设备。字符设备的特点是它们的输入/输出都是以字符为单位的，例如本节显示器里显示字符串的操作就是向显存中逐个复制字符。与字符设备相对应的是块设备，块设备的输入/输出都是以数据块为单位的，比如读取硬盘的动作就是以扇区为单位的，一次输入/输出会传输 512B，块设备的驱动会在第 6 章进行介绍，这里就不再详细展开。

chr_drv 目录中的 makefile 内容如下：

```
1    AR   := ar
2    LD   := ld
3    GCC := gcc
4    CCFLAG := -m32 -I../../include -nostdinc -Wall -fomit-frame-pointer -c
5    OBJS   := tty_io.o console.o
6
7    tty_io.o : tty_io.c
8            $(GCC) $(CCFLAG) -o $@ $<
9
10   console.o : console.c
11           $(GCC) $(CCFLAG) -o $@ $<
12
13   chr_drv.a : $(OBJS)
14           $(AR) rcs $@ $^
15           sync
16
17   clean :
18           rm *.o
19           rm chr_drv.a
```

这个目录最后生成的目录文件是 chr_drv.a，这是一个静态库文件。静态库文件本质是一个压缩文件，是将目标文件（.o 文件）打包压缩在一起，并不会对目标文件进行链接、解析符号等操作。而真正的链接操作仍然发生在构建 system 文件时，所以我们还要记得在 kernel 目录的 makefile 文件中添加链接 chr_drv.a 的操作：

```
1    OBJS   := head.o main.o sched.o chr_drv/chr_drv.a
2
3    system: $(OBJS)
4        $(LD) $(LDFLAG) -e startup_32 -o $@ $^
5
6    ...
```

```
 7
 8  chr_drv/chr_drv.a: chr_drv/*.c
 9      cd chr_drv; make chr_drv.a; cd ..
10
11  clean :
12      rm *.o
13      rm system
14      cd chr_drv; make clean; cd ..
```

重新编译整个目录，并且在虚拟机中运行新的 linux.img，就可以看到屏幕的右上角正确地打印出了字符串 "EGAc"。到这里，控制台的初始化工作就完成了。

3.2.2 操作显示控制器

在实模式下，CPU 与外设通信的手段主要依赖 BIOS 中断，在保护模式下，则主要使用 in/out 指令对外设的控制寄存器直接进行读写。

对显示控制器的访问将会涉及比较多的 I/O 指令，但该模块的思想比较简单，主要就是在内核中维护相关的状态，比如光标的位置、显示器在显存中的起始地址等。本节不会实现一个非常完备的显示器控制功能，这是第 5 章的核心任务，本节只要实现简单的打印即可，所以只对光标进行操作。

显示控制器系统包含 6 组寄存器，如表 3-1 所示。

表 3-1　显示控制器的寄存器

寄存器		读端口	写端口
通用寄存器	杂项输出寄存器	0x3CC	0x3C2
	输入状态寄存器 0	0x3CC	-
	输入状态寄存器 1	0x3DA	-
	特性控制寄存器	0x3CA	0x3DA
	视频子系统使能寄存器	0x3C3	
序列寄存器	地址寄存器	0x3C4	
	数据寄存器	0x3C5	
CRT 控制器寄存器	地址寄存器	0x3D4	
	数据寄存器	0x3D5	
图形控制器寄存器	地址寄存器	0x3CE	
	数据寄存器	0x3CF	
属性控制器寄存器	地址寄存器	0x3C0	
	数据寄存器	0x3C1	0x3C0
视频 DAC 调色板寄存器	写地址寄存器	0x3C8	
	读地址寄存器	-	0x3C7
	DAC 状态寄存器	0x3C7	-
	数据寄存器	0x3C8	
	像素掩码寄存器	0x3C6	-

这个表非常复杂，但读者不必担心，本节所使用的控制光标的代码非常简单，只使用

了其中的两个寄存器。其他寄存器完全可以等后面使用的时候再研究。这一节使用的寄存器主要是 CRT Controller Data Register 这一组寄存器。这组寄存器又包括了 24 个寄存器，如表 3-2所示。

表 3-2　**CRT Controller Data Register**

寄存器名称	索引	寄存器名称	索引
Horizontal Total Register	0	Start Address Low Register	13
End Horizontal Display Register	1	Cursor Location High Register	14
Start Horizontal Blanking Register	2	Cursor Location Low Register	15
End Horizontal Blanking Register	3	Vertical Retrace Start Register	16
Start Horizontal Retrace Register	4	Vertical Retrace End Register	17
End Horizontal Retrace Register	5	Vertical Display End Register	18
Vertical Total Register	6	Offset Register	19
Overflow Register	7	Underline Location Register	20
Preset Row Scan Register	8	Start Vertical Blanking Register	21
Maximum Scan Line Register	9	End Vertical Blanking Register	22
Cursor Start Register	10	CRTC Mode Control Register	23
Cursor End Register	11	Line Compare Register	24
Start Address High Register	12		

与光标相关的寄存器是 14 号和 15 号寄存器，将光标位置的高 8 位写入 14 号寄存器，低 8 位写入 15 号寄存器，即可实现光标移动的功能。

由表 3-1可知，CRTC 控制器寄存器组的 24 个寄存器对应的端口都是 0x3D5，如何对这些寄存器进行区分呢？这就需要使用地址寄存器（Address Register）。先将寄存器的索引号写入地址寄存器，也就是端口 0x3D4，然后再将值写入 0x3D5 即可。如果把寄存器组看成一个数组，那么地址寄存器就像这个数组的下标。搞清楚了这一点，移动光标的功能就很容易实现了，如代码清单 3-3 所示。

代码清单 3-3　移动光标

```
1   /* kernel/chr_drv/console.c */
2   #include <asm/io.h>
3   #include <asm/system.h>
4
5   //部分代码略
6
7   static unsigned long    origin;
8   static unsigned long    scr_end;
9   static unsigned long    pos;
10  static unsigned long    x, y;
```

```
11  static unsigned long     top, bottom;
12  static unsigned long     attr = 0x07;
13
14  static inline void gotoxy(int new_x,unsigned int new_y) {
15      if (new_x > video_num_columns || new_y >= video_num_lines)
16          return;
17
18      x = new_x;
19      y = new_y;
20      pos = origin + y*video_size_row + (x << 1);
21  }
22
23  static inline void set_cursor() {
24      cli();
25      outb_p(14, video_port_reg);
26      outb_p(0xff&((pos-video_mem_base)>>9), video_port_val);
27      outb_p(15, video_port_reg);
28      outb_p(0xff&((pos-video_mem_base)>>1), video_port_val);
29      sti();
30  }
31
32  void con_init() {
33      // 部分代码略
34      origin = video_mem_base;
35      scr_end = video_mem_base + video_num_lines * video_size_row;
36      top = 0;
37      bottom  = video_num_lines;
38
39      gotoxy(ORIG_X, ORIG_Y);
40      set_cursor();
41  }
```

在控制台初始化程序（代码清单 3-2）中，video_port_reg 被初始化为 0x3D4，而 video_port_val 则被初始化为 0x3D5。现在，这两个初始化操作就容易理解了。

全局变量 origin 中记录了当前控制台显存的起始位置，实际上就是 0xb8000，video_num_columns 记录了一行需要占用多少字节的存储空间。

全局变量 x 和 y 记录了光标的二维坐标，但寄存器使用的是显存地址。所以第 20 行使用了一个公式将二维坐标转换成显存地址，注意计算时 x 坐标要左移 1 位，也就是乘以 2，因为每个字符都占据两个字节，第一个字节是 ASCII 值，第二个字节是该字符的属性。

至于 set_cursor 函数，在理解了寄存器组的原理以后就很简单了，先向地址寄存器中写入寄存器序号：光标位置的高地址，序号是 14；光标位置的低地址，序号是 15。而在计算高低地址时，需要多右移一位，原因也在于每个字符占两个字节。

第 39 行的 ORIG_X 和 ORIG_Y 用于从 0x90000 的位置取出光标位置。不知你是否还记得，setup 模块借助 BIOS 中断读取到光标位置以后，又把这个值写入 0x90000，在讲解 setup 模块时介绍过，这个值在操作系统进入保护模式以后还会再使用，这里就是使用的地方了。这行代码的作用是将光标的初始位置刷新给寄存器。

第 24 行和第 29 行所使用的函数定义在 asm/system.h 文件中。sti 和 cli 的实现如下所示：

```
1   /* include/asm/system.h */
2   #ifndef _SYSTEM_H
3   #define _SYSTEM_H
4
5   #define sti()    __asm__("sti"::)
6   #define cli()    __asm__("cli"::)
7   #define nop()    __asm__("nop"::)
8   #define iret()   __asm__("iret"::)
9
10  #endif
```

可见，sti 和 cli 都是一个宏函数，它们不过是对内嵌汇编语句的封装，这样写有利于 C 源文件的可读性。out_p 的实现位于 io.h 中，它的实现也很简单，这里就不再详细列出了，读者可以通过查看随书代码仓库里的代码自己学习。

3.2.3 支持换行和回车

3.2.2 节介绍过，要想往显示器上打印字符，只需要将它的 ASCII 码写入显存中即可。根据这个原理，就可以实现最简单的字符串打印的函数 console_print，具体实现如代码清单 3-4 所示。

代码清单 3-4 打印字符串

```
1   /* kernel/chr_drv/console.c */
2   void con_init() {
3       // 部分代码略
4       gotoxy(ORIG_X, ORIG_Y);
5       set_cursor();
6       console_print("hello", 5);
7   }
8
9   void console_print(const char* buf, int nr) {
```

```
10      char* t = (char*)pos;
11      char* s = buf;
12      int i = 0;
13
14      for (i = 0; i < nr; i++) {
15          *t++ = *(s++);
16          *t++ = 0xf;
17          x++;
18      }
19
20      pos = t;
21      gotoxy(x, y);
22      set_cursor();
23  }
```

console_print 函数可以往屏幕上打印一行字符串，而且也能正确地设置光标位置。在 con_init 函数中调用 console_print 来打印字符串 hello，光标可以被正确地设置到字符串 hello 的末尾。console_print 可以实现基本的打印。但到目前为止，所有的打印信息都在同一行，为了使打印的信息更清晰，需要为这个函数增加换行的功能。

在现代的操作系统编辑器上，换行和回车往往都是通过回车键输入的，所以很多人误以为这是同一个功能。但实际上，换行的作用是让光标走到下一行，而回车则是让光标返回到一行的开始，这两个功能并不相同。

现在我们已经有能力设置光标的位置了，想支持换行和回车是比较简单的。只需要将 y 坐标加 1 即可实现换行，而回车则直接让 x 坐标为 0 即可。这个简单的函数可以自己作为练习实现一下。这里也给出 Linux 的实现，如代码清单 3-5 所示。

代码清单 3-5　支持换行和回车

```
1   static void lf() {
2       if (y + 1 < bottom) {
3           y++;
4           pos += video_size_row;
5           return;
6       }
7   }
8
9   static void cr() {
10      pos -= x << 1;
11      x = 0;
12  }
```

这两个函数很简单，不需要过多解释。但是，换行其实还有一个问题，那就是如果光标已经到达了屏幕边缘该怎么办呢？这就要用到显示器的起始地址寄存器了。

一开始，起始地址寄存器里的内容是显存的开始位置 0xb8000，如果向寄存器里写入其他的显存地址，比如 0xb9000，那么显示器将显示从 0xb9000 开始的那一段内存中的内容。由表 3-2可知，起始地址高地址部分的寄存器编号是 12，起始地址低地址部分的寄存器编号是 13，且寄存器内容是相对于显存起始地址的偏移量。理解了这一点，控制滚屏就变得很简单了，如代码清单 3-6所示：

代码清单 3-6　向上滚屏

```c
/* kernel/chr_drv/console.c */
static inline void set_origin() {
    cli();
    outb_p(12, video_port_reg);
    outb_p(0xff & ((origin - video_mem_start) >> 9), video_port_val);
    outb_p(13, video_port_reg);
    outb_p(0xff & ((origin - video_mem_start) >> 1), video_port_val);
    sti();
}

static void scrup() {
    if (!top && bottom == video_num_lines) {
        origin += video_size_row;
        pos += video_size_row;
        scr_end += video_size_row;

        if (scr_end > video_mem_term) {
            __asm__("cld\n\t"
                    "rep\n\t"
                    "movsl\n\t"
                    "movl video_num_columns,%1\n\t"
                    "rep\n\t"
                    "stosw"
                    ::"a" (video_erase_char),
                    "c" ((video_num_lines-1)*video_num_columns>>1),
                    "D" (video_mem_base),
                    "S" (origin):);
            scr_end -= origin-video_mem_base;
            pos -= origin-video_mem_base;
            origin = video_mem_base;
        }
```

```
32          else {
33              __asm__("cld\n\t"
34                      "rep\n\t"
35                      "stosw"
36                      ::"a" (video_erase_char),
37                      "c" (video_num_columns),
38                      "D" (scr_end-video_size_row):);
39          }
40          set_origin();
41      }
42      else {
43          __asm__("cld\n\t"
44                  "rep\n\t"
45                  "movsl\n\t"
46                  "movl video_num_columns,%%ecx\n\t"
47                  "rep\n\t"
48                  "stosw"
49                  ::"a" (video_erase_char),
50                  "c" ((bottom-top-1)*video_num_columns>>1),
51                  "D" (origin+video_size_row*top),
52                  "S" (origin+video_size_row*(top+1)):);
53      }
54  }
55
56  void lf() {
57      if (y + 1 < bottom) {
58          y++;
59          pos += video_size_row;
60          return;
61      }
62      scrup();
63  }
```

第 2 行开始的 set_origin 函数的作用是控制显示器所显示内容的起始地址。它和 set_cursor 的原理很相似，都是通过写 CRTC 寄存器来实现的，不需要过多解释。

第 56 行的 lf 函数是处理换行的，在函数结尾处新增了一行语句，即 62 行，用于检查是否需要进行滚屏操作。第 11 行开始的 scrup 是真正实现滚屏操作的函数。

scrup 支持非整屏上滚，例如在文本编辑器里删除一行的时候，从这一行向下的所有行都要上移一行。top 变量就记录了上滚操作的开始行，而 bottom 则是上滚操作的最后一行。在第 12 行的条件判断语句中，当 top 为 0，且 bottom 位于整个屏幕的最后一行，则进行整屏上移操作。origin 变量代表屏幕左上角对应的显存位置，pos 代表光标位置，scr_end 指向屏幕最后一行末端字符的位置。所以它们都需要往下移动一行（第 13~15 行）。

第 17 行用于判断当前屏幕显示的范围是否超过了显存边界，如果是的话，就把屏幕显示地址回调到显存的开始处，理解这几行代码的关键在于理解几个变量的作用。video_num_columns 代表每一行包含多少个字符，即屏幕的列数。video_num_lines 代表屏幕的行数。video_mem_base 是显存开始的位置，video_erase_char 是空格的 ASCII 值。这几个变量在 con_init 函数里都初始化过，可以参考 con_init 的实现。所以这段内嵌汇编的作用是把当前屏幕上的内容复制到显存开始处（第 18~20 行），并把最后一行清空（第 21~23 行）。最后把光标、屏幕原点再调整好（第 28~30 行）。

第 33 行开始处理的情况是最简单的情况，那就是屏幕显示范围没有超过显存边界，这时只需要将新的原点位置（origin）设置到寄存器里，并且把最后一行使用空格清空（第 33~38 行）。

第 43 行开始是分屏滚动的情况，top 所在的那一行消失了，所以从 top+1 行开始整体向前复制一行，并且把新出现的行使用空格清空。

要删除一个字符的时候，只需要使用空格将该字符所在的内存覆盖即可，根据这个原理，就可以实现删除字符的函数，如代码清单 3-7 所示。

代码清单 3-7　删除字符

```
1  static void del() {
2      if (x) {
3          pos -= 2;
4          x--;
5          *(unsigned short*)pos = video_erase_char;
6      }
7  }
```

当 x 不为 0 的时候，就将 x 的值减 1，并且将对应的内存使用空格覆写；如果 x 为 0，就什么都不做。所以，当使用 del 删除字符时，删除到行首，就不会再向上一行删除字符了。

实现以上函数以后就可以完善打印函数了，以支持换行符、回车符、回删字符等特殊字符，完整的实现如代码清单 3-8 所示。

代码清单 3-8　支持特殊字符的打印函数

```
1  /* kernel/chr_drv/console.c */
2  void console_print(const char* buf, int nr) {
3      const char* s = buf;
4
```

```
5        while(nr--) {
6            char c = *s++;
7            if (c > 31 && c < 127) {
8                if (x >= video_num_columns) {
9                    x -= video_num_columns;
10                   pos -= video_size_row;
11                   lf();
12               }
13
14               *(char *)pos = c;
15               *(((char*)pos) + 1) = attr;
16               pos += 2;
17               x++;
18           }
19           else if (c == 10 || c == 11 || c == 12)
20               lf();
21           else if (c == 13)
22               cr();
23           else if (c == 127) {
24               del();
25           }
26           else if (c == 8) {
27               if (x) {
28                   x--;
29                   pos -= 2;
30               }
31           }
32       }
33
34       gotoxy(x, y);
35       set_cursor();
36   }
```

可以做一个简单的测试，在 main 函数里打印多行字符串，例如：

```
1   for (int i = 0; i < 25; i++) {
2       console_print("hello\r\n", 7);
3   }
```

如果一切正常的话，应该可以观察到操作系统向上滚屏了。到这里，控制台的初始化才算基本完成，借助这些基本的能力，下一节就可以实现格式化打印的功能了。

3.2.4　格式化打印结果并输出

但是，光打印普通的字符串还不能满足调试内核的需求。因为在调试内核时，最有用的信息可以提供某一时刻某一个变量的值是多少，甚至某一个指针的值是多少。变量的值往往以十进制整数的形式打印，而指针则以十六进制打印才比较方便查看。在 C 语言里，这是 printf 函数负责的事情，但在写操作系统的过程中，任何的 C 语言的头文件和内建库都是不能用的，所以我们只能自己动手来实现格式打印的功能。

先来实现 printk 函数，这个函数只工作在内核里，可以打印内核中的关键变量。我们遇到了第一个问题：printk 函数的原型该怎么声明？虽然 printf 是所有人在学习 C 语言时掌握的第一个函数，但可能很少有人会思考它到底是怎么实现的。实际上，printf 是一个非常特殊的函数，因为它可以接收的参数个数是不确定的，它最少接收一个参数，但最多可以接收的参数是不确定的。这种函数被称为带有不定项参数的函数。它的原型声明是这个样子的：

```
int printk(const char* fmt, ...);
```

请注意参数列表中的三个点号，这是 C 语言的一种特殊语法，它的作用是告诉编译器，printk 函数可以接收除了 fmt 之外的任意多的参数。那编译器遇到这种情况就不会再检查参数的个数和参数类型了，它会把调用 printk 的地方的所有参数都放到栈里，这样就达到了传参的目的。传参的问题是解决了，但是我们遇到了第二个问题：printk 的实现又要怎么才能把参数都取出来呢？这就需要使用指针操作来访问栈了。

注意到 printk 第一个参数是 fmt，而 GCC 在编译 C 语言时是将参数从右向左压栈的，所以 fmt 参数的位置就会位于所有参数的最低位置，比如以下代码在执行时，栈的样子如图 3-2所示。

```
1  char* name = "hello";
2  int printk("%s is %d\n", name, 15);
```

图 3-2 中每个参数的宽度都是 4 字节，等于一个 int 的宽度，其中栈的高地址处存放的是最右边的参数，低地址处存放的是左边的参数。当参数是字符串时，栈上存放的是一个指针，指向字符串的真实地址。

这样一来，我们就可以借助 fmt 的位置逐个向上取出所有的参数了。不幸的是，即便用了这种方式进行传参，printk 仍然无法知道具体传了多少个参数，只能通过解析 fmt 字符串，并根据格式化参数按需取用参数。所以，如果你在使用 printk 的时候，即使多传了参数，也不会在执行时报错。但如果少传了参数，就有可能造成内存访问越界。

为了方便解析参数，stdarg 头文件提供了一组宏。我们要把这组宏定义引入操作系统的源码里：

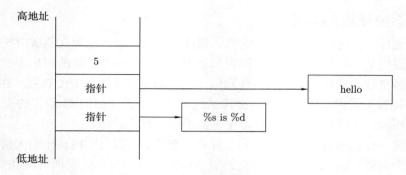

图 3-2　函数调用时使用栈传递参数

```
1   #ifndef _STDARG_H
2   #define _STDARG_H
3
4   typedef char *va_list;
5
6   /* 计算TYPE类型的参数列表所需的空间，
7    TYPE 代表了具体参数的类型 */
8
9   #define __va_rounded_size(TYPE)  \
10      (((sizeof (TYPE) + sizeof (int) - 1) / sizeof (int)) * sizeof (
    int))
11
12  #ifndef __sparc__
13  #define va_start(AP, LASTARG)                        \
14      (AP = ((char *) &(LASTARG) + __va_rounded_size (LASTARG)))
15  #else
16  #define va_start(AP, LASTARG)                        \
17      (__builtin_saveregs (),                          \
18          AP = ((char *) &(LASTARG) + __va_rounded_size (LASTARG)))
19  #endif
20
21  void va_end (va_list);      /* Defined in gnulib */
22  #define va_end(AP)
23
24  #define va_arg(AP, TYPE)                             \
25      (AP += __va_rounded_size (TYPE),                 \
26          *((TYPE *) (AP - __va_rounded_size (TYPE))))
27
28  #endif /* _STDARG_H */
```

这段代码里，va_list 不是宏，而是 char * 类型的别名。__va_rounded_size 的作用是对指针进行对齐，一个宽度不是 4 的倍数的参数，经过对齐操作以后将会向上取整变成 4 的倍数，这是一种向上取整的常用技巧。而 va_start 和 va_arg 这两个宏，则可以结合 printk 的实现来分析它们的作用：

```
1   static char buf[1024];
2
3   extern int vsprintf(char* buf, const char* fmt, va_list args);
4
5   int printk(const char* fmt, ...) {
6       va_list args;
7       int i;
8
9       va_start(args, fmt);
10      i = vsprintf(buf, fmt, args);
11      va_end(args);
12
13      __asm__("pushw %%fs\n\t"
14              "pushw %%ds\n\t"
15              "popw  %%fs\n\t"
16              "pushl %0\n\t"
17              "pushl $buf\n\t"
18              "pushl $0\n\t"
19              "call  tty_write\n\t"
20              "addl  $8, %%esp\n\t"
21              "popl  %0\n\t"
22              "popw  %%fs"
23              ::"r"(i):"ax", "cx", "dx");
24
25      return i;
26  }
```

printk 的核心逻辑是先调用 vsprintf 来格式化字符串，然后调用 tty_write 把准备好的字符串打印到显示器上。如果把 va_start 宏展开，它就是这样一行代码：

```
args = &fmt + 4;
```

也就是在栈上找到 fmt 参数高 4 字节的位置，根据图 3-2，这个位置刚好是第二个参数，也就是不定项参数的第一项。其中，常量 4 在编译阶段就由编译器计算好了。因为 fmt 的类型是指向字符的指针，所以 sizeof(fmt) 的值就是 4，经过对 __va_rounded_size 进行展开，最终得到的结果仍然是 4，这样 va_start 背后的原理就变得容易理解了。

回到 printk 的实现，在找到了不定项参数的第一项以后，就把这一项的地址作为参数传递给 vsprintf 对字符串进行格式化。vsprintf 的代码如代码清单 3-9 所示。

代码清单 3-9　格式化字符串

```
1   #include <stdarg.h>
2   #include <string.h>
3
4   //部分代码略
5
6   int vsprintf(char *buf, const char *fmt, va_list args) {
7       int len;
8       int i;
9       char * str;
10      char *s;
11      int *ip;
12
13      int flags;            /* number()函数的格式化标志 */
14      int field_width;      /* 输出字段的宽度 */
15      int precision;        /* 对于整数，是最小位数；
16                               对于字符串，是其最大字符数 */
17      int qualifier;        /* 整型字段的h.l或L */
18
19      for (str = buf; *fmt; fmt++) {
20          if (*fmt != '%') {
21              *str++ = *fmt;
22              continue;
23          }
24
25          /* 进程标志 */
26          flags = 0;
27      repeat:
28          ++fmt;        /* this also skips first '%' */
29          switch (*fmt) {
30              case '-': flags |= LEFT; goto repeat;
31              case '+': flags |= PLUS; goto repeat;
32              case ' ': flags |= SPACE; goto repeat;
33              case '#': flags |= SPECIAL; goto repeat;
34              case '0': flags |= ZEROPAD; goto repeat;
35          }
36
```

```
37          /* 获取字段宽度 */
38          field_width = -1;
39          if (is_digit(*fmt)) {
40              field_width = skip_atoi(&fmt);
41          }
42          else if (*fmt == '*') {
43              field_width = va_arg(args, int);
44              if (field_width < 0) {
45                  field_width = -field_width;
46                  flags |= LEFT;
47              }
48          }
49
50          /* 获取精度 */
51          precision = -1;
52          if (*fmt == '.') {
53              ++fmt;
54              if (is_digit(*fmt))
55                  precision = skip_atoi(&fmt);
56              else if (*fmt == '*') {
57                  /* 这是下一个参数 */
58                  precision = va_arg(args, int);
59              }
60
61              if (precision < 0)
62                  precision = 0;
63          }
64
65          /* 获取转换限定符 */
66          qualifier = -1;
67          if (*fmt == 'h' || *fmt == 'l' || *fmt == 'L') {
68              qualifier = *fmt;
69              ++fmt;
70          }
71
72          switch (*fmt) {
73              case 'c':
74                  if (!(flags & LEFT))
75                      while (--field_width > 0)
76                          *str++ = ' ';
77                  *str++ = (unsigned char) va_arg(args, int);
```

```
78          while (--field_width > 0)
79              *str++ = ' ';
80          break;
81      case 's':
82          s = va_arg(args, char *);
83          len = strlen(s);
84
85          if (precision < 0)
86              precision = len;
87          else if (len > precision)
88              len = precision;
89
90          if (!(flags & LEFT))
91              while (len < field_width--)
92                  *str++ = ' ';
93          for (i = 0; i < len; ++i)
94              *str++ = *s++;
95          while (len < field_width--)
96              *str++ = ' ';
97          break;
98
99      case 'o':
100         str = number(str, va_arg(args, unsigned long), 8,
101                 field_width, precision, flags);
102         break;
103
104     case 'p':
105         if (field_width == -1) {
106             field_width = 8;
107             flags |= ZEROPAD;
108         }
109         str = number(str,
110                 (unsigned long) va_arg(args, void *), 16,
111                 field_width, precision, flags);
112         break;
113
114     case 'x':
115         flags |= SMALL;
116     case 'X':
117         str = number(str, va_arg(args, unsigned long), 16,
118                 field_width, precision, flags);
```

```
119                     break;
120
121             case 'd':
122             case 'i':
123                     flags |= SIGN;
124             case 'u':
125                     str = number(str, va_arg(args, unsigned long), 10,
126                             field_width, precision, flags);
127                     break;
128
129             case 'n':
130                     ip = va_arg(args, int *);
131                     *ip = (str - buf);
132                     break;
133
134             default:
135                     if (*fmt != '%')
136                         *str++ = '%';
137
138                     if (*fmt)
139                         *str++ = *fmt;
140                     else
141                         --fmt;
142                     break;
143         }
144     }
145
146     *str = '\0';
147     return str-buf;
148 }
```

这段代码比较长，但逻辑是很清晰的。首先，printk 所支持的格式控制字符串的组成如下所示：

　　　%[flags][width][.prec][length]type

其中，flags 代表标记位，width 代表最小宽度，prec 代表精度，length 代表类型长度，type 代表类型。接下来，对这几项分别进行讨论。

flags 规定输出样式，取值和含义如下。

❑ -：减号代表结果左对齐，右边填空格；默认是右对齐，左边填空格。

❑ +：加号代表输出符号，正数就输出加号，负数就输出减号。

❑ 空格：代表输出值为正时加上空格，为负时加上负号。

❑ #（井号）：当类型是 o、x、X 时，增加前缀 0、0x、0X。实际上，在 printf 中还支持更多类型，井号还有很多功能，但在这里，vsprintf 只支持了最基本的功能。

❑ 0（数字零）：将输出结果的前面补上 0，直到占满指定列宽为止，它不能与减号一起使用。

代码清单 3-9 的第 29~35 行就在处理 flags，这里使用 goto 语句构建了一个循环，这就意味着这 5 个标记是可以组合出现的。

接下来，vsprintf 就要处理最小宽度了，最小宽度可以是一个整数值，也可以是一个星号。如果是整数值，那么这个整数值就代表了格式化输出的最小宽度，所以要把这个字符串转成整数，代码中使用了 skip_atoi 来进行转换，这个函数的代码如下所示：

```
1  #define is_digit(c) ((c) >= '0' && (c) <= '9')
2
3  static int skip_atoi(const char **s) {
4      int i=0;
5
6      while (is_digit(**s)) {
7          i = i*10 + *((*s)++) - '0';
8      }
9
10     return i;
11 }
```

如果最小宽度使用星号定义，就意味着最小宽度是以参数的形式给出。例如，以下代码就是从参数中读入最小宽度：

```
printf("width is %*d", 6, 6);
```

所以在遇到星号以后，程序就从栈上取一个参数（第 43 行）。当然，还要判断这个值是不是负数，如果是负数，就让输出结果左对齐。

接下来就是处理精度了，处理精度的逻辑和处理最小宽度的逻辑是相同的，唯一的区别是精度是以点号开头的。所以这段代码的讲解就略过了。

再接下来是处理类型长度，vsprintf 中主要处理的是代表类型长度的字母 h、l 和 L，分别代表 short 类型、long 类型和双精度浮点数类型。第 68 行代码只是简单地将代表类型长度的字母存储到 qualifier 里，然后就结束了，处理类型长度的逻辑在后面的 number 函数里。

vsprintf 的最后（从第 72 行往后）才是整个函数中最重要的部分，那就是处理输出数据的类型。当前的代码里支持的类型如下。

❑ c：可以把输入的数字按照 ASCII 码相应地转换为对应的字符。

❑ s：输出字符串中的字符，直至字符串中的空字符，字符串以空字符'0'结尾。这里要注意的是，vsprintf 的实现与 C 语言中的 printf 的实现有所不同。printf 的字符串格式可以将整数、浮点数都转换成字符串输出，但是 vsprintf 则只能输出字符串。

❑ o：octal 的缩写，输出无符号八进制整数。注意，只有字符'o'的话，是不输出前导 0 的，可以把标记位设为井号，从而可以输出前导 0。

❑ p：以十六进制形式输出指针。开发操作系统的过程中最常打印的变量值往往是指针，所以输出指针是最常用的功能。

❑ x 和 X：无符号十六进制整数，x 对应的是 abcdef，X 对应的是 ABCDEF，这个参数与八进制输出一样，是不带前缀的。

❑ d 和 i：输出十进制有符号 32 位整数，i 是老式写法。

❑ u：输出十进制无符号 32 位整数。

❑ n：无输出，对应的参数是一个指向 signed int 的指针。在此之前，输出的字符数将存储到指针所指向的位置。

相比 C 语言库中的 printf 的实现，vsprintf 所支持的功能更少，但这已经足够支撑操作系统的开发调试了。在 vsprintf 所支持输出数据类型中，n 这种类型是比较令人费解的。这里有一个例子，可以说明它的作用：

```
1  int len;
2  printf("abcd%n", &len);
3  assert(len == 4);
```

在上述代码的第 2 行，printf 函数在 "%n" 之前共输出了 4 个字符，所以 len 的值就设置成了 4。理解了这个作用，代码清单 3-9 的第 130 行就很容易理解了，它让 ip 指向栈上的参数，也就是传给 printk 的那个整型指针，然后对这个指针解引用，把已经输出的长度赋值给这个指针指向的变量。

到这里，我们就把 vsprintf 的功能和实现都分析完了，最后给出 vsprintf 所用到的 number 函数的代码，具体实现如代码清单 3-10 所示。

代码清单 3-10　number 函数

```
1  #define ZEROPAD  1      /* 用0填充 */
2  #define SIGN     2      /* 有符号/无符号长整型 */
3  #define PLUS     4      /* 显示加号 */
4  #define SPACE    8      /* 如果是正数，使用空格 */
5  #define LEFT     16     /* 左对齐 */
6  #define SPECIAL  32     /* 使用0x */
7  #define SMALL    64     /* 使用 abcdef，而不是 ABCDEF */
8
```

```
9   #define do_div(n,base) ({ \
10      int __res; \
11      __asm__("divl %4":"=a" (n),"=d" (__res):"0" (n),"1" (0),"r" (
    base)); \
12      __res; })
13
14  static char * number(char * str, int num, int base, int size, int
    precision
15      ,int type) {
16      char c,sign,tmp[36];
17      const char *digits="0123456789ABCDEFGHIJKLMNOPQRSTUVWXYZ";
18      int i = 0;
19
20      if (type&SMALL) digits="0123456789abcdefghijklmnopqrstuvwxyz";
21      if (type&LEFT) type &= ~ZEROPAD;
22      if (base<2 || base>36)
23        return 0;
24
25      c = (type & ZEROPAD) ? '0' : ' ' ;
26      if (type&SIGN && num<0) {
27          sign = '-';
28          num = -num;
29      }
30      else {
31          sign=(type&PLUS) ? '+' : ((type&SPACE) ? ' ' : 0);
32      }
33
34      if (sign) size--;
35      if (type&SPECIAL) {
36          if (base==16) size -= 2;
37          else if (base==8) size--;
38      }
39
40      if (num==0)
41          tmp[i++]='0';
42      else {
43          while (num!=0) {
44              tmp[i++]=digits[do_div(num,base)];
45          }
46      }
47
```

```
48        if (i>precision) precision=i;
49        size -= precision;
50
51        if (!(type&(ZEROPAD+LEFT))) {
52            while(size-->0)
53                *str++ = ' ';
54        }
55
56        if (sign)
57            *str++ = sign;
58
59        if (type&SPECIAL) {
60            if (base==8)
61                *str++ = '0';
62            else if (base==16) {
63                *str++ = '0';
64                *str++ = digits[33];
65            }
66        }
67
68        if (!(type&LEFT)) {
69            while(size-->0)
70                *str++ = c;
71        }
72
73        while(i<precision--)
74            *str++ = '0';
75
76        while(i-->0)
77            *str++ = tmp[i];
78
79        while(size-->0)
80            *str++ = ' ';
81
82        return str;
83    }
```

因为输出宽度、精度、填充值都在 vsprintf 里计算好了，所以 number 函数只需要按照
之前分析的要求，将值转换成字符串即可。这些规则已经在上文中介绍过了，所以这里就不
再过多地分析它的实现了，请大家对照前面所讲的内容，将 number 的实现与 vsprintf 的
实现相互印证，以便于加深理解。

一切准备就绪，现在就可以在 main 函数里进行测试了，如代码清单 3-11所示。

代码清单 3-11　测试 printk

```
1  void main(void) {
2      /*代码略*/
3      tty_init();
4      printk("hello %d", 28);
5      /*代码略*/
6  }
```

到此为止，我们终于有了一个用于调试内核程序的利器了。这样一来，再遇到问题的时候，通过 printk 就可以把内核中的相关变量都打印出来了。至此，内核的打印函数的功能就比较齐备了，可以继续向下开发了。

3.3　设置内存和陷阱处理

可能你已经迫不及待想实现自己的进程了，但是还需要再忍耐一下，因为我们还有一个重要的工作尚未完成，即内存管理的初始化。内存管理是进程运行的必要条件，一个进程在执行的过程中会用到内核态栈和用户态栈、堆等内存空间，所以为了使进程能正常工作，必须为进行内存管理做一些必要的准备。同时，进程作为操作系统的核心概念，它与系统调用的关系也十分密切，所以这一节会把系统调用的框架也一并搭建起来。下面先从内存开始吧。

3.3.1　初始化内存管理

setup 模块已经使用 BIOS 中断获取到扩展内存的大小，并将这个值存入 0x90002 位置，这个值现在就派上用场了。Linux 0.11 最大只支持 16MB 物理内存。从零开始的 1MB 物理内存被分配给内核使用，1MB~4MB 这个区间的内存作为 DMA 的缓冲区。从 4MB~16MB 这段内存才是供用户态的程序使用的。

关于内核态和用户态，我们现在还不需要理解得那么透彻，只需要知道，CPU 有这样的机制即可。真正实现进程的时候，我会对这两个概念进行详细说明。先在 main 函数中添加内存初始化相关的参数设置和函数调用，具体实现如代码清单 3-12 所示。

代码清单 3-12　初始化内存

```
1  extern void mem_init(long start, long end);
2
3  #define EXT_MEM_K (*(unsigned short *)0x90002)
4
5  static long memory_end = 0;
6  static long buffer_memory_end = 0;
```

```
7   static long main_memory_start = 0;
8
9   void main(void)
10  {
11      //部分代码略
12      memory_end = (1<<20) + (EXT_MEM_K<<10);
13      memory_end &= 0xfffff000;
14      if (memory_end > 16*1024*1024)
15          memory_end = 16*1024*1024;
16      if (memory_end > 12*1024*1024)
17          buffer_memory_end = 4*1024*1024;
18      else if (memory_end > 6*1024*1024)
19          buffer_memory_end = 2*1024*1024;
20      else
21          buffer_memory_end = 1*1024*1024;
22
23      main_memory_start = buffer_memory_end;
24      mem_init(main_memory_start, memory_end);
25
26      tty_init();
27      printk("memory start: %d, end: %d", main_memory_start, memory_end);
28      //部分代码略
29  }
```

上述代码做的主要工作就是从 0x90002 处取得扩展内存的大小，注意这里的单位是 KB，所以要将这个值再左移 10 位，才能得到以字节为单位的值，这个值再加上 1MB 就是物理内存的尾部地址。接下来，程序判断内存尾部地址是否比 16MB 大，如果比 16MB 大的话，就把物理内存地址截取到 16MB。接着再根据主内存的大小设置缓冲区内存的大小。从代码中可以看到，当主内存的大小为 16MB 时，缓冲区的结尾就是 4MB。而主内存则是从缓冲区结尾处开始的，在我们的实验环境中，这个值就是 4MB。接下来，对主内存区域执行 mem_init，而 mem_init 的实现则位于 memory.c 中。

内存管理是一个功能非常独立的模块，所以，它可以被放置在一个单独的文件夹下面。在 kernel 目录下新建一个名为 mm（memory management 的缩写）的目录，而 memory.c 文件就位于这里。其中用于初始化内存的 mem_init 的实现如代码清单 3-13 所示。

代码清单 3-13 初始化内存

```
1   #include <linux/sched.h>
2
3   unsigned long HIGH_MEMORY = 0;
4
```

```
5   unsigned char mem_map [ PAGING_PAGES ] = {0,};
6
7   void mem_init(long start_mem, long end_mem) {
8       int i;
9
10      HIGH_MEMORY = end_mem;
11
12      for (i = 0; i < PAGING_PAGES; i++) {
13          mem_map[i] = USED;
14      }
15
16      i = MAP_NR(start_mem);
17      end_mem -= start_mem;
18      end_mem >>= 12;
19      while (end_mem--) {
20          mem_map[i++] = 0;
21      }
22  }
```

上述代码中的 mem_map 是物理内存管理的核心数据结构。这个数组在后面的各个版本中都有保留，它的每个元素对应一个物理页。在这个版本中，mem_map 数组中的元素值代表了它所对应的页被多少个虚拟内存页表项映射。这句话现在读起来可能有些令人费解，但没有关系，随着本书逐渐完善进程的内存管理，大家慢慢就能明白这句话的意思了。在当前阶段，你只要记住当 mem_map 中的某一项为 0 时，就代表了这个物理页还没有被使用，它可以被操作系统自由分配。明白了这一点，再看 mem_init 的实现就容易理解了，从 start_mem 开始到 end_mem 结束这一段物理内存是以 4KB 为单位（右移 12 位）的，将它映射到 mem_map 数组。在初始化时，所有物理页的引用计数都是 0。

3.3.2 初始化系统调用

系统调用是用户程序调用操作系统功能的入口，在用户程序使用系统调用时，第一步是先进入内核态，然后才能调用内核的函数。在实现一个新的操作系统时，为用户提供可用的系统调用是一个重要的工作。

早期的 Linux 系统调用主要靠软中断来实现，也就是 int 0x80 指令。Linux 系统调用有很多，比如 write、read、fork 等，它们都是通过 0x80 号中断服务调用的。这么多系统调用的入口在同一个中断服务里，又怎么相互区分呢？Linux 为每个系统调用分配了一个编号，例如 exit 的编号为 1，fork 的编号为 2 等。根据不同的编号，内核再继续调用相应的处理函数，例如遇到编号为 2 的情况，内核就会调用 sys_fork 函数来实现创建子进程的功能。

接下来就分步骤完成系统调用的基本功能。

第一步，**修改 0x80 号的中断服务程序**。第 2 章进行中断服务程序实验的时候，采用硬编码的方式将 0x80 号的中断服务程序设成了 ignore_int，在内核中有很多地方需要重新设置中断服务程序，所以 Linux 定义了一个宏函数用于修改 IDT 中的中断门描述符，如代码清单 3-14 所示。

代码清单 3-14　修改中断门描述符

```
1   /* include/asm/system.h */
2   #define _set_gate(gate_addr, type, dpl, addr) \
3   __asm__("movw %%dx, %%ax\n\t"      \
4           "movw %0, %%dx\n\t"        \
5           "movl %%eax, %1\n\t"       \
6           "movl %%edx, %2"           \
7           :                          \
8           :"i"((short)(0x8000 + (dpl << 13) + (type << 8))), \
9           "o"(*((char*)(gate_addr))),                        \
10          "o"(*(4 + (char*)(gate_addr))),                    \
11          "d"((char*)(addr)), "a" (0x00080000))
12
13
14  #define set_intr_gate(n, addr) \
15      _set_gate(&idt[n], 14, 0, addr)
```

在第 14 行的宏定义中，n 代表 IDT 的下标，也就是要设置的中断向量号，addr 表示中断服务程序的入口地址。这个宏会被进一步展开成 _set_gate。中断服务程序的入口 addr 被放入 edx 寄存器，eax 寄存器的值是 0x00080000（第 11 行）。%0 代表第一个参数，它被展开以后是一个立即数 0x8e00。要设置的中断描述符的地址被分成两部分，%1 代表低 4 字节的地址（第 9 行），%2 代表高 4 字节的地址（第 10 行），明白了这些参数所对应的值，这 4 条 mov 指令的作用就清楚了。对照图 2-10可以知道，addr 被拆成两部分：一部分在 ax 寄存器中，一部分在 edx 寄存器的高 16 位中。eax 的高 16 位中的值是 0x8，这是代码段的选择子。P 位为 1，S 位为 0，DPL 为 0，TYPE 为 14（十六进制为 0xE），通过查表 2-1可知，这是一个中断门描述符。

注意：idt 这个符号是在 head.S 中定义的，如果想在 C 语言中使用，就要先把它声明成 extern，以告诉编译器，这个符号是在其他文件中定义的，找不到也不要报错，等链接器将所有的中间文件链接在一起的时候就可以找到了。所以 Linux 使用一个头文件来声明这些外部变量。

```
1   /* linux/head.h */
2   #ifndef _HEAD_H
3   #define _HEAD_H
```

```
4
5  typedef struct desc_struct {
6      unsigned long a, b;
7  } desc_table[256];
8
9  extern unsigned long pg_dir[1024];
10 extern desc_table idt,gdt;
11
12 #endif
```

通过引入 head.h，C 代码就可以正常地访问 head.S 中定义的 IDT、GDT 和页表了。

第二步，将 **0x80 号中断的入口函数设为 system_call**。涉及代码如代码清单 3-15 所示。

代码清单 3-15　设置系统调用入口

```
1  /* kernel/sched.c */
2  #include <linux/sched.h>
3  #include <asm/system.h>
4
5  extern int system_call();
6
7  void sched_init() {
8      set_intr_gate(0x80, &system_call);
9  }
```

而 system_call 的定义位于 sys_call.S 中。即使内核主要使用 C 语言开发，但依然少不了使用汇编开发部分功能，例如一些直接操作寄存器、保存上下文的功能，显然汇编语言更有效率。system_call（系统调用入口）的定义如代码清单 3-16 所示。

代码清单 3-16　系统调用入口

```
1  /* kernel/sys_call.S */
2  .code32
3  .text
4  .globl system_call
5  int_msg:
6      .asciz  "In kernel interrupt"
7
8  system_call:
9      pushl %eax
10     pushl %ecx
11     pushl %edx
```

```
12    pushw  %ds
13    pushw  %es
14    pushw  %fs
15    movl   $0x10, %eax
16    movw   %ax, %ds
17    movw   %ax, %es
18    movw   %ax, %fs
19    /* 调用 _printk */
20    pushl  $int_msg
21    call   printk
22    popl   %eax
23    popw   %fs
24    popw   %es
25    popw   %ds
26    popl   %edx
27    popl   %ecx
28    popl   %eax
29    iret
```

这个代码的作用是调用 printk 打印 "In kernel interrupt"。代码的逻辑比较简单，就不再多加解释了。

所有的准备工作都做好了，最后一步让轮子发动起来，在 main 函数里重新触发软中断，如代码清单 3-17 所示。

代码清单 3-17　触发软中断

```
1    void main(void) {
2        //部分代码略
3        sched_init();
4
5        tty_init();
6        printk("memory start: %d, end: %d\n\r" , main_memory_start,
         memory_end);
7
8        __asm__ __volatile__(
9                "int $0x7f\n\r"
10               "int $0x80\n\r"
11               "loop:\n\r"
12               "jmp loop"
13               ::);
```

编译运行以后，屏幕上打印的信息就发生了变化。0x7f 号的中断服务程序仍然是 ignore_int，0x80 号的中断服务程序已经变成了 system_call 了，所以右上角红色的 I 仍然在，但同时，屏幕的最下方也打印出了 "In kernel interrupt"，如图 3-3所示。

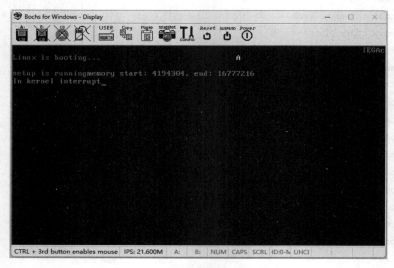

图 3-3　设置中断服务程序入口

3.3.3　处理 CPU 异常

在编写应用程序时，除了单步调试、打印等手段，人们还常用异常来报告错误。例如 Java 语言和 Python 语言都有异常的概念。与它们相似，CPU 也有异常。比如执行除法指令，遇到除数为 0，再比如低特权级的代码访问高特权级的数据等，都会触发 CPU 的异常。常见的 CPU 异常如表 2-2所示。

这一节就将为这些异常添加一个 log 函数，为内核开发再增加一种调试手段。陷阱也是一种中断，它的工作原理与中断一致，只需要将它的处理函数的入口地址更新到 IDT 中即可，如代码清单 3-18所示：

代码清单 3-18　设置陷阱门

```
1   #include <asm/system.h>
2   #include <linux/sched.h>
3   #include <asm/io.h>
4
5   void divide_error();
6   void debug();
7   void nmi();
8   void int3();
9   void overflow();
10  void bounds();
```

```
11   void invalid_op();
12   void double_fault();
13   void coprocessor_segment_overrun();
14   void invalid_TSS();
15   void segment_not_present();
16   void stack_segment();
17   void general_protection();
18   void reserved();
19   void irq13();
20   void alignment_check();
21
22   static void die(char* str, long esp_ptr, long nr) {
23       long* esp = (long*)esp_ptr;
24
25       printk("%s: %04x\n\r", str, 0xffff & nr);
26
27       while (1) {
28       }
29   }
30
31   void do_double_fault(long esp, long error_code) {
32       die("double fault", esp, error_code);
33   }
34
35   void do_general_protection(long esp, long error_code) {
36       die("general protection", esp, error_code);
37   }
38
39   void do_alignment_check(long esp, long error_code) {
40       die("alignment check", esp, error_code);
41   }
42
43   void do_divide_error(long esp, long error_code) {
44       die("divide error", esp, error_code);
45   }
46
47   void do_int3(long * esp, long error_code,
48           long fs,long es,long ds,
49           long ebp,long esi,long edi,
50           long edx,long ecx,long ebx,long eax) {
51       int tr;
```

```
52
53        __asm__("str %%ax":"=a" (tr):"" (0));
54        printk("eax\t\tebx\t\tecx\t\tedx\n\r%8x\t%8x\t%8x\t%8x\n\r",
55                eax,ebx,ecx,edx);
56        printk("esi\t\tedi\t\tebp\t\tesp\n\r%8x\t%8x\t%8x\t%8x\n\r",
57                esi,edi,ebp,(long) esp);
58        printk("\n\rds\tes\tfs\ttr\n\r%4x\t%4x\t%4x\t%4x\n\r",
59                ds,es,fs,tr);
60        printk("EIP: %8x    CS: %4x   EFLAGS: %8x\n\r",esp[0],esp[1],esp[2]);
61    }
62
63    void do_nmi(long esp, long error_code) {
64        die("nmi", esp, error_code);
65    }
66
67    void do_debug(long esp, long error_code) {
68        die("debug", esp, error_code);
69    }
70
71    void do_overflow(long esp, long error_code) {
72        die("overflow", esp, error_code);
73    }
74
75    void do_bounds(long esp, long error_code) {
76        die("bounds", esp, error_code);
77    }
78
79    void do_invalid_op(long esp, long error_code) {
80        die("invalid_op", esp, error_code);
81    }
82
83    void do_device_not_available(long esp, long error_code) {
84        die("device not available", esp, error_code);
85    }
86
87    void do_coprocessor_segment_overrun(long esp, long error_code) {
88        die("coprocessor segment overrun", esp, error_code);
89    }
90
91    void do_segment_not_present(long esp, long error_code) {
92        die("segment not present", esp, error_code);
```

```
93    }
94
95    void do_invalid_TSS(long esp, long error_code) {
96        die("invalid tss", esp, error_code);
97    }
98
99    void do_stack_segment(long esp, long error_code) {
100       die("stack segment", esp, error_code);
101   }
102
103   void do_reserved(long esp, long error_code) {
104       die("reserved (15,17-47) error",esp,error_code);
105   }
106
107   void trap_init() {
108       int i;
109
110       set_trap_gate(0, &divide_error);
111       set_trap_gate(1,&debug);
112       set_trap_gate(2,&nmi);
113       set_system_gate(3,&int3);
114       set_system_gate(4,&overflow);
115       set_system_gate(5,&bounds);
116       set_trap_gate(6,&invalid_op);
117       set_trap_gate(8,&double_fault);
118       set_trap_gate(9,&coprocessor_segment_overrun);
119       set_trap_gate(10, &invalid_TSS);
120       set_trap_gate(11, &segment_not_present);
121       set_trap_gate(12, &stack_segment);
122       set_trap_gate(13, &general_protection);
123       set_trap_gate(15,&reserved);
124       set_trap_gate(17,&alignment_check);
125
126       for (i=18;i<48;i++)
127           set_trap_gate(i,&reserved);
128
129       outb_p(inb_p(0x21)&0xfb,0x21);
130       outb(inb_p(0xA1)&0xdf,0xA1);
131   }
```

上述代码的逻辑和 3.3.2 节设置系统调用的逻辑是一样的。主要就是使用 set_trap_

gate 将 CPU 异常的服务程序设置进 IDT 中。对照表 2-2，可以看到上述代码与表中的所有异常一一对应。

中断服务程序的入口地址在另外一个汇编文件 asm.S 中。这是因为进入中断的时候需要保存 CPU 的状态，需要直接操作寄存器，所以使用汇编是比较方便的。具体实现如代码清单 3-19 所示。

代码清单 3-19　中断服务程序的入口

```
/* kernel/asm.S */
.code32
.globl divide_error, debug, nmi, int3, overflow, bounds, invalid_op
.globl double_fault, coprocessor_segment_overrun
.globl invalid_TSS, segment_not_present, stack_segment
.globl general_protection, coprocessor_error, reserved
.globl alignment_check

divide_error:
    pushl $do_divide_error
no_error_code:
    xchgl %eax, (%esp)
    pushl %ebx
    pushl %ecx
    pushl %edx
    pushl %edi
    pushl %esi
    pushl %ebp
    push  %ds
    push  %es
    push  %fs
    pushl $0
    leal  44(%esp), %edx
    pushl %edx
    movl  $0x10, %edx
    movw  %dx, %ds
    movw  %dx, %es
    movw  %dx, %fs
    call  *%eax
    addl  $8, %esp
    pop   %fs
    pop   %es
    pop   %ds
```

```
34      popl    %ebp
35      popl    %esi
36      popl    %edi
37      popl    %edx
38      popl    %ecx
39      popl    %ebx
40      popl    %eax
41      iret
42
43  debug:
44      pushl   $do_int3
45      jmp     no_error_code
46
47  nmi:
48      pushl   $do_nmi
49      jmp     no_error_code
50
51  int3:
52      pushl   $do_int3
53      jmp     no_error_code
54
55  overflow:
56      pushl   $do_overflow
57      jmp     no_error_code
58
59  bounds:
60      pushl   $do_bounds
61      jmp     no_error_code
62
63  invalid_op:
64      pushl   $do_invalid_op
65      jmp     no_error_code
66
67  coprocessor_segment_overrun:
68      pushl   $do_coprocessor_segment_overrun
69      jmp     no_error_code
70
71  reserved:
72      pushl   $do_reserved
73      jmp     no_error_code
74
```

```
75
76  double_fault:
77      pushl $do_double_fault
78  error_code:
79      xchgl %eax, 4(%esp)
80      xchgl %ebx, (%esp)
81      pushl %ecx
82      pushl %edx
83      pushl %edi
84      pushl %esi
85      pushl %ebp
86      push  %ds
87      push  %es
88      push  %fs
89      pushl %eax
90      leal  44(%esp), %eax
91      pushl %eax
92      movl  $0x10, %eax
93      movw  %ax, %ds
94      movw  %ax, %es
95      movw  %ax, %fs
96      call  *%ebx
97      addl  $8, %esp
98      pop   %fs
99      pop   %es
100     pop   %ds
101     popl  %ebp
102     popl  %esi
103     popl  %edi
104     popl  %edx
105     popl  %ecx
106     popl  %ebx
107     popl  %eax
108     iret
109
110 invalid_TSS:
111     pushl $do_invalid_TSS
112     jmp   error_code
113
114 segment_not_present:
115     pushl $do_segment_not_present
```

```
116         jmp     error_code
117
118   stack_segment:
119       pushl $do_stack_segment
120       jmp     error_code
121
122   general_protection:
123       pushl $do_general_protection
124       jmp     error_code
125
126   alignment_check:
127       pushl $do_alignment_check
128       jmp     error_code
```

在表 2-2 中，CPU 异常分为两大类：有出错码的和没有出错码的。所以上面的代码对不同类型的异常分别进行了不同的处理，有出错码的会使用 error_code 处理，没有出错码的则使用 no_error_code 处理。无出错码的情况比较简单，处理程序会先保存上下文，然后调用相应的处理函数即可。

对于有出错码的情况，当 CPU 执行出现异常时，就会把错误码放在栈上，异常处理程序会从栈上取得出错码。以 invalid_TSS 为例，当遇到这个异常时，错误码会被自动地放在栈上，所以进入异常处理函数时，栈顶就是错误码。异常处理函数会把真正的处理函数 do_invalid_TSS 的地址放到栈上（第 111 行），然后跳转到 error_code 处执行（第 112 行）。这时，栈顶的值就是函数地址，而错误码是栈上的第二个元素。

error_code 首先把 eax 和栈上的第二个元素进行交换（第 79 行），这个动作的结果是 eax 的值被保存到栈上，而错误码则从栈上交换到了 eax 寄存器中。然后 ebx 和栈顶元素进行交换（第 80 行），这个动作的结果是把 do_invalid_TSS 的地址保存到 ebx 中，并把 ebx 的值保存到栈上。

接下来是保存所有寄存器的值（第 81~88 行），然后就准备调用真正的异常处理函数了，这个函数的入口在 ebx 寄存器中。从代码清单 3-18 中可以看到，do_invalid_TSS 函数接收两个入参，分别是错误码和栈顶指针。所以，第 89 行的指令就是把错误码放到栈上，然后将发生异常时的栈顶指针也放到栈上（第 90 行和第 91 行）。请注意，发生异常时的栈并不包含刚刚保存在栈上的寄存器的值，所以要把 esp 加上 44 来得到发生异常时的栈顶指针。

在设置完段描述符以后（第 92~95 行），第 96 行的 call 指令就跳转到真正的异常处理函数里执行了。最后再通过恢复寄存器的值并且使用 iret 退出异常处理流程。

这些工作做完以后，可以在 main 函数里做一些测试，例如尝试构建除零错。下面给了一个例子，使用 RPL 为 3 的段选择子去访问 DPL 为 0 的段描述符，这会产生特权级异常，代码如代码清单 3-20 所示：

代码清单 3-20　测试特权级异常

```
1   void main(void) {
2       /*部分代码略*/
3
4       trap_init();
5
6       /*部分代码略*/
7       //int a = 1/0;
8
9       __asm__ __volatile__(
10              "int $0x80\n\r"
11              "movw $0x1b, %%ax\n\r"
12              "movw %%ax, %%gs\n\r"
13              "movl $0, %%edi\n\r"
14              "movw $0x0f41, %%gs:(%%edi)\n\r"
15              "loop:\n\r"
16              "jmp loop"
17              ::);
18  }
```

这段代码使用了 0x1b 作为视频段选择子，它指向的是 GDT 中的第三项，并且 RPL
为 3。而 GDT 中的所有段描述符的 DPL 都被设置成了 0，可见 RPL 的特权级低于 DPL，
所以就会产生特权级错误。此时，编译运行内核的结果如图 3-4 所示。

图 3-4　编译运行内核的结果

3.4 小结

从本章开始，正式进入了内核的开发。进入内核以后，setup.S 中设置的临时全局描述符表和中断描述符表都不再使用了。head.S 会重新设置它们。

head.S 是内核镜像的开头，它被放在了物理内存的 0x0 的位置。.org 伪指令为内核预留了页目录表和前 4 个页表。setup_paging 的作用是设置页目录表和页表。

head.S 还通过 ret 指令跳到 main 函数中执行。当前的 main 函数主要是完成各种初始化逻辑，比如内存初始化、系统调用的初始化、CPU 异常处理的初始化等。

本章还重点实现了 printk 函数，其作用是在屏幕上打印内核调试信息，这将极大地提升内核开发调试的效率。另外，CPU 异常处理所打印的信息对调试也有很大的作用。

在完成了以上工作以后，才可以考虑在内核中实现进程管理。进程是操作系统中的核心概念，下一章就将实现它。

Chapter 4　第4章

创建进程

作为操作系统的核心概念，很多讲解理论的操作系统书籍会早早地就介绍进程的概念。但是，我们走了很长的路才终于开始创建进程，这是因为创建进程需要做非常多的准备。进程是对执行体的抽象，它负责计算机资源分配，所以在创建进程之前，栈、页表、内存这些进程所依赖的资源都要准备好。第 3 章已经把这些资源都设置好了，本章就着手创建进程。

4.1　创建 INIT 进程

操作系统中的第一个进程，也叫作 0 号进程或者 INIT 进程，是在内核被加载以后创建的第一个进程，其他的进程都是由它复制出来的（通过 fork 系统调用实现）。而 INIT 进程则是手动编码实现的，它的所有资源都硬编码在操作系统的源文件中。下面就来实现这个功能。

4.1.1　创建进程控制块

在操作系统理论中，对进程进行管理的数据结构被称为 PCB（Process Control Block，进程控制块）。在 Linux 系统中，进程控制块是一个名为 task_struct 的结构体，我们先来实现一个最简单的结构：

```
1   /* include/linux/sched.h */
2   struct task_struct {
3       struct desc_struct ldt[3];
4       struct tss_struct tss;
5   };
```

在头文件 sched.h 中添加 task_struct 的定义，它包含了一个名为 ldt 的局部描述符表和一个名为 tss 的结构。

1. LDT 和 TSS

在第 2 章我们已经认识了 GDT，GDT 中的全局描述符可以对系统使用的段进行描述。而 LDT（Local Descriptor Table，局部描述符表）则用于描述进程内部的段，它是每个进程私有的数据。它的长度可以随意设置，也就是说局部描述符表的长度并不是固定的。因为 Linux 系统只使用了代码段和数据段，再加上第一个描述符是 CPU 预留的，所以局部描述符表的大小就设定为 3 了。请注意，GDT 是全局唯一的，但 LDT 不是，它是与进程相关联的。当进程切换时，LDT 也会跟着一起切换。而记录 LDT 基地址的寄存器就是 ldtr。ldtr 的名字看上去和 gdtr 的名字很像，但它们的内容有点区别。gdtr 中记录的是 GDT 的真实物理地址和 GDT 的长度，但 ldtr 中记录的是一个选择子，这个选择子对应 GDT 中的一项，也就是一个全局描述符，在全局描述符中详细描述了 LDT 的起始位置和长度。

tss_struct 是一个新事物，它也是一个数据结构，TSS 结构的全称是 Task State Stack（任务状态栈），其作用非常重要。随着内核越来越完善，它的功能会被逐一介绍，在现阶段，只需要知道它的核心作用是保存进程的上下文即可。进程在 CPU 上工作一段时间就会被调度出去，换成另外一个进程工作，被调度出去的进程上下文应该被保存起来，以便于下一次被调度回来的时候能将状态恢复。这里所说的上下文主要是各个寄存器的值，所以 TSS 结构就是一堆寄存器值的集合。它的定义也在 sched.h 文件中，具体实现如代码清单 4-1 所示。

代码清单 4-1　TSS 结构定义

```
1   struct tss_struct {
2       long back_link;
3       long esp0;
4       long ss0;
5       long esp1;
6       long ss1;
7       long esp2;
8       long ss2;
9       long cr3;
10      long eip;
11      long eflags;
12      long eax, ecx, edx, ebx;
13      long esp;
14      long ebp;
15      long esi;
```

```
16      long edi;
17      long es;
18      long cs;
19      long ss;
20      long ds;
21      long fs;
22      long gs;
23      long ldt;
24      long trace_bitmap;
25   };
```

从上述代码可以看出，从 cr3 寄存器（第 9 行）一直到 ldtr 寄存器（第 23 行）的值都有字段对应，它们都可以保存在 TSS 结构中。

CPU 在切换进程的时候会自动将原进程的上下文保存到 TSS 结构中，所以这个结构的定义是由 CPU 规定的，它和页表一样，数据是由操作系统准备的，但怎么用是由 CPU 决定的。当前进程的 TSS 位置也有一个专门的寄存器来记录，那就是 tr 寄存器，它需要一个专门的指令 ltr 来加载。tr 寄存器中的值同 ldtr 一样，也是一个选择子，这个选择子所对应的 GDT 中的描述符才真正地记录了 TSS 的物理地址。Linux 使用了一个专门的宏，将 TSS 和 LDT 的地址放到描述符中，具体实现如代码清单 4-2 所示。

代码清单 4-2　设置 TSS 和 LDT 的描述符

```
1    /* include/asm/system.h */
2    #define _set_tssldt_desc(n, addr, type) \
3    __asm__("movw $104, %1\n\t"                \
4            "movw %%ax, %2\n\t"                \
5            "rorl $16, %%eax\n\t"              \
6            "movb %%al, %3\n\t"                \
7            "movb $" type ", %4\n\t"            \
8            "movb $0x00, %5\n\t"                \
9            "movb %%ah, %6\n\t"                \
10           "rorl $16, %%eax\n\t"              \
11           ::"a"(addr), "m"(*(n)), "m"(*(n+2)), "m"(*(n+4)), \
12           "m"(*(n+5)), "m"(*(n+6)), "m"(*(n+7)) \
13           )
14
15   #define set_tss_desc(n, addr) _set_tssldt_desc(((char*)(n)), addr, "0
     x89")
16   #define set_ldt_desc(n, addr) _set_tssldt_desc(((char*)(n)), addr, "0
     x82")
```

宏参数 n 代表 GDT 中描述符的地址，addr 是 TSS 或者 LDT 的真实物理地址。

第 3 行将立即数 104 送入描述符的第 0 个和第 1 个字节。这两个字节代表段界限，也就是说 TSS 和 LDT 的长度就是 104。实际上，104 是 tss_struct 结构的大小，而 LDT 只有 3 个描述符，分别是系统预留、本地代码段和本地数据段，这就意味着 LDT 的长度是固定的 24 字节，这里选择了两者的较大值。addr 变量被送入了 eax 寄存器，第 4、5、6、9 行将地址送入描述符的不同位置中。type 变量代表了描述符的类型，根据表 2-1，它的 S 位都为 0，DPL 为 0，TSS 的类型是 9，LDT 的类型是 2。所以 TSS 描述符的类型就是 0x89，而 LDT 描述符的类型是 0x82。

除了 LDT 和 TSS 这两个重要的进程资源，还有一个进程运行所必需的东西，那就是程序运行时所使用的栈。它的主要作用包括保存临时变量、保存函数调用返回地址等，没有栈程序就无法正确运行。下面就来设置进程所需的栈空间。

2. 内核态栈

Linux 系统在用户态运行的时候要使用用户态栈，在内核态运行的时候要使用内核态栈。为了使进程可以正常运行，还要再为 INIT 进程准备好这两种栈。

第 3 章中准备的 user_stack 就是用户态栈，而接下来要实现的 task_union 则是内核态栈。请注意 task_union 的写法，它是一个联合体，task_struct 则位于这个联合体的低地址处。task_union 中的 stack 是就是为进程准备的内核态栈，它的大小是 4KB，也就是刚好一个页的大小。这种写法保证了整个 task_union 的大小是 4KB，而 task_struct 位于底部。因为栈是从上向下增长的，如图 4-1 所示，内核态栈的可用空间是（4096−sizeof(struct task_struct)）B。具体的实现如代码清单 4-3 所示。

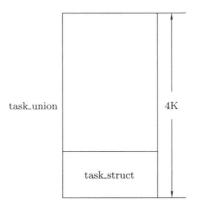

图 4-1   task_union 示意图

代码清单 4-3   内核态栈

```
1  /* kernel/sched.c */
2  union task_union {
3      struct task_struct task;
```

```
4       char stack[PAGE_SIZE];
5     };
6
7     static union task_union init_task = {INIT_TASK, };
8
9     /* include/linux/sched.h */
10    #define INIT_TASK \
11    {                                              \
12        {                                          \
13            {0, 0},                                \
14            {0x9f, 0xc0fa00},        \
15            {0x9f, 0xc0f200},        \
16        },                                         \
17      {0, PAGE_SIZE + (long)&init_task, 0x10, 0, 0, 0, 0, (long)&pg_dir, \
18        0, 0, 0, 0, 0, 0, 0, 0, \
19        0, 0, 0x17, 0x17, 0x17, 0x17, 0x17, 0x17,    \
20        _LDT(0), 0x80000000,        \
21      },                                           \
22    }
```

请注意 TSS 的初始化数据，ss0 是 0x10，而 esp0 则指向了 init_task 的偏移 4KB 处。这就是前面分析的内核栈的栈顶位置。而 ss1 和 ss2 的值都是 0，这说明 Linux 没有使用这两个特权级。

关于 LDT 的初始化，这里就不再详细介绍了，请读者结合关于 LDT 的讲解自行理解。

到此为止，INIT 进程所需的资源都准备好了，接下来就可以让进程运行起来了。在 sched_init 函数中，将 INIT 进程的 TSS 和 LDT 描述符正确地注册进 GDT 中，具体实现如代码清单 4-4 所示。

代码清单 4-4　注册 INIT 进程的 TSS 和 LDT 的描述符

```
1     /* include/linux/sched.h */
2     /*
3      * In linux is 4, because we add video selector,
4      * so, it is 5 here.
5      * */
6     #define FIRST_TSS_ENTRY 5
7     #define FIRST_LDT_ENTRY (FIRST_TSS_ENTRY + 1)
8     #define _TSS(n) ((((unsigned long)n) << 4) + (FIRST_TSS_ENTRY << 3))
9     #define _LDT(n) ((((unsigned long)n) << 4) + (FIRST_LDT_ENTRY << 3))
10    #define ltr(n) __asm__("ltr %%ax"::"a"(_TSS(n)))
```

```
11    #define lldt(n) __asm__("lldt %%ax"::"a"(_LDT(n)))
12
13    /* kernel/sched.c */
14    void sched_init() {
15        struct desc_struct* p;
16        set_tss_desc(gdt + FIRST_TSS_ENTRY, &(init_task.task.tss));
17        set_ldt_desc(gdt + FIRST_LDT_ENTRY, &(init_task.task.ldt));
18        __asm__("pushfl; andl $0xffffbfff, (%esp); popfl");
19        ltr(0);
20        lldt(0);
21        //set_intr_gate(0x80, &system_call);
22        set_system_gate(0x80, &system_call);
23    }
```

head.S 中定义的 GDT 一共有 5 个元素，中间 3 个分别是代码段、数据段和显存段
（或者称为视频段），第 1 项和第 4 项都填充为 0。从第 5 项开始就是进程的 TSS 和 LDT
的描述符，每个进程占据两个描述符。如果进程编号为 n，那么它的 TSS 的选择子就是
从第 5 项开始向后数 2n 个，而选择子的低三位用于 TI 和 RPL，所以算出来的索引号还
要向左移 3 位（第 8 行和第 9 行）。

sched_init 函数将 INIT 进程的 TSS 和 LDT 的物理地址填入 GDT 中（第 16、17 行），
再把相应的选择子加载进 ldtr 寄存器和 tr 寄存器（第 19、20 行），最后再使用 set_system_
gate 改写系统调用的入口。第 3 章介绍过 set_intr_gate 和 set_system_gate 的主要区别
是特权级。因为系统调用是操作系统实现，供用户态程序使用的服务程序，所以它的中断
描述符里的 DPL 理应为 3，而不是 0，但是在第 3 章时还没有实现进程和用户态，所以
就临时使用 set_intr_gate 把 DPL 设为 0。现在，进程马上就要进入用户态工作了，所以
这里提前把 DPL 改成 3。

从介绍保护模式开始，特权级就被反复提及，第 2 章也简单介绍了 CPL、DPL 和 RPL
的概念，但到现在为止，内核还一直工作在 0 号特权级，还从来没有发生过特权级转换。
下面研究如何让进程从内核态进入用户态，即从 0 号特权级进入 3 号特权级。特权级的
切换不但要保存 CPU 状态，更重要的是要切换程序运行所使用的栈。而这一切都要依
赖 TSS 结构，注意到 TSS 结构中 ss 寄存器和 esp 寄存器出现了好几次，这正是为了应对
不同特权级之间的切换而准备的。下一节就开始研究 CPU 的特权级切换是怎么做到的。

4.1.2　切换特权级

进程工作在不同的特权级下，就会使用不同的栈。当进程工作在内核态时就使用内核
栈，当进程工作在用户态时就使用用户栈，所以要让第一个进程真正地运行起来，就必须
为它准备内核栈和用户栈。

CPU 从进入保护模式开始就一直运行在内核态，当内核的所有初始化动作完成以后，

就应该进入用户态了。只有需要更高权限来操作内核资源的时候才需要借助系统调用重新进入内核态，这就涉及特权级的切换。下面就开始研究 CPU 是如何切换特权级的，理解了特权级切换的机制以后，就可以把 INIT 进程切换进用户态执行。

从低特权级向高特权级切换和从高特权级向低特权级切换是不同的。从低到高的切换可以通过调用门、中断门等机制来实现，但 Linux 只使用了中断门描述符。而从高到低则简单得多，只需要使用 ret 指令即可完成，这是为什么呢？这要从中断的实现说起。

以软中断 int 指令为例，int 指令的作用和 call 指令的作用有相似之处，它们都会发生控制流的转移。call 指令会跳转到目标程序执行，为了能在目标程序执行完成后再恢复到原来的地方继续运行，CPU 会把当前的 cs 和 call 指令的下一条指令地址压栈，当执行 ret 指令的时候，就会把栈上的 cs 和 call 指令地址恢复到寄存器中。

如图 4-2 所示，在执行长调用（目标地址与当前指令位于不同段）时，CPU 会自动地把当前指令的 cs 和 call 指令的下一条指令地址（也就是将图中的 eip）放到栈顶。当被调用函数执行到 ret 指令时就会从栈上取出这两个值，并把 CPU 的 cs 寄存器和 eip 寄存器更新成这两个值，这就可以让 CPU 继续执行 call 指令的下一条指令。

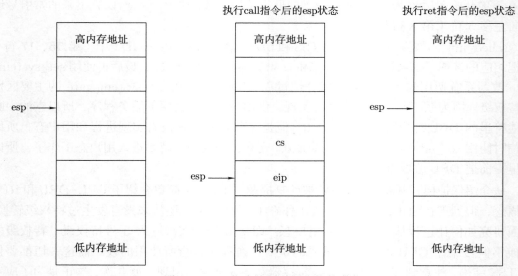

图 4-2　call 指令执行过程中栈的变化

而 int 指令则会使控制流跳转到中断服务程序，它也会把当前的 cs 和 eip 寄存器压栈，这与调用函数的流程是一致的。不同的是，它还会把 eflags 寄存器的状态压栈。当 CPU 已经在内核态运行时，如果需要进入中断服务程序，这时 CPU 的当前特权级 CPL 为 0，中断服务程序的 DPL 也是 0，就不用发生特权级切换。如图 4-3 所示，无特权级切换时，CPU 只需将 eflags、cs 和 eip 压栈。

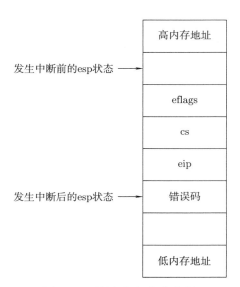

图 4-3　无特权级切换的中断

中断如果发生在用户态，那么进入中断服务程序之前，CPU 还要将用户栈切换成内核栈，这时，CPU 还会把用户态的 ss 和 esp 以及 eflags 寄存器放入内核栈上，以备从内核态回到用户态的时候可以将 esp 寄存器重新指向用户态栈。

也就是说，原来 esp 寄存器指向的是用户栈，而进入中断以后，esp 寄存器中的值指向的就是内核栈了。而旧 esp 的值就会被保存在新的内核栈里。这些操作是 CPU 在执行 int 指令时自动完成的，如图 4-4 所示。

可是 CPU 又怎么知道内核栈在哪里呢？这就要用到 TSS 结构中的 ss0 和 esp0 了。这里记录了进程的内核栈的位置。当 CPU 从低特权级进入高特权级的时候，就会从 TSS 中查找高特权级栈指针。TSS 中还有 ss1 和 ss2，CPU 究竟转移到哪个特权级执行，是由中断门的 DPL 决定的。前文反复提及，Linux 只使用了 0 号特权级和 3 号特权级，所以 0x80 号中断描述符中的 DPL 设成了 0。

到这里就可以总结一下从低特权级向高特权级切换的步骤了。Linux 主要使用中断来进行从低到高的特权级切换，不管是主动使用 int 指令，还是被动地处理硬件中断，都会通过中断门发生特权级切换。

1）CPU 会检查中断描述符中的 DPL，如果这个特权级比当前代码段的 CPL 高，就代表发生了特权级切换。

2）根据中断描述符的 DPL，CPU 会从 TSS 中找到相应特权级的 ss 和 esp 的值，例如 ss0 和 esp0，然后将它们分别送入 ss 寄存器和 esp 寄存器。

3）将原来的 ss 寄存器的值和 esp 寄存器的值保存到新的栈上。

4）将 eflags 寄存器的值保存到栈上。

5）将 cs 和 eip 寄存器的值保存到栈上。

6）跳转到中断描述符记录的中断服务程序入口处执行。

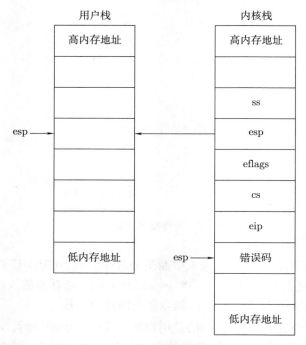

图 4-4　有特权级切换的中断

相比特权级从低到高切换，从高到低切换则简单很多，只需要使用 iret 指令即可。iret 指令的作用是从中断服务程序返回到原来的上下文继续执行，所以 iret 所做的事情与进入中断正好是相反的。

1）将栈上的 cs 和 eip 寄存器的值送入相应的寄存器。

2）将栈上的 eflags 寄存器的值送入相应的寄存器。

3）将栈上的 ss 和 esp 的值送入相应的寄存器。

4）从中断发生之前的位置继续执行。

由此可见，特权级从高到低切换时，只需要使用栈上的数据，而不必使用 TSS 这个结构。这就解释了为什么 TSS 结构中没有 ss3 和 esp3——这两个值是从栈上取到的。通常情况下，这两个值是由 CPU 在处理中断的时候自动保存到栈上的。但在初始化阶段，CPU 就一直在内核态工作，用户态的栈是从哪里来的呢？这就需要我们自己手动为用户态准备栈了。实际上，前文所使用的 user_stack 这个结构就是我们为 INIT 进程手动准备的用户栈，现在 esp 寄存器已经指向这个位置了，所以当切换回用户态时，CPU 将继续使用这个栈。

到这里，操作系统的第一个进程也被称为 INIT 进程或者 0 号进程的控制块就全部准备好了。接下来，这个进程就可以从内核态迁移到用户态执行了，具体的实现如代码清单 4-5 所示。

代码清单 4-5　从内核态迁移到用户态

```
1   /* include/asm/system.h */
2   #define move_to_user_mode() \
3   __asm__("movl %%esp, %%eax\n\t" \
4           "pushl $0x17\n\t"        \
5           "pushl %%eax\n\t"        \
6           "pushfl\n\t"             \
7           "pushl $0x0f\n\t"        \
8           "pushl $1f\n\t"          \
9           "iret\n\t"               \
10          "1:\tmovl $0x17, %%eax\n\t" \
11          "movw %%ax, %%ds\n\t"    \
12          "movw %%ax, %%es\n\t"    \
13          "movw %%ax, %%fs\n\t"    \
14          "movw %%ax, %%gs\n\t"    \
15          :::"ax")
16
17  /* kernel/main.c */
18  void main(void) {
19      /* 部分代码略 */
20      sched_init();
21
22      tty_init();
23      move_to_user_mode();
24      /* 部分代码略 */
25  }
```

这一段代码的作用是使 CPU 从内核态转移到用户态执行。正如上文所分析的，特权级从高到低转移要使用 iret 指令（第 9 行），而 iret 指令所使用的数据要从栈上获得，所以我们必须手动准备相应的数据。请注意，在执行 move_to_user_mode 之前，esp 寄存器里的值还是指向 user_stack 的。代码的第 3 行到第 5 行把 0x17 和 esp 压到栈上，代表 ss3 和 esp3，这是用户态所使用的栈。而 eflags 则保持不变，也就是第 6 行直接把当前的 eflags 寄存器的值放到栈上即可。第 7 行的 0x0f 指向的是 LDT 的第一项，也就是代码段。第 8 行是目标 eip，它的参数 1f 代表向下找到标号为 1 处的地址，其实就是第 10 行。这意味着当 iret 执行的时候，就可以跳到第 10 行继续执行了，但是代码的 CPL 已经是 3，也就是进入用户态了。第 10～14 行的作用是把各个段寄存器的值都设为 0x17，让它们指向局部描述符表中的数据段。

为了检查特权级切换是否正确，可以在 main 函数中加入显示字符的逻辑并进行验证，具体的实现如代码清单 4-6 所示。

代码清单 4-6　在 main 函数中加入显示字符的逻辑并验证

```
1  /* kernel/main.c */
2  void main(void) {
3      /* 部分代码略 */
4
5      move_to_user_mode();
6
7      __asm__ __volatile__(
8              "int $0x80\n\r"
9              "movw $0x1b, %%ax\n\r"
10             "movw %%ax, %%gs\n\r"
11             "movl $0, %%edi\n\r"
12             "movw $0x0d43, %%gs:(%%edi)\n\r"
13             "loop:\n\r"
14             "jmp loop"
15             ::);
16 }
```

第 9 行的 0x1b 是一个选择子，它的二进制是 011011，这代表它的 RPL 为 3，TI 为 0。所以这个选择子就是在 GDT 中找第三项，而第三项正是视频段描述符。

因为选择子的 RPL 为 3，所以 head.S 中视频段的选择子的 DPL 也从 0 改为 3，段的起始地址仍然是 0xb8000，指向显存地址。

```
1  /* kernel/head.S */
2  //  .quad 0x00c0920b8000ffff
3      .quad 0x00c0f20b8000ffff
```

重新编译内核并执行，屏幕的左上角打印了一个字母 C，这个 C 虽然看上去很普通，但它是实实在在地由用户态代码打印出来的。这就说明 INIT 进程现在已经成功进入用户态了。

4.2　创建第二个进程

成功创建了第一个进程以后，还要想办法创建更多的进程，并且让这些进程轮流地调度、运行起来，只有完成这一步，Linux 才是一个支持多进程的操作系统。

第一个进程是非常特殊的，它也被命名为 INIT 进程。INIT 进程控制块（PCB）是直接使用代码声明的，也就是说它的 task_struct 实际上是由链接器分配好的，直接存在于内存镜像中。让链接器分配 INIT 进程控制块是没有问题的，但操作系统中创建的进程非常多，我们不可能通过链接器给所有进程控制块都预留出空间。所以第二个进程控制块就需要动态地进行分配，然后再把数据从 INIT 进程复制过来，最后对第二个进程与 INIT 进程不相同的部分单独进行设置。

沿着这个思路，我们分步骤实现第二个进程的创建过程。第一步就是准备进程控制块。

4.2.1 准备进程控制块

4.1.1 节已经介绍过，一个进程控制块就是一个 task_union，而这个联合体的大小是 4KB，所以直接分配一个物理页当作第二个进程的控制块就是一个必然的做法了。

先在内存管理模块中实现一个申请物理页的函数。4.1.1 节讲到，物理页都是使用 mem_map 数组进行管理的，这个数组记录了每一个物理页被引用的计数。所以当内核需要一个空闲的物理页表时，只需要遍历这个数组，找到其中值为 0 的项就可以了。具体实现如代码清单 4-7 所示。

代码清单 4-7　寻找空闲物理页表

```
1   /* mm/swap.c */
2   unsigned long get_free_page() {
3       register unsigned long __res asm("ax") = 0;
4
5   repeat:
6   __asm__("std ; repne ; scasb\n\t"
7           "jne 1f\n\t"
8           "movb $1,1(%%edi)\n\t"
9           "sall $12, %%ecx\n\t"
10          "addl %2, %%ecx\n\t"
11          "movl %%ecx, %%edx\n\t"
12          "movl $1024, %%ecx\n\t"
13          "leal 4092(%%edx), %%edi\n\t"
14          "xor  %%eax, %%eax\n\t"
15          "rep; stosl;\n\t"
16          "movl %%edx,%%eax\n"
17          "1:"
18          :"=a"(__res)
19          :""(0), "i"(LOW_MEM), "c"(PAGING_PAGES),
20          "D"(mem_map+PAGING_PAGES-1)
21          :"dx");
22
23      if (__res >= HIGH_MEMORY)
24          goto repeat;
```

```
25        return __res;
26    }
```

在这个函数的第 6 行中，scasb 这个指令的作用是将 al 寄存器的值与 edi 寻址的一个字节进行比较，它可用于在字符串或数组中寻找一个数值。repne 的作用是当 cx 寄存器的值不为 0 时，就继续查找，std 决定了查找的方向是从高地址到低地址。cx 寄存器的初始值是被管理的页面总数，也就是数组 mem_map 的大小。因为 ax 寄存器初始值是 0，edi 寄存器指向 mem_map 的高地址处，所以第 6 行的作用就是从后向前找到 mem_map 中第一个不为 0 的元素。

如果没有找到，第 7 行处的条件跳转指令就会使控制流跳到第 17 行执行，从而让这个函数返回结果 0。如果找到了，第 7 行的条件跳转就不起作用了，CPU 继续执行第 8 行。

第 8 行的作用是将找到的值为 0 的那个元素设为 1，这就表示该元素所对应的物理页的引用计数变成 1 了。此时 cx 寄存器的值刚好是物理页在 mem_map 数组中的下标值。将它左移 12 位并且加上 LOW_MEM 就得到了空闲物理页的真实物理地址。请注意，因为数据段是从地址 0 开始的，所以这里的物理地址和虚拟地址是相等的，从而计算出来的物理地址可以直接当虚拟地址使用。

第 12 行到第 15 行的作用是把这个物理页全部清空。先将 eax 清零，然后把它的值写入物理页，一次写 4 个字节，共 1024 次。这就保证了刚才申请到的物理内存的内容全部为 0。

最后再将物理内存的起始地址放入 eax 寄存器，作为返回值退出 get_free_page 函数。这样就得到了创建新的 task_union 所需要的一个物理页。

4.2.2　复制进程控制块

接下来，第二个进程的控制块就可以被放置在上一步所申请的物理页里了。创建一个新的进程的具体实现如代码清单 4-8 所示。

代码清单 4-8　创建一个新的进程

```
1  /* kernel/sched.c */
2  int create_second_process() {
3      struct task_struct *p;
4      int i, nr;
5
6      nr = find_empty_process();
7      if (nr < 0)
8          return -EAGAIN;
9
10     p = (struct task_struct*) get_free_page();
11     memcpy(p, current, sizeof(struct task_struct));
12
```

```
13        set_tss_desc(gdt+(nr<<1)+FIRST_TSS_ENTRY,&(p->tss));
14        set_ldt_desc(gdt+(nr<<1)+FIRST_LDT_ENTRY,&(p->ldt));
15
16        memcpy(&p->tss, &current->tss, sizeof(struct tss_struct));
17
18        p->tss.eip = (long)test_b;
19        p->tss.ldt = _LDT(nr);
20        p->tss.ss0 = 0x10;
21        p->tss.esp0 = PAGE_SIZE + (long)p;
22        p->tss.ss   = 0x10;
23        p->tss.ds   = 0x10;
24        p->tss.es   = 0x10;
25        p->tss.cs   = 0x8;
26        p->tss.fs   = 0x10;
27        p->tss.esp = PAGE_SIZE + (long)p;
28        p->tss.eflags = 0x602;
29
30        task[nr] = p;
31        return nr;
32    }
```

这段代码的核心是第 10 行和第 11 行，它先申请了一个空白页面，指针 p 指向的就是这个空白页面的起始位置，然后把 INIT 进程的控制块复制到空白页面处。注意，上述代码使用了 memcpy，这个函数定义在 string.h 里。头文件 string.h 是内核自己定义的，而不是 C 语言内建的。第 1 章介绍过，C 语言的所有头文件和库都是不能直接使用的，因此，string.h 中才定义了各种字符串操作和内存操作的函数。如果对比 Linux 源码，就会发现 Linux 源码使用了结构体的赋值操作，而不是 memcpy。这里之所以要使用 memcpy，是因为结构体的赋值操作有时候会依赖编译器的实现。不同的编译器会把结构体的赋值翻译成从低到高复制和从高到低复制两种不同的实现方式，为了屏蔽这个差异，我们选择使用 memcpy 明确地指明复制的方向。

第 6 行的作用是寻找空闲的进程号，find_empty_process（即查找空闲 PCB）的实现如代码清单 4-9 所示。

代码清单 4-9　查找空闲 PCB

```
1  /* fork.c */
2  int find_empty_process() {
3      int i;
4      for (i = 1; i < NR_TASKS; i++) {
5          if (!task[i])
6              return i;
```

```
7        }
8
9        return -EAGAIN;
10   }
```

其中 NR_TASKS 是一个宏定义，它规定了 Linux 内核的最大进程数，其值是 64，也就是说在 Linux 0.11 版本中，最多只支持同时运行 64 个进程。而 task 则代表系统中全部进程的数组，它的大小也是 64，其声明如下：

```
1    /* sched.c */
2    struct task_struct * task[NR_TASKS] = {&(init_task.task), };
```

这就意味着，在初始时，task 数组中只有 0 号元素非空，并且这个元素指向了 INIT 进程的控制块，而其他元素都是空指针。所以 find_empty_process 的代码就非常容易理解了：找到第一个值为空指针的元素，并返回它的下标。

create_second_process 函数中的其他操作就是把 tss 中的寄存器重新设置一遍，虽然在使用 memcpy 以后这些寄存器的值都是继承自 INIT 进程的，不需要重新设置，但为了后面真正地实现 fork 函数，这里还是先保留这种写法。

代码清单 4-8 的第 18 行中的 eip 寄存器指向了函数 test_b，这是一种临时的测试手段。下一节我们就会实现进程的切换，让这两个进程调度执行起来，这样当执行第二个进程的时候，就会执行 test_b 函数。

test_b 的代码如下所示，它的任务是在屏幕左上角打印白色的字符 "B"：

```
1    /* sched.c */
2    void test_b(void) {
3    __asm__("movl $0, %edi\n\r"
4            "movw $0x18, %ax\n\t"
5            "movw %ax, %gs \n\t"
6            "movb $0x0f, %ah\n\r"
7            "movb $'B', %al\n\r"
8            "loopb:\n\r"
9            "movw %ax, %gs:(%edi)\n\r"
10           "jmp loopb");
11   }
```

在设置 GDT 的时候，我们在代码段和数据段之后额外设置了一个视频段描述符。代码段的选择子是 0x8，数据段的选择子是 0x10，视频段的选择子就是 0x18，视频段的基地址是 0xb8000，所以上述代码就是在 0xb8000 处（显存开始的位置）写入白色字符 "B"。

4.2.3 实现进程切换

进程调度策略是操作系统的核心，常见的调度算法有时间片轮转调度（Round Robin）、短服务优先、先到先得式调度等，每种调度算法都有其优缺点，这里不再详细展开讨论了。

Linux 采取了时间片轮转调度的策略。每个进程设置一个固定的时间计数,每次时钟中断就减 1,当时间计数减为 0 时,就将它调度出去,换下一个进程进来运行,同时将被调度出去的进程的时间片恢复。这种策略的实现既简单高效,在实际场景中也能保证很好的公平性。无论哪一种调度,都高度依赖于计时功能,操作系统的计时功能主要是使用硬件所提供的时钟中断来实现的。

1. 完善时钟中断

在第 2 章的时钟中断实验中,通过手动修改 8259A 的 ICW3 打开了时钟中断,并通过中断服务程序对显存地址中的值不断进行加 1 操作,从而实现了字节的跳动功能。这一节将会通过更灵活的方式来打开时钟中断,并完善它的中断服务程序。

第 2 章通过时钟中断实验验证了保护模式下的中断机制。时钟中断会周期性地产生,它由 PIT(Programmable Interval Timer,可编程间隔定时器)触发。在 PC 中,PIT 芯片主要是 Intel 8253。8253 有 3 个计数器,它们都是 16 位,各自的作用如表 4-1 所示。

表 4-1 8253 的计数器的作用

计数器	作用
Counter 0	输出到中断控制器的 IRQ0,每隔一段时间触发一次时钟中断
Counter 1	通常被设为 18,每 15μs 进行一次 RAM 刷新
Counter 2	连接 PC 喇叭

可见,时钟中断是由 8253 的 0 号计数器产生的。8253 的作用类似于分频器,可以将高频的输入频率转换为更低的频率。8253 在 PC 上的输入频率是 119 3180Hz,1Hz 也称为一个时钟周期。每经过 1 个时钟周期,8253 的计数器就会减 1;当计数器的值为 0 时,就会触发输出,从而让中断控制器产生时钟中断。计数器是 16 位的,最大值是 65 535,这也是 0 号计数器的默认值,所以默认的时钟中断发生频率就是 1 193 180÷65 535,大约为 18.2Hz。

计数器的计数值可以通过编程来控制。例如,如果想让系统每 10ms 产生一次时钟中断,也就是设置 PIT 芯片的输出频率为 100Hz,则计数器的赋值为 1193180/100,大约为 11932。与其他芯片一样,编程控制 8253 的方式也是通过对相应端口的写操作来实现的。8253 的端口如表 4-2 所示。

表 4-2 8253 端口

端口	描述
0x40	Counter 0
0x41	Counter 1
0x42	Counter 2
0x43	模式控制寄存器(Mode Control Register)

　　这里需要先通过端口 0x43 写 8253 模式控制寄存器以指明接下来要操作的接口，先来看一下这个寄存器的数据格式。

❑ 第 0 位：用于选择计数值格式。为 0 时，使用二进制计数；为 1 时，使用 BCD 码计数。

❑ 第 1、2 和 3 位：三位一起构成计数器模式位。为 000 时，代表计数器采用模式 0，即计数结束中断方式；为 001 时，代表计数器采用模式 1，即硬件可重新触发单次触发模式；为 010 时，代表模式 2，即速率发生器模式，这种工作模式本质上起到分频器的作用；为 011 时，代表模式 3，即方波发生器模式，它和模式 2 一样，本质都是一个分频器，只是输出信号是方波，而不是脉冲信号；为 100 时，代表模式 4，即软件触发选通模式；为 101 时，代表模式 5，称为硬件触发选通模式。其中，Linux 采用了模式 3，它和模式 2 的效果相同，这两种模式对中断控制器都是有效的。其他的工作模式这里就不再详细介绍了，感兴趣的读者可以查阅相关手册。

❑ 第 4 和 5 位：控制计数器读写操作。值为 00 时代表锁住当前计数值（以便于读取）；值为 01 时代表只读写高字节；为 10 时代表只读写低字节；为 11 时代表先读写低字节，再读写高字节。

❑ 第 6 和 7 位：选择计数通道。00 代表 Counter 0；01 代表 Counter 1；10 代表 Counter 2。

　　了解了寄存器的数据格式以后，就可以写模式控制寄存器了。这里要操作的是 Counter 0，所以第 7 位和第 6 位应该是 00；计数值是 16 位，低字节和高字节都要写入，所以第 5 位和第 4 位应该是 11；如果采用模式 2，第 3 位、第 2 位和第 1 位的值应该是 010，如果采用模式 3，这三位的值就是 011；使用二进制数计数，所以第 0 位设为 0。整个字节就是 0x34 或者 0x36。

　　接下来就可以开启时钟中断，并且设置好中断频率，具体实现如代码清单 4-10 所示。

代码清单 4-10　开启时钟中断

```
1  /* include/linux/sched.h */
2  #define HZ 100
3
4  /* kernel/sched.c */
5  extern void timer_interrupt();
6
7  /* 部分代码略  */
8  #define LATCH (1193180/HZ)
9
10 void sched_init() {
11     /* 部分代码略 */
```

```
12      /* 开启时钟中断 */
13      outb_p(0x36, 0x43);
14      outb_p(LATCH & 0xff, 0x40);
15      outb(LATCH >> 8, 0x40);
16      set_intr_gate(0x20, &timer_interrupt);
17      outb(inb_p(0x21) & ~0x01, 0x21);
18
19      set_system_gate(0x80, &system_call);
20   }
```

第 2 行定义了时钟中断的频率为 100Hz，第 8 行则根据中断频率计算 Counter 0 的计数值。第 13 行至第 15 行是为了设置时钟中断发生的频率。

第 16 行将时钟中断的服务程序设置为 timer_interrupt。当时钟中断到达时，CPU 就会执行这个函数来进行相应的处理。第 17 行通过 8259A 的 ICW 将时钟中断打开（具体的原理请参阅第 2 章）。而 timer_interrupt 是作为一个外部符号声明的，它的实现位于 sys_call.S 中，使用汇编来实现和 system_call 的原因是一样的，它们都需要操作寄存器，所以使用汇编是比较方便的。具体的实现如代码清单 4-11 所示。

代码清单 4-11　时钟中断服务程序

```
1   /* kernel/sys_call.S */
2   .globl system_call, timer_interrupt
3
4   EAX        = 0x00
5   EBX        = 0x04
6   ECX        = 0x08
7   EDX        = 0x0C
8   ORIG_EAX   = 0x10
9   FS         = 0x14
10  ES         = 0x18
11  DS         = 0x1c
12  EIP        = 0x20
13  CS         = 0x24
14  EFLAGS     = 0x28
15  OLDESP     = 0x2c
16  OLDSS      = 0x30
17
18  /* 部分代码略 */
19  ret_from_sys_call:
20      popl %eax
21      popl %ebx
```

```
22      popl %ecx
23      popl %edx
24      addl $4, %esp
25      popl %fs
26      popl %es
27      popl %ds
28      iret
29
30  .align 4
31  timer_interrupt:
32      pushl %ds
33      pushl %es
34      pushl %fs
35      pushl $-1
36      pushl %edx
37      pushl %ecx
38      pushl %ebx
39      pushl %eax
40      movl  $0x10, %eax
41      movw  %ax, %ds
42      movw  %ax, %es
43      movl  $0x17, %eax
44      movw  %ax, %fs
45      movb  $0x20, %al
46      outb  %al, $0x20
47      movl  CS(%esp), %eax
48      andl  $3, %eax
49      pushl %eax
50      call  do_timer
51      addl  $4, %esp
52      jmp   ret_from_sys_call
```

第 4～16 行的宏定义描述了栈上的数据布局，进入内核栈的时候，ss、esp、eflags、cs 和 eip 等寄存器的值会被自动保存在栈上，所以栈的底部依次是这 5 个寄存器的值。接下来的数据按照一定的顺序手动保存在栈上，这些数据的顺序必须和第 32～39 行的顺序保持一致。第 20～27 行是退出中断服务程序时恢复上下文，也就是要从栈上恢复寄存器的值。在恢复寄存器时，必须严格按照后入先出的顺序进行。

第 35 行往栈上压入一个 –1，是为了与系统调用进行区分。如果是系统调用的话，eax 寄存器里的值是一个大于等于 0 的值，代表系统调用号。

第 47 行读出发生中断之前的 cs 的值，第 48 行取出该值的低两位，这是代码段的选

择子，它的低 2 位是选择子的特权级，这正是中断发生之前的 CPL。第 49 行把这个值压
入栈中，并且调用 do_timer 函数。do_timer 函数可以判断中断发生之前，CPU 是处于内
核态还是用户态了。

当 do_timer 执行完以后，被压入栈中的参数还要手动弹出，这是通过将 esp 增加 4 来
实现的（第 51 行）。这里可以实现一个简单的 do_timer 函数，来验证上述代码是否正确。
它的代码如下所示：

```
1   void do_timer(long cpl) {
2       static unsigned char c = '0';
3       if (c > 127) {
4           c = '0';
5       }
6       printk("\b%c", c++);
7   }
```

这里的 cpl 只有 0 或者 3 这两种取值，尽管这里还没用到这个参数，但后面它将会
发挥比较重要的作用。编译运行，这个实验再一次重现了输出跳动的字符的效果，但相比
上一次使用汇编语句进行硬编码，这次的代码组织结构无疑先进了很多，接下来就可以通
过 do_timer 来控制进程的切换了。这也能看出来第 3 章费了很大力气实现的 printk 的作
用是巨大的，它可以让我们知道内核是否正常工作。

2. 切换进程

在 i386 平台，进程切换是由 jmp 指令配合 TSS 结构实现的。当前进程的 TSS 结
构的地址保存在 tr 寄存器中，ltr 指令负责将 INIT 进程的 TSS 地址加载到 tr 寄存器。
当 CPU 执行到 jmp 指令，并且它的目标地址是一个新的 TSS 结构时，就会自动将所有
寄存器的值保存到当前的 TSS 结构中，然后把目标 TSS 中寄存器的值恢复到 CPU 中，
继续执行。目标 TSS 结构的地址也会被自动送入 tr 寄存器。通过这种方式，CPU 就完
成了进程的上下文切换。这也进一步解释了为什么在创建进程控制块的过程中，只要把它
的 eip 寄存器的值指向一个地址，在进程切换以后，CPU 就会从那个地址处开始执行。

Linux 使用了一个宏来进行进程切换，代码如下所示：

```
1   #define switch_to(n) {\
2       struct {long a,b;} __tmp; \
3       __asm__("cmpl %%ecx,current\n\t" \
4               "je 1f\n\t" \
5               "movw %%dx,%1\n\t" \
6               "xchgl %%ecx,current\n\t" \
7               "ljmp *%0\n\t" \
8               "1:" \
9               ::"m" (*&__tmp.a),"m" (*&__tmp.b), \
```

```
10              "d" (_TSS(n)),"c" ((long) task[n])); \
11   }
```

上述代码中的 n 代表了进程的编号，它是 task 数组的下标，是 4.2.2 节中的 find_empty_process 的返回值，第 9 行和第 10 行先将进程的 TSS 结构的选择子送入 edx 寄存器，把 task[n] 的值（即要切换的目标进程的控制块指针）送入 ecx 寄存器。

__tmp 结构是 CPU 规范要求的，它需要占用 8 字节的空间，但实际上真正用到的只有低地址处的 2 字节。

第 3 行先比较 current 指针与目标进程指针是否相等，如果相等则说明目标进程就是当前进程，不必进行切换操作，所以就可以直接跳过这段程序。第 5 行把目标进程 TSS 的选择子送入 __tmp.b 的低 2 字节中。第 6 行则把 current 指针与 ecx 寄存器的值进行交换，实际上就是让 current 指针指向目标进程。第 7 行是真正的切换，执行这个长跳转，CPU 就会把上下文都存到当前进程的 TSS 中，然后从目标进程的 TSS 中恢复上下文，其中就包括最关键的 eip 寄存器和 esp 寄存器。所以经过这一次跳转，进程栈就切换完了，CPU 也将跳转到目标进程的 eip 所指向的位置继续执行。

有了进程切换的机制以后，时钟中断处理程序就可以变得完善了。每一个进程都可以分得一个时间片，每一次时钟中断时间片就减 1，当时间片耗尽的时候，这个进程就可以被调度出去，换下一个进程在 CPU 上执行。时钟中断服务程序如下所示：

```
1   /* kernel/sched.c */
2   void do_timer(long cpl) {
3       if (clock >0 && clock <= COUNTER) {
4           clock--;
5       }
6       else if (clock == 0) {
7           clock = COUNTER;
8           if (isFirst) {
9               isFirst = 0;
10              switch_to(1);
11          }
12          else {
13              isFirst = 1;
14              switch_to(0);
15          }
16      }
17      else {
18          clock = COUNTER;
19      }
20  }
```

在上述代码中，clock 作为一个全局变量用来记录每个进程的时间片，每一次时钟中断，clock 的值都会减 1。当 clock 的值为 0 时，就切换到另外一个进程，同时把 clock 的值恢复为常量 COUNTER。

再次编译运行，就可以看到屏幕左上角红色的 A 和白色的 B 交替出现。你可以试着修改 COUNTER 的值来改变交替出现的频率。

4.3　第一个系统调用：fork

系统调用 fork 的作用是通过复制一个进程控制块来创建一个进程。先用一个例子来说明 fork 函数的作用：

```
1   #include <stdio.h>
2   #include <unistd.h>
3   #include <sys/wait.h>
4
5   int main() {
6       pid_t pid;
7       if ((pid = fork()) == 0) {
8           printf("I am child\n");
9       }
10      else {
11          printf("I am father, my son is %d\n", pid);
12          wait(&pid);
13      }
14
15      return 0;
16  }
```

这段代码的执行结果是两个分支都会执行。这是因为 fork 函数创建了一个子进程，在父进程中，fork 函数的返回值是子进程的进程号 pid，所以就会执行 else 分支。在子进程中，fork 函数的返回值是 0，就会执行 if 分支。

4.2 节手动创建了一个新的进程，但这离真正的系统调用 fork 还有一定的差距。本章的最后一节就来完善这个系统调用。

4.3.1　系统调用和中断

为了测试中断机制，第 2 章使用了 0x80 号中断来触发中断，并且执行了中断服务程序。最早的中断服务程序在屏幕的右上角打印了一个红色的字母 I，有了 printk 以后，又改进为打印一行 "In Kernel Interruption"。选择 0x80 号中断的原因是这个中断号在 Linux 系统中具有非常重要的作用，Linux 借助它实现系统调用。

一般来说，应用程序运行在用户态，当用户态的应用程序需要向内核申请服务时，就要使用操作系统所提供的编程接口，这些编程接口就是系统调用。Linux 的系统调用有很多，它们都是使用 0x80 号中断实现的。具体来说，Linux 先提供一个函数指针数组 sys_call_table，其中的每一个元素都是一个指向系统调用的实现函数的指针。与上述机制相关（即系统调用入口）的实现如代码清单 4-12 所示。

代码清单 4-12　系统调用入口

```
1   /* include/linux/sys.h */
2   extern int sys_fork();
3
4   fn_ptr sys_call_table[] = {
5       sys_fork,
6   };
7
8   int NR_syscalls = sizeof(sys_call_table)/sizeof(fn_ptr);
9
10  /* kernel/sys_call.S */
11  system_call:
12      pushl %ds
13      pushl %es
14      pushl %fs
15      pushl %eax
16      pushl %edx
17      pushl %ecx
18      pushl %ebx
19      movl  $0x10, %edx
20      movw  %dx, %ds
21      movw  %dx, %es
22      movl  $0x17, %edx
23      movw  %dx, %fs
24
25      call sys_call_table(, %eax, 4)
26      pushl %eax
27
28  ret_from_sys_call:
29      popl %eax
30      popl %ebx
31      popl %ecx
32      popl %edx
33      addl $4, %esp
34      popl %fs
```

```
35        popl %es
36        popl %ds
37        iret
38
39    /* ... */
40    .align 4
41    sys_fork:
42        call   find_empty_process
43        testl  %eax, %eax
44        js     1f
45        pushl  %gs
46        pushl  %esi
47        pushl  %edi
48        pushl  %ebp
49        pushl  %eax
50        call   copy_process
51        addl   $20, %esp
52    1:  ret
```

　　上述代码第 4 行声明了系统调用的数组。从第 11 行开始，是 0x80 号中断的服务程序 system_call。在这里，内核将 CPU 的上下文保存起来，请回忆第 2 章关于中断门的介绍，进入中断以后，服务程序要做的第一件事就是保存上下文，而结束时要做的最后一件事则是恢复上下文。这个过程需要保持后进先出的特性，相关的操作要对称出现，例如第 12 行先在栈上保存了 ds 寄存器的值，那么在第 36 行，ds 寄存器的值就必须最后一个出栈。

　　请注意，进入 system_call 时，栈已经发生过一次切换了，也就是说从用户态切换到内核态，CPU 已经自动完成了。这里所使用的栈已经是内核栈了，而且 cs、eip、eflags、ss3 和 esp3 的值也已经保存在栈上了。这就是代码中没有再手动保存这些寄存器的原因。

　　第 15 行所保存的 eax 寄存器的值并不是真的为了保存 eax，它只是将系统调用号保存在栈上，与之对应的是第 33 行，这个值被从栈上直接弹出。第 25 行是真正地调用系统接口，返回值在 eax 中，第 26 行才是真正把 eax 保存到栈上的操作。单看第 26 行和第 29 行，这两个操作似乎没有必要，它们只是把 eax 的值放到栈上"走"了一圈，并没有改变这个值。但是 ret_from_sys_call 并非仅用于处理 system_call 的上下文恢复，它会被很多中断服务程序用到，所以为了兼容其他的中断服务程序，这里的代码就写成这样了。

　　最后再来看同样位于 sys_call.S 文件中的 sys_fork 函数。它先调用 find_empty_process，找到可用的进程编号，然后调用 copy_process 这个关键函数来实现进程核心资源的复制。在分析 copy_process 之前，还要再看一下 fork 函数是怎么定义的，然后才能明白 copy_process 中的几个关键步骤。

4.3.2 定义 fork 函数

4.3.1 节已经介绍了系统调用是一个入口函数，它通过 0x80 号中断进入内核态，所以大多数系统调用的实现方式都是相同的。Linux 选择使用宏来实现系统调用，具体的代码如下所示：

```
1   /* include/unistd.h */
2   #define __NR_fork 0
3
4   #define _syscall0(type, name)    \
5   type name() {                    \
6       long __res;                  \
7   __asm__ volatile("int $0x80\n\r"\
8           : "=a"(__res)            \
9           : "a"(__NR_##name));     \
10      if (__res >= 0)              \
11          return (type)__res;      \
12      errno = -__res;              \
13      return -1;                   \
14  }
15
16  /* kernel/main.c */
17  static inline _syscall0(int, fork);
```

在 main.c 中，_syscall0 这个宏在编译时会被展开，请注意在宏定义中的两个井号，其作用是将符号连接起来，所以它展开以后的代码就是：

```
1   /* include/unistd.h */
2   int fork() {
3       long __res;
4       __asm__ volatile("int $0x80\n\r"
5           : "=a"(__res)
6           : "a"(__NR_fork));
7       if (__res >= 0)
8           return (int)__res;
9       errno = -__res;
10      return -1;
11  }
```

把宏展开以后，代码就非常清楚了，fork 函数的实现不过是将 sys_fork 的编号 __NR_fork 送入 eax 寄存器，然后通过 int 0x80 指令触发中断，进而执行中断服务程序 sys_fork

函数。sys_fork 的返回值就在 eax 寄存器中，而 eax 的值会被导出到 __res 变量中，最后
作为 fork 函数的返回值交给应用程序。

进入中断服务程序以后，eip 寄存器的值就是 int 指令的下一条指令地址，这一点请
务必理解并记住，这将是理解 copy_process 函数的关键。弄明白了这些信息以后，就可以
着手分析 copy_process 的实现了，它的代码如下所示：

```
1   int copy_process(int nr,long ebp,long edi,long esi,long gs,long none,
2           long ebx,long ecx,long edx, long orig_eax,
3           long fs,long es,long ds,
4           long eip,long cs,long eflags,long esp,long ss) {
5       struct task_struct *p;
6
7       p = (struct task_struct *) get_free_page();
8       if (!p)
9           return -EAGAIN;
10
11      task[nr] = p;
12      memcpy(p, current, sizeof(struct task_struct));
13
14      p->pid = last_pid;
15      p->p_pptr = current;
16
17      p->tss.back_link = 0;
18      p->tss.esp0 = PAGE_SIZE + (long)p;
19      p->tss.ss0 = 0x10;
20      p->tss.cr3 = current->tss.cr3;
21      p->tss.eip = eip;
22      p->tss.eflags = eflags;
23      p->tss.eax = 0;
24      p->tss.ecx = ecx;
25      p->tss.edx = edx;
26      p->tss.ebx = ebx;
27      p->tss.esp = esp;
28      p->tss.ebp = ebp;
29      p->tss.esi = esi;
30      p->tss.edi = edi;
31      p->tss.es  = es & 0xffff;
32      p->tss.cs  = cs & 0xffff;
33      p->tss.ss  = ss & 0xffff;
34      p->tss.ds  = ds & 0xffff;
```

```
35      p->tss.fs  = fs & 0xffff;
36      p->tss.gs  = gs & 0xffff;
37      p->tss.ldt = _LDT(nr);
38      p->tss.trace_bitmap = 0x80000000;
39
40      if (copy_mem(nr, p)) {
41          task[nr] = NULL;
42          free_page((long)p);
43          return -EAGAIN;
44      }
45
46      set_tss_desc(gdt+(nr<<1)+FIRST_TSS_ENTRY,&(p->tss));
47      set_ldt_desc(gdt+(nr<<1)+FIRST_LDT_ENTRY,&(p->ldt));
48
49      return last_pid;
50  }
```

将 4.2 节中的 create_second_process 加以变化和封装，并将它从 sched.c 中移到 fork.c 中，就得到了 copy_process 函数。与 4.2 节中的实现相比，这一节的主要变化是新进程中 TSS 的寄存器值不再是硬编码的固定值，而是通过栈进行传递的值。这就意味着，这里的值都是由 CPU 自动保存或者由中断服务程序手动保存到栈上的。请尤其注意 eip 的设置，它也是从栈上取得的，上文已经分析了，栈上的 eip 是进入中断之前的用户态的程序地址，它是由 CPU 自动保存在栈上的。它的值正是 int 0x80 指令的下一条指令地址。再结合前文所讲的进程切换时的行为，可以想象，这个新创建的进程一旦得到调度就是在用户态 fork 结束之前的位置，也就是从 int 0x80 的下一条指令继续执行。而它的下一条指令就是从 eax 寄存器里取出值并且赋给 __res 变量，eax 寄存器中的值正是第 23 行所设置的 0。于是，当新进程得到调度时，它会立即从 fork 中返回，而且返回值为 0。这就是子进程从 fork 返回时，其返回值为 0 的原因。

除了 eip 寄存器之外，cs、ss、eflags 和 esp 寄存器也都是从栈上取得的，这些值都是父进程在执行 int 0x80 的时候被自动地放到栈上的，而且都是用户态的值，也就是说它们的特权级都是 3。所以，当子进程被调度时，代码段以及栈都和 eip 相匹配。

新创建的进程就是子进程，current 进程是新进程的父进程。父进程在创建完子进程的控制块且设置好各种关键数据以后，就会返回子进程的进程 ID。注意，父进程会顺利地完成 sys_fork 的调用，再通过 iret 返回用户态，而子进程则是从调度开始就在用户态。通过这种方式，fork 的返回过程在父进程和子进程中都分别发生了，所以就有了本节开头处的 if 分支和 else 分支都被执行的情况。现在我们知道了，这不过是同一段代码在子进程和父进程中各自被执行的结果。

4.3.3　内存的写时复制

copy_process 与 create_second_process 的另外一个重要区别是结尾处的 copy_mem 函数，这个函数的作用是复制内存，它的具体实现如代码清单 4-13 所示。

i386 的虚拟内存机制足够支持每个进程都有独立的 4GB 空间。Linus 在写 Linux 0.11 版本时，认为应用程序不需要这么大的虚拟内存，所以让所有进程共享 4GB 虚拟内存空间。Linux 0.11 最大支持 64（NR_TASKS）个进程，所以每个进程可以分得 64MB 内存。假设进程编号为 nr，它的虚拟内存地址空间就是从 nr*64M 到 (nr+1)*64M−1。

代码清单 4-13　执行 fork 时复制进程内存

```
1  /* kernel/fork.c */
2  int copy_mem(int nr, struct task_struct* p) {
3      unsigned long old_data_base,new_data_base,data_limit;
4      unsigned long old_code_base,new_code_base,code_limit;
5
6      code_limit = get_limit(0x0f);
7      data_limit = get_limit(0x17);
8      old_code_base = get_base(current->ldt[1]);
9      old_data_base = get_base(current->ldt[2]);
10     if (old_data_base != old_code_base)
11         panic("We don't support separate I&D");
12     if (data_limit < code_limit)
13         panic("Bad data_limit");
14
15     new_data_base = new_code_base = nr * TASK_SIZE;
16     set_base(p->ldt[1],new_code_base);
17     set_base(p->ldt[2],new_data_base);
18     if (copy_page_tables(old_data_base,new_data_base,data_limit)) {
19         free_page_tables(new_data_base,data_limit);
20         return -ENOMEM;
21     }
22
23     return 0;
24  }
```

上述代码的第 6～14 行的作用是检查当前进程的代码段基地址和数据段基地址，以及两个段的段长度。数据段和代码段的基地址应该相同，段长度也应该是相同的，不然就会报错。panic 函数用于当内核发生了不可恢复的错误时中止内核执行，它的实现如代码清单 4-14 所示。

代码清单 4-14　panic 函数

```
1   /* kernel/panic.c */
2   #include <linux/kernel.h>
3   #include <linux/sched.h>
4
5   volatile void panic(const char * s) {
6       printk("Kernel panic: %s\n\r",s);
7       if (current == task[0])
8           printk("In swapper task - not syncing\n\r");
9       for(;;);
10  }
```

代码清单 4-13 的第 15 行计算新的进程的代码段和数据段的基地址。正如上面分析的那样，每个进程的虚拟空间起始地址是自己的进程编号乘以 64M，也就是 TASK_SIZE，所以进程的代码段和数据段的基地址都设置成了这个值。接着使用 set_base 将基地址设置回局部描述符表中的段描述符，如图 4-5 所示。

Byte7	Byte6	Byte5	Byte4	Byte3	Byte2	Byte1	Byte0
Base (31···24)	Attributes		Base(23···0)			Limit(15···0)	

7	6	5	4	3	2	1	0	7	6	5	4	3	2	1	0
G	D/B	0	AVL	limit(19···16)				P	DPL		S	TYPE			

图 4-5　LDT 中的段描述符

因为段描述符被设计得支离破碎，所以 set_base 的实现也显得杂乱无章，但是它并不难理解，对照着图 4-5 来理解 set_base 宏函数的定义会容易很多，它的具体实现如代码清单 4-15 所示。

代码清单 4-15　set_base 宏函数

```
1   #define _set_base(addr,base) \
2   __asm__("movw %%dx,%0\n\t" \
3           "rorl $16,%%edx\n\t" \
4           "movb %%dl,%1\n\t" \
5           "movb %%dh,%2" \
6           ::"m" (*((addr)+2)), \
7           "m" (*((addr)+4)), \
```

```
 8              "m" (*((addr)+7)), \
 9              "d" (base) \
10              :)
11
12  #define set_base(ldt,base) _set_base( ((char *)&(ldt)) , base )
13
14  #define _get_base(addr) ({\
15  unsigned long __base; \
16  __asm__("movb %3,%%dh\n\t" \
17      "movb %2,%%dl\n\t" \
18      "shll $16,%%edx\n\t" \
19      "movw %1,%%dx" \
20      :"+d" (__base) \
21      :"m" (*((addr)+2)), \
22      "m" (*((addr)+4)), \
23      "m" (*((addr)+7))); \
24  __base;})
25  #define get_base(ldt) _get_base( ((char *)&(ldt)) )
```

第 2 行代表将地址的低 2 字节写入描述符的第 2 字节和第 3 字节，第 3 行将地址右移 16 位，然后把低 8 位送入第 4 字节（第 4 行），把高 8 位送入第 7 字节（第 5 行）。

同样的道理，另外两个函数 get_limit、set_limit 的实现都与图 4-5 所描述的格式相对应，这里就不再一一讲解了，请读者对照源码和示意图自行理解。

回到 copy_mem 函数，这个函数的核心逻辑是调用 copy_page_tables 对页表进行复制。正如这个函数的名字所指示的，它只负责复制页表，而不会复制物理页。这就意味着，当复制页表的动作完成以后，父进程和子进程的页表项会同时指向同一个物理页。

可以想象，这时如果父进程更新了内存中的一个值，这个更新会被写入物理页，从而导致父进程和子进程都能观察到这个改变，这显然不是我们想要的。为了解决这个问题，fork 函数将页表项设为只读，如果父进程与子进程仅仅是读取页面里的内容，那么这个页面就是由父、子进程共享的，如果有一个进程试图往页面中写入信息，那就会触发异常。在这个异常的中断处理函数里，操作系统就有机会对进程页表进行修正，也就是为进行写操作的进程申请一个新的页面，并将页表映射到这个新申请的页面。当中断服务程序返回以后，进程就能正常写入了。这就是大名鼎鼎的写时复制（Copy on Write，CoW）技术。

图 4-6 展示了一个进程执行了 fork 函数以后创建了一个子进程，子进程只复制父进程的页表，这就导致父进程和子进程的页表项会映射到相同的物理地址。所以，代表物理页引用计数的 mem_map 数组的值就会变成 2，同时，页表项里的页属性变成只读。之后无论是父进程还是子进程谁先发起写操作都会触发写保护中断。写保护中断的服务程序才真正地复制物理页，父进程和子进程的物理地址到此时真正分开。

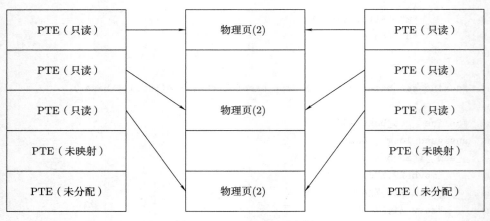

图 4-6　mem_map 示意图

接下来就重点分析 copy_page_tables 的实现，如代码清单 4-16 所示。

代码清单 4-16　复制页表

```
1  int copy_page_tables(unsigned long from,unsigned long to,long size) {
2      unsigned long * from_page_table;
3      unsigned long * to_page_table;
4      unsigned long this_page;
5      unsigned long * from_dir, * to_dir;
6      unsigned long nr;
7
8      if ((from&0x3fffff) || (to&0x3fffff)) {
9          panic("copy_page_tables called with wrong alignment");
10     }
11
12     /* 取最高的10位，因为页目录项大小是 4 字节，所以要向右移20位 */
13     from_dir = (unsigned long *) ((from>>20) & 0xffc);
14     to_dir = (unsigned long *) ((to>>20) & 0xffc);
15
16     size = ((unsigned) (size+0x3fffff)) >> 22;
17     for( ; size-->0 ; from_dir++,to_dir++) {
18         if (1 & *to_dir)
19             panic("copy_page_tables: already exist");
20         if (!(1 & *from_dir))
21             continue;
22
23         from_page_table = (unsigned long *) (0xfffff000 & *from_dir);
24         if (!(to_page_table = (unsigned long *) get_free_page()))
```

```
25          return -1;
26
27      *to_dir = ((unsigned long) to_page_table) | 7;
28      nr = (from==0)?0xA0:1024;
29
30      for ( ; nr-- > 0 ; from_page_table++,to_page_table++) {
31          this_page = *from_page_table;
32          if (!this_page)
33              continue;
34          if (!(1 & this_page))
35              continue;
36
37          this_page &= ~2;
38          *to_page_table = this_page;
39
40          if (this_page > LOW_MEM) {
41              *from_page_table = this_page;
42              this_page -= LOW_MEM;
43              this_page >>= 12;
44              mem_map[this_page]++;
45          }
46      }
47  }
48  invalidate();
49  return 0;
50 }
```

这段代码比较复杂，首先要弄清楚 copy_page_tables 函数的 from 参数代表父进程的地址段起始地址，to 参数代表子进程的地址段起始地址，size 是段长度。

函数的第一步是计算页目录项的地址。第 13 行计算父进程的页目录项地址，第 2 章介绍页表时讲到，页目录项的索引是虚拟地址的高 10 位，而每一个地址是 32 位，所以地址向右移 22 位就可以得到页目录项的索引。而每个页目录项的大小是 4B，所以将页目录项的索引再左移 2 位才是真实的页目录项的地址。合起来就是虚拟地址向右移 20 位，并把最后 2 位清空。第 14 行目标地址的计算方式和第 13 行源地址的计算方式是一样的。

理论上说，计算页目录项的地址需要先读 cr3 寄存器的值，它里面记录了页目录项的起始地址。但 Linux 0.11 在这里"偷了个懒"：整个操作系统只有一个页目录表。之前介绍过，Linux 0.11 最多支持 64 个进程，并且每个进程占用 64MB 的虚拟地址空间，这就意味着整个操作系统的虚拟地址空间就是 4GB，所以全局只需要一个页目录表。而这个页目录表被放置在物理地址 0 的位置，所以这里计算页目录项地址时就没有再使用 cr3 寄存器。

　　一个页目录项对应一个页表，而一个页表可以管理 4MB 地址空间，所以第 16 行计算需要复制的页目录项的个数，只按照 4MB 对齐向上取整计算即可。这是一个常见的用于向上取整的计算技巧。

　　第 17 行开始的这个大循环是为了复制页目录项。页目录项的最低 1 位是 P 位，用于指示该页目录项所指向的页表是否存在。显然，目标页面不能存在，而如果源页面不存在则说明该目录项还未分配或者未映射，那就可以直接跳过这一项。

　　页目录项高 20 位里记录了页表地址，第 24 行通过取页目录项的高 20 位找到要复制的页表地址，而子进程的页表则需要通过 get_free_page 找一个空白的物理页来存放，这就是目标地址 to_page_table。第 27 行将页目录项中的属性修改为存在、可读写，页目录项的结构可以参考图 2-6。

　　第 28 行开始计算要复制的页表项的数目。INIT 进程的空间是从 0 开始的，所以当 from 为 0 时，就代表父进程是 INIT 进程，此时只需要复制前 640KB 地址所对应的页表即可，也就是 0xA0 个页表项。这是为了避开显存等特殊的内存段。如果是普通的进程就要复制 1024 个页表项。

　　第 30 行开始的循环实现了页表的复制。注意，第 37 行把页表项的读写位设为 0。第 38 行设置子进程的页表项，这就让子进程的页表项变成只读了。

　　而父进程有一点特殊，因为 1MB 以下的内存空间是 INIT 进程所管理的内核空间，所以高于 1MB 的地址才需要写时复制，低于 1MB 的内存则不需要。第 40 行就是为了判断虚拟地址是否高于 1MB，如果是，那么也把父进程的页表项置为只读，并且将相应的物理页的引用计数加 1，否则就什么也不用做。

　　注意　INIT 进程在切换到用户态执行的时候，它的栈指针还是指向 user_stack 的。TSS 结构中的 esp0 指向 task_union 的尾部，这个栈只有当 INIT 进程发生中断重新进入内核态时才会使用。user_stack 虽然是用户态栈，但显然它是一个定义在内核中的结构，它的地址小于 1MB，所以 INIT 进程调用 fork 函数的时候，这个用户态栈只对子进程是只读的，对父进程（即 INIT 进程）则是可写的。正是因为有这个特点，所以在 main 函数里，INIT 进程调用完 fork 创建了子进程以后就什么也不做了。这样做是为了避免把用户栈写坏了。如果栈被写坏了，子进程得到调度时读取的栈上的值就不对了，但这并不影响子进程写栈时发生写时复制。

　　这段代码并不算长，但是要理解这段代码需要对分页机制非常熟悉。如果 copy_page_tables 失败了，还需要释放已经申请的无效页表，具体实现如代码清单 4-17 所示。

代码清单 4-17　释放已经申请的无效页表

```c
/* mm/memory.c */
void free_page(unsigned long addr) {
    if (addr < LOW_MEM) return;
```

```
4       if (addr >= HIGH_MEMORY)
5           panic("trying to free nonexistent page");
6
7       addr -= LOW_MEM;
8       addr >>= 12;
9       if (mem_map[addr]--) return;
10      mem_map[addr]=0;
11      panic("trying to free free page");
12  }
13
14  int free_page_tables(unsigned long from,unsigned long size) {
15      unsigned long *pg_table;
16      unsigned long * dir, nr;
17
18      if (from & 0x3fffff)
19          panic("free_page_tables called with wrong alignment");
20      if (!from)
21          panic("Trying to free up swapper memory space");
22      size = (size + 0x3fffff) >> 22;
23      dir = (unsigned long *) ((from>>20) & 0xffc);
24
25      for ( ; size-->0 ; dir++) {
26          if (!(1 & *dir))
27              continue;
28          pg_table = (unsigned long *) (0xfffff000 & *dir);
29          for (nr=0 ; nr<1024 ; nr++) {
30              if (*pg_table) {
31                  if (1 & *pg_table)
32                      free_page(0xfffff000 & *pg_table);
33                  *pg_table = 0;
34              }
35              pg_table++;
36          }
37          free_page(0xfffff000 & *dir);
38          *dir = 0;
39      }
40      invalidate();
41      return 0;
42  }
```

这两个函数几乎就是 copy_page_tables 和 get_free_page 函数的逆操作。相关的数据结构已经详细解释过，读者理解起这两个函数应该没什么困难，这里就不再详细解释了。

页表复制完了，页也全部变成只读状态了，此时，如果向内存中写入数据，就会触发页相关的异常。由表 2-2 可知，页相关异常的中断号是 14，在当前版本的代码里，页相关的处理函数尚未添加，如果现在编译运行的话，就会发现内核将会报告发生了 page_fault（页异常），如图 4-7 所示。这是因为子进程写用户栈时发生了写保护中断，而现在的内核仅简单地报告了异常，并没有真正地处理写保护，所以接下来还要增加页相关异常的处理函数。

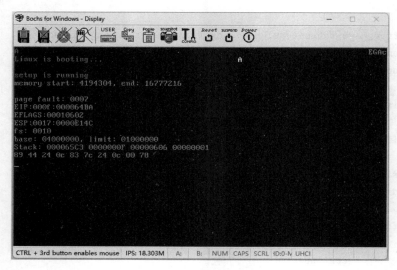

图 4-7　触发页异常

4.3.4　处理页保护中断

当进程试图写一个只有读权限的页面时，就会触发页中断。内核需要处理的中断有两种：一种是因为要访问的页面不在内存中而引起的缺页中断；另一种是因为写了一个只读页而引起的写保护中断。第 8 章将会处理前者，而这里将重点解决写保护中断，它的代码在 page.S 中，如代码清单 4-18 所示。

代码清单 4-18　处理写保护中断

```
1   /* mm/page.S */
2   .globl page_fault
3
4   page_fault:
5       xchgl   %eax, (%esp)
6       pushl   %ecx
7       pushl   %edx
```

```
8       pushl    %ds
9       pushl    %es
10      pushl    %fs
11      movl     $0x10, %edx
12      movw     %dx, %ds
13      movw     %dx, %es
14      movw     %dx, %fs
15      movl     %cr2, %edx
16      pushl    %edx
17      pushl    %eax
18      testl    $1, %eax
19      jne      1f
20      jmp      2f
21  1:  call     do_wp_page
22  2:  addl     $8, %esp
23      popl     %fs
24      popl     %es
25      popl     %ds
26      popl     %edx
27      popl     %ecx
28      popl     %eax
29      iret
```

原来的 page_fault 只是打印错误并停止执行，这里将它移入新的文件 page.S，它将会对页面进行复制并将页属性由只读改成可读写。

写保护中断的出错码是由 CPU 自动产生并压入栈的，而出现异常时的线性地址则会保存在 cr2 寄存器里。第 5 行将 eax 寄存器中的值与栈顶值交换，这就使得 eax 的值保存到了栈上，并且把栈顶的出错码保存到 eax 里。第 15 行又将 cr2 寄存器的值放到 edx 寄存器中。第 18 行对出错码的最低位进行检查，如果该位为 1，就表示页在内存中存在，这就是一次写保护中断，如果不为 0，就表示页不存在，那就是缺页中断。第 21 行调用 do_wp_page 处理写保护中断，其中 wp 是 write protection 的缩写，这个函数正是实现写时复制机制的关键，具体实现如代码清单 4-19 所示。

代码清单 4-19　写时复制

```
1   /* mm/memory.c */
2   void un_wp_page(unsigned long * table_entry) {
3       unsigned long old_page,new_page;
4       old_page = 0xfffff000 & *table_entry;
5
6       if (old_page >= LOW_MEM && mem_map[MAP_NR(old_page)]==1) {
```

```
 7          *table_entry |= 2;
 8          invalidate();
 9          return;
10      }
11
12      new_page=get_free_page();
13      if (old_page >= LOW_MEM)
14          mem_map[MAP_NR(old_page)]--;
15      copy_page(old_page,new_page);
16      *table_entry = new_page | 7;
17      invalidate();
18  }
19
20  void do_wp_page(unsigned long error_code, unsigned long address) {
21      if (address < TASK_SIZE)
22          panic("\n\rBAD! KERNEL MEMORY WP-ERR!\n\r");
23
24      un_wp_page((unsigned long *)
25              (((address>>10) & 0xffc) + (0xfffff000 &
26                  *((unsigned long *) ((address>>20) &0xffc)))));
27  }
```

前文介绍过，因为 INIT 进程是不会出现写保护的情况的，所以第 21 行判断如果是 0 号进程，就报错。address 就是 page_fault 从 cr2 寄存器中取出的出错的线性地址，所以第 24 行通过页目录项记录的地址和页表项的偏移来计算出页表项的地址，并以该地址作为参数，调用 un_wp_page。

第 4 行先从页表中找到页的地址，接下来判断这个项是否大于 1MB，只有大于 1MB 的地址才会由 mem_map 管理。如果它的引用计数已经是 1 了，那就说明当前进程是这个页面的唯一所有者，这时就只要把这个页的属性改为可写就可以了（参见第 7 行）。否则就要申请一个新的物理页（参见第 12 行），将原物理页复制到新的页（参见第 15 行），并且修改页表项，将它指向新的地址（参见第 16 行）。

最后，在 traps.c 中不要忘了添加页中断的处理程序：

```
1  void trap_init() {
2      /* 部分代码略 */
3      set_trap_gate(14, &page_fault);
4  }
```

至此，fork 函数就全部实现完了。进程的核心功能还剩最后一项——按时间片调度进程，4.3.5 节将实现这个功能。

4.3.5 完善调度器

操作系统在运行的过程中会不断地创建多个进程，进程的主函数运行完以后，操作系统又负责清理进程所申请的各种资源。在早期的单核 CPU 上，操作系统中的所有进程不可能同时运行，但操作系统会让进程不断地轮流执行，每个进程只运行很短的时间片段，只要任务切换得足够快，用户感受到的就是多个进程在同时执行。例如，用户可以一边编辑文档，一边听音乐，还可以同时打开下载任务，这些任务在单核 CPU 上是轮流执行，会在时钟中断的驱动下不断地相互调度，而用户感知不到任务之间的相互切换。

第 2 章里时钟中断的例子已经展示了在每个中断处，将显存中的一个字节逐次加 1，从而得到了一个跳动的字符。4.2 节又进一步完善了 do_timer 程序，使得系统中的两个进程可以相互切换。在实现了 fork 函数的功能以后，现在终于可以实现一个完整的进程调度函数了。

进程调度依赖于进程状态，只有处于执行状态的进程才能被调度到 CPU 上继续执行。当进程在等待磁盘 I/O 数据时，就应该处于休眠状态，内核不应该把处于休眠状态的进程调度进来。当进程接收到 KILL 信号或者主动调用 exit 时就会进入僵死状态，并等待内核回收进程相关的资源。状态的定义如代码清单 4-20 所示。

代码清单 4-20　定义进程状态

```
1   /* include/linux/sched.h */
2   #define TASK_RUNNING            0
3   #define TASK_INTERRUPTIBLE      1
4   #define TASK_UNINTERRUPTIBLE    2
5   #define TASK_ZOMBIE             3
6   #define TASK_STOPPED            4
```

可见，Linux 定义了 5 种状态，分别代表运行、可中断休眠、不可中断休眠、僵死和停止。接下来就重新实现 schedule 函数，让它真正地开启进程调度，具体实现如代码清单 4-21 所示。

代码清单 4-21　进程调度

```
1   void schedule() {
2       int i,next,c;
3       struct task_struct ** p;
4
5       while(1) {
6           c = -1;
7           next = 0;
8           i = NR_TASKS;
9           p = &task[NR_TASKS];
10
```

```
11          while (--i) {
12              if (!*--p)
13                  continue;
14
15              if ((*p)->state == TASK_RUNNING && (*p)->counter > c)
16                  c = (*p)->counter, next = i;
17          }
18
19          if (c) break;
20          for(p = &LAST_TASK ; p > &FIRST_TASK ; --p) {
21              if (!(*p))
22                  continue;
23
24              (*p)->counter = ((*p)->counter >> 1) + (*p)->priority;
25          }
26      }
27      switch_to(next);
28  }
29
30  void do_timer(long cpl) {
31      if ((--current->counter)>0) return;
32      current->counter=0;
33      if (!cpl) return;
34      schedule();
35  }
```

时钟中断处理函数 time_interrupt 调用了 do_timer 函数，do_timer 函数的参数是当前 CPU 工作的优先级：如果是内核态，其值为 0；如果是用户态，其值为 3。在 task_struct 结构中，添加了两个和调度计时相关的属性，分别是 counter 和 priority。其中，counter 代表进程所分得的时间片，每次时钟中断发生时，时间片就减 1，当自己的时间片不为 0 时，这次中断就什么也不做。如果当前进程的时间片减为 0，就调用 schedule 做一次进程调度。注意，在进入中断之前，第 33 行代码会检查进程处于内核态还是用户态：如果是内核态，则不进行调度，只有进程处于用户态时才能发生调度动作。

schedule 函数的核心逻辑是找一个可以调度的进程并且切换过去。第 15 行和第 16 行的作用是找到状态为可执行并且时间片余量最大的那个进程：如果找到了，就可以跳出循环；如果找不到，那么第 20 行至第 25 行代码所做的事情是把所有进程的时间片都根据自己的 priority 值更新一遍，这里的更新和进程状态无关，所有进程都会被更新。然后重新开启一轮循环，因为系统中存在 INIT 进程，所以这个大循环不会一直运行下去，最终还是会结束的。

第 27 行的 switch_to 是一个宏，这个宏在 4.2 节已经详细介绍过了，它的作用就是转到新的进程上。至此，进程的调度就实现好了，你可以自由地使用 fork 函数来创建进程，而且子进程也能被正确地调度和执行。

最后，还有两个用于改变进程状态的函数 sleep 和 wake 需要实现，用于控制进程休眠和唤起进程。一般来说，CPU 直接访问寄存器的速度远高于访问内存的速度，而访问内存的速度又远高于访问磁盘的速度。所以一旦进程开始访问磁盘，并且需要等待磁盘数据返回，那么在等待时这个进程就没有必要再占据 CPU 时间了，这种进程就可以进入休眠状态了，而 sleep 函数就是起这个作用的。与之相对应，当磁盘数据返回时会触发相关的中断，中断服务程序会调用 wakeup 函数将进程状态置为可执行。这两个函数的具体实现如代码清单 4-22 所示。

代码清单 4-22　进程的休眠和唤醒

```
1   /* kernel/sched.c */
2   static inline void __sleep_on(struct task_struct** p, int state) {
3       struct task_struct* tmp;
4
5       if (!p)
6           return;
7       if (current == &(init_task.task))
8           panic("task[0] trying to sleep");
9
10      tmp = *p;
11      *p = current;
12      current->state = state;
13
14  repeat:
15      schedule();
16
17      if (*p && *p != current) {
18          (**p).state = 0;
19          current->state = TASK_UNINTERRUPTIBLE;
20          goto repeat;
21      }
22
23      if (!*p)
24          printk("Warning: *P = NULL\n\r");
25      if (*p = tmp)
26          tmp->state = 0;
27  }
```

```
28
29  void interruptible_sleep_on(struct task_struct** p) {
30      __sleep_on(p, TASK_INTERRUPTIBLE);
31  }
32
33  void sleep_on(struct task_struct** p) {
34      __sleep_on(p, TASK_UNINTERRUPTIBLE);
35  }
36
37  void wake_up(struct task_struct **p) {
38      if (p && *p) {
39          if ((**p).state == TASK_STOPPED)
40              printk("wake_up: TASK_STOPPED");
41          if ((**p).state == TASK_ZOMBIE)
42              printk("wake_up: TASK_ZOMBIE");
43          (**p).state=0;
44      }
45  }
```

要理解 sleep 的逻辑，需要深刻地理解栈。在实现进程调度相关的代码时，要对进程的栈有清晰的概念，也就是说进程执行的每个函数、每个局部变量存在哪里，局部变量如果是一个指针的话，它又指向哪里，一定要非常清楚。

因为 sleep 函数是一个内核函数，它所使用的栈是每个进程的内核栈，栈上的局部变量 p 指向一个等待队列。这个队列中的元素是指向进程控制块的指针，要操作这个队列就必然要使用指向指针的指针，所以 p 的类型是二维指针。

sleep 函数使用了各个进程栈上的局部变量 tmp 来组成一个隐式的链表。图 4-8 中展示了 3 个进程的栈所组成的链表。

当进程主动在某个队列上挂起时，比如这个队列的名称是 wait_list，局部变量 p 就会指向 wait_list 结构。wait_list 是休眠的进程队列头，当前进程的 tmp 指针指向 wait_list，然后再让 wait_list 指向当前进程，这是经典的向链表头上插入一个元素的操作（第 10 行和第 11 行）。如果有 3 个进程在这个队列上休眠，最后就会形成图中的结构。

当前进程把自己挂入休眠队列以后，就可以主动调用 schedule 触发一次进程调度，让出 CPU 执行权。一般来说，当一个进程调用 schedule 时，CPU 会选择另外一个进程继续执行。当这个进入休眠队列的进程出于某种原因，其状态被修改为 RUNNING 状态时，就会被再次调度执行。然而，这一次被调度执行是从第 17 行开始的。

仔细观察图 4-8 中的第一个进程和第二个进程，显然只有位于队列头上的 Process 1 进程才能满足条件 "*p==current"，所以如果是 Process 1 进程被唤醒，就会把自己从队列中删除（参见第 25 行），并且把队列中的下一个进程唤醒（参见第 26 行）。但不在队列头上的进程如果被唤醒了，就会进入第 18 行的处理逻辑：尝试把队列头上的进程唤醒，自己再去休眠。

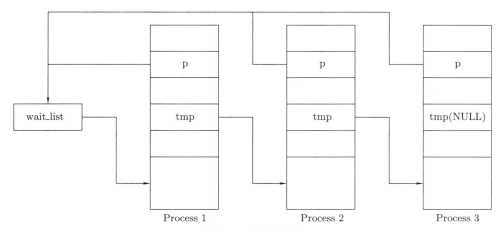

图 4-8 休眠队列

到这里，关于进程的创建和调度就全部实现完了。

4.4 小结

进程是操作系统中的核心概念，它是操作系统分配和管理资源的基本单位。本章先将进程所需要的内核栈、用户栈等资源准备好，然后开启 INIT 进程，并且从内核态转入用户态执行。接下来再通过硬编码的方式从 INIT 复制了一个新的进程，再把这种硬编码方式封装成系统调用 fork。

进程的切换是通过 jmp 指令完成的，当 jmp 指令的操作数是目标进程 TSS 的描述符时，CPU 就会在原进程的 TSS 中自动保存上下文，并且从目标进程的 TSS 中恢复上下文。当代码修改了进程 TSS 中的 eip 以后，就可以控制切换后的进程从哪里开始执行。这是父、子进程都会从 fork 函数中返回的原因。

当子进程复制父进程资源时，内存是不必全部复制的，只需要复制页表，然后将页属性置为只读。当父进程和子进程都执行读操作时，它们是共享同一个物理页的。只有当其中一个进程执行写操作时才会触发写保护中断。写保护中断的服务程序由操作系统提供，它负责复制物理页并改写页表，这就是写时复制技术。

本章的最后完善了中断服务程序，使得进程以时间片的方式进行调度，从这里开始，内核才真正地成为一个多进程的操作系统。

操作系统要变得有用，必须能够和人交互，这就离不开显示器和键盘等输入/输出设备。这些设备的特点是处理过程是以字符为单位的，所以统称为字符设备。在有了进程以后，第 5 章将实现支持字符设备的功能。

支持字符设备

输入/输出的管理是操作系统的核心任务之一，键盘输入和屏幕上的显示就是最重要的输入/输出操作。第 4 章完成了进程的创建和调度，本章将会把重点转移到键盘输入和屏幕显示。

键盘输入是以字符为单位进行的，用户敲击键盘时，字符是逐个输入的。字符模式的显示器也是同样的显示模式。在显示模式下，显存是逐个字符进行修改的，这从第 3 章实现简单 console_print 函数就能看出。Linux 系统把键盘和字符模式的显存操作统称为字符设备。因为这两个部分的关系十分密切，所以这一章也把键盘和显示放在一起实现。下面先从键盘的基本功能开始。

5.1 支持键盘

键盘与操作系统通信要使用键盘中断，8259A 的 IRQ1 对应的就是键盘中断，所以我们就从键盘中断开始做一些实验，从而弄清楚键盘的工作原理。

5.1.1 键盘的工作原理

键盘中会内置一个名为键盘编码器的芯片，监控是否有键按下、弹起，并把相关的数据报告给键盘控制器。而键盘控制器是另一个重要的内置芯片，它的作用是接收和解码来自键盘的数据，并和中断控制器进行通信。当操作系统内核对键盘发出指令，例如初始化键盘、点亮大写锁定灯等，也需要通过 I/O 端口与键盘控制器进行通信。编码器的典型代表是 Intel 8048，控制器的代表则是 8042 芯片。

一个键通常都有按下和弹起两个动作，因此每个键将会有对应这两个动作的两个编码，键被按下时的编码叫作通码（Make Code），弹起时的编码叫作断码（Break Code），通码和断码统称为键盘扫描码（Scan Code）。当键盘编码器检测到一个键的动作后，就会产生相应的扫描码，并通知控制器。控制器会把扫描码放置在缓冲区中，并通知中断控制器（比如 8259A 芯片）产生中断请求，等待操作系统把寄存器中的数据取走后，控制器才会继续进行监听，接收下一次按键消息。

　　编程操作键盘控制器 8042 芯片，仍然需要通过读写端口来实现。8042 的编程端口（寄存器）如表 5-1 所示。严格说，其中的 0x61 端口并不是 8042 芯片的端口，但是可以通过它来禁止和使能键盘。向 0x61 写入控制字的时候：如果最高位为 1，则代表禁止键盘；如果最高位为 0，则代表使能键盘。

表 5-1　8042 的编程端口（寄存器）

寄存器名称	大小	端口	读/写	作用
输出缓冲区	8bits	0x60	读	读输出缓冲区
输入缓冲区	8bits	0x60	写	写输入缓冲区
-	8bits	0x61	读/写	禁止和使能键盘
状态寄存器	8bits	0x64	读	读状态寄存器
控制寄存器	8bits	0x64	写	发送命令

　　接下来就通过键盘中断服务程序打印从键盘的寄存器里读取的值，从而可以查看按下某一个键时究竟产生了怎样的扫描码，尤其是大写锁定键、Shift 键等特殊按键。先在 console 的初始化函数里设置键盘的中断服务程序，如代码清单 5-1 所示。

代码清单 5-1　设置键盘中断

```
1  /* kernel/chr_drv/console.c */
2  void con_init() {
3      /* ... */
4      set_trap_gate(0x21,&keyboard_interrupt);
5      outb_p(inb_p(0x21)&0xfd,0x21);
6      a=inb_p(0x61);
7      outb_p(a|0x80,0x61);
8      outb_p(a,0x61);
9  }
```

　　这段代码的作用是将 0x21 号中断与 keyboard_interrupt 这个中断服务程序绑定在一起。一旦用户敲击键盘，8259A 芯片就将产生一个 IRQ1 中断，因为这个中断信号已经被设置为绑定 0x21 号中断了，所以 CPU 就会在 IDT 中找到位于数组 0x21 处的中断描述符，然后跳转到这个描述符所记录的程序地址继续执行。

　　第 5 行的作用是设置中断控制器，并打开 IRQ1 中断。第 6 行从 0x61 端口读取键盘状态，第 7 行再将它的高位设为 1，从而禁止键盘工作，第 8 行再允许键盘工作，从而达到重置键盘状态的目的。如果你在此时编译运行，就会发现键盘灯会有点亮又熄灭的动作，这就是这三行代码的作用。

keyboard_interrupt 是 0x21 号中断的服务程序。前文已经很多次实现中断服务程序了，这里的键盘中断也并无二致。首先，它要保存用户态上下文，接着切换代码段寄存器 cs 和数据段寄存器 ds 到内核态，最后再调用真正处理键盘数据的程序。

键盘中断服务程序如代码清单 5-2 所示。

代码清单 5-2　键盘中断服务程序

```
1   /* kernel/chr_drv/keyboard.S */
2   .code32
3   .text
4   .globl keyboard_interrupt
5
6   .align 4
7   keyboard_interrupt:
8       pushw %ds
9       pushw %es
10      pushw %fs
11      pushl %edx
12      pushl %ecx
13      pushl %ebx
14      pushl %eax
15      movl  $0x10, %eax
16      movw  %ax, %ds
17      movw  %ax, %es
18      movl  $0x17, %eax
19      movw  %ax, %fs
20      pushl %eax
21      call  keyboard_handler
22      popl  %eax
23      popl  %eax
24      popl  %ebx
25      popl  %ecx
26      popl  %edx
27      popw  %fs
28      popw  %es
29      popw  %ds
30      iret
```

上述代码第 2 行是一个伪指令，指定这个汇编文件要翻译成 32 位 x86 指令，第 3 行用于定义代码段。第 4 行则导出符号 keyboard_interrupt，只有明确声明导出这个符号，链接器在进行链接的时候才能发现这个符号，否则就会报 undefine symbol 一类的错误。

第 8 行到第 14 行用于保存上下文，第 15 行到第 19 行用于设置段寄存器，以正式进入内核程序。第 21 行调用真正的处理键盘的程序，第 22 行到最后就是恢复用户态上下文并且返回到原优先级执行。

接下来，keyboard_handler 函数负责将按键的扫描码打印出来。本章的实现与 Linux 中的键盘中断实现略有不同，因为 Linux 0.11 为了运行效率，采用了汇编语言来实现键盘中断。而本书为了使代码更容易阅读，采用了 C 语言来实现，如代码清单 5-3 所示。

代码清单 5-3　打印扫描码

```
1   /*kernel/chr_drv/kboard.c*/
2   void keyboard_handler(void)
3   {
4       unsigned char a, scan_code;
5
6       scan_code = inb_p(0x60);
7       outb(0x20, 0x20);
8       printk("%d\n\r", (int)scan_code);
9       return;
10  }
```

重新编译并运行内核代码，就可以看到当键盘按键被按下和弹起（释放）的时候，屏幕上就会打印出奇怪的数字。例如按下 Shift 键，然后按下 a 键，接着释放 a 键，释放 Shift 键，屏幕上就会显示 42、30、158、170。这刚好分别是 Shift 键的通码、a 键的通码、a 键的断码和 Shift 键的断码。由此可见，键盘并不处理大小写，这个功能是由操作系统完成的。换言之，键盘上的任何按键序列，产生什么样的输出，或者触发软件的什么动作都是由软件来控制的。

只打印扫描码显然没什么用处，正确的做法是内核应该根据键盘扫描码往屏幕上回显被敲击的字符，键盘的扫描码如表 5-2 所示，根据这张表就可以开始完善回显的功能了。

表 5-2　键盘扫描码

按键	通码	断码	按键	通码	断码
~	29	a9	Tab	0f	8f
Caps Lock	3a	ba	Left Shift	2a	aa
1	02	82	q	10	90
a	1e	9e	z	2c	ac
2	03	83	w	11	91
s	1f	9f	x	2d	ad
3	04	84	e	12	12
d	20	a0	c	2e	ae
4	05	85	r	13	93

（续）

按键	通码	断码	按键	通码	断码
f	21	a1	v	2f	af
5	06	86	t	14	94
g	22	a2	b	30	b0
6	07	87	y	15	95
h	23	a3	n	31	b1
7	08	88	u	16	96
j	24	a4	m	32	b2
8	09	89	i	17	97
k	25	a5	,	33	b3
9	0a	8a	o	18	98
l	26	a6	.	34	b4
0	0b	8b	p	19	99
;	27	a7	/	35	b5
-	0c	8c	[	1a	9a
'	28	a8	Right Shift	36	b6
=	0d	8d	]	1b	9b
Enter	1c	9c	Left Ctrl	1d	9d
\	2b	ab	Backspace	0e	8e
Lelf Alt	38	b8	Space	39	b9
Right Alt	e0 38	e0 b8	Right Ctrl	e0 1d	e0 9d
Esc	01	81	F1	3b	bb
F2	3c	bc	F3	3d	bd
F4	3e	be	F5	3f	bf
F6	40	c0	F7	41	c1
F8	42	c2	F9	43	c3
F10	44	c4	F11	57	d7
F12	58	d8	Print Screen	e0 2a e0 37	e0 b7 e0 aa
Scroll Lock	46	c6	Pause/Break	e1 1d 45 e1 9d c5	None
Insert	e0 52	e0 d2	Home	e0 47	e0 c7
Page Up	e0 49	e0 c9	Delete	e0 53	e0 d3
End	e0 4f	e0 cf	Page Down	e0 51	e0 d1
left	e0 46	e0 c6	Right	e0 4d	e0 cd
up	e0 48	e0 c8	Down	e0 50	e0 d0

内核已经通过中断得到了扫描码，接下来就要把它们转换成相应的字符，并回显在屏幕上。

5.1.2 解析扫描码

从表 5-2 中很难找到解析扫描码的规律，所以最好的办法是使用一个数组，以扫描码为下标，数组中的值就是相应的字符。内核得到扫描码以后就通过这个数组转换成相应的字符，这就是 Linux 代码中的 key_map 和 shift_map，如代码清单 5-4 所示。

代码清单 5-4　扫描码解析数组

```
1    static char key_map[0x7f] = {
2        0, 27,
3        '1', '2', '3', '4', '5', '6', '7', '8', '9', '0', '-', '=',
4        127, 9,
5        'q', 'w', 'e', 'r', 't', 'y', 'u', 'i', 'o', 'p', '[', ']',
6        10, 0,
7        'a', 's', 'd', 'f', 'g', 'h', 'j', 'k', 'l', ';', '\'',
8        ' ` ', 0,
9        '\\', 'z', 'x', 'c', 'v', 'b', 'n', 'm', ',', '.', '/',
10       0, '*', 0, 32,
11       0, 0, 0, 0, 0, 0, 0, 0, 0, 0, 0, 0, 0, 0, 0, 0,
12       '-', 0, 0, 0, '+',
13       0,0,0,0,0,0,0,
14       '>',
15       0,0,0,0,0,0,0,0,0,0
16   };
17
18   static char shift_map[0x7f] = {
19       0,27,
20       '!', '@', '#', '$', '%', '^', '&', '*','(',')','_','+',
21       127,9,
22       'Q','W','E','R','T','Y','U','I','O','P','{','}',
23       10,0,
24       'A','S','D','F','G','H','J','K','L',':','\"',
25       '~',0,
26       '|','Z','X','C','V','B','N','M','<','>','?',
27       0,'*',0,32,                             //36h～39h端口
28       0,0,0,0,0,0,0,0,0,0,0,0,0,0,0,0,         //3Ah～49h端口
29       '-',0,0,0,'+',                          //4A～4E端口
30       0,0,0,0,0,0,0,                          //4F～55端口
31       '>',
32       0,0,0,0,0,0,0,0,0,0
33   };
```

key_map 是用于通常情况下的字符对应，shift_map 则代表当 Shift 键被按下时的对应字符。例如，按键 "1" 在正常情况下是数字 1，而当 Shift 键被按下时，对应的就是叹号。有了 key_map 和 shift_map 这两张表，普通的按键就都能处理了。下面做一个简单的实验，改写键盘处理函数，可以回显字母数字等基本字符。

```
1  void keyboard_handler() {
2      unsigned char a, scan_code;
3
4      scan_code = inb_p(0x60);
5      outb(0x20, 0x20);
6
7      if (scan_code == 0xE0) {
8          e0 = 1;
9      }
10     else if (scan_code == 0xE1) {
11         e0 = 2;
12     }
13     else {
14         if (scan_code >= 128)
15             return;
16
17         char c = key_map[scan_code];
18         if (c == 0)
19             return;
20
21         printk("%c", c);
22     }
23
24     return;
25 }
```

通过使用 printk 进行打印可以将字母和数字等基本字符回显到屏幕上，因为 printk 也支持回车和退格，所以编译运行以后，也可以使用键盘输入退格和回车。但是制表符、方向键等特殊字符还不能支持，除了这些键盘上的单个按键产生的特殊字符，Linux 系统还支持组合键产生的特殊字符，例如使用 Ctrl+U 删除一行。

要支持这些功能，就不能仅仅把字符回显在屏幕上，而是要把按键操作缓存起来，再对这些按键的组合进行处理。缓存按键操作的是缓冲区，在进一步处理键盘输入之前，先把缓冲区构建好。

5.1.3 构建缓冲区

使用键盘输入字符不一定都要回显在屏幕上，write 系统调用和 read 系统调用之间并没有必然的耦合关系，这就要求读写所使用的缓冲区应该相互分离。另外，Linux 处理特殊按键时要进行转义，而转义字符串往往由多个字符组成，为了存储多个字符，也需要使用缓冲区。Linux 使用循环队列作为缓冲区，先来实现这个缓冲队列，如代码清单 5-5 所示。

代码清单 5-5　键盘输入缓冲队列

```
1   /* include/linux/tty.h */
2   #define TTY_BUF_SIZE 1024
3
4   struct tty_queue {
5       unsigned long data;
6       unsigned long head;
7       unsigned long tail;
8       struct task_struct * proc_list;
9       char buf[TTY_BUF_SIZE];
10  };
11
12  unsigned long CHARS(struct tty_queue* q);
13
14  void PUTCH(char c, struct tty_queue* q);
15
16  char GETCH(struct tty_queue* q);
17
18  char EMPTY(struct tty_queue* q);
19
20  /* kernel/chr_drv/tty_io.c */
21  unsigned long CHARS(struct tty_queue* q) {
22      return (q->head - q->tail) & (TTY_BUF_SIZE - 1);
23  }
24
25  void PUTCH(char c, struct tty_queue* q) {
26      q->buf[q->head++] = c;
27      q->head &= (TTY_BUF_SIZE - 1);
28  }
29
30  char GETCH(struct tty_queue* q) {
31      char c = q->buf[q->tail++];
32      q->tail &= (TTY_BUF_SIZE - 1);
33      return c;
34  }
35
36  char EMPTY(struct tty_queue* q) {
37      return q->tail == q->head;
38  }
```

上述代码里定义了一个循环队列，它的 head 指向队列头，tail 指向队列尾，data 表示队列中总共包含了多少行数据，proc_list 则代表在这个队列上等待并处于休眠状态的进程。在 Linux 0.11 的代码里，操作缓冲队列的函数都是以宏的形式定义的，这是因为缓冲队列的操作是高频操作，所以 Linus 希望避免通过使用函数调用来操作队列，而是直接将这些操作展开到调用处。这里也可以使用 GCC 特性，为这些函数加上 inline 标记，使得函数可以被内联，这也可以达成提升性能的目的。

PUTCH 的作用是向缓冲区中存入字符，同时把 head 值加 1，如果 head 的值超过了 1024，则通过和 1023 做与运算将它折回到 0。GETCH 的作用是从缓冲区中读出字符，此时把 tail 的值加 1，如果 tail 超过 1024，也用同样的办法折回 0。CHARS 的作用是计算缓冲区中有多少字符。如果 head 大于 tail，正确性显而易见；如果 head 小于 tail，则两者相减为负数，结果与 1023 进行与运算就可以消掉高位，因为负数补码的性质，计算值刚好等于 head+1024−tail。例如，如果差为 −1，则最后的结果是 1023，刚好就是缓冲区队列中的字符个数。EMPTY 用于判断队列是否为空，如果 head 和 tail 相等，则队列为空。这是非常经典的循环队列的实现。

Linux 使用了三个队列来处理键盘输入，分别是 read_q、write_q 和 secondary。从键盘读入的字符会被放入 read_q 中，然后再通过 copy_to_cooked 函数将字符放入 secondary 队列，以做进一步处理，例如将控制字符进行转义。所有需要回显在屏幕上的字符则被放入 write_q 中，例如在输入密码的场景，用户使用键盘进行输入，而屏幕上回显的却是星号，这可以通过在 write_q 中放入星号来实现。可见，引入三个队列以后，操作系统有更多的机会对各种复杂的输入进行转义处理，大幅提升了代码的灵活性。这三个队列的处理流程如图 5-1 所示。

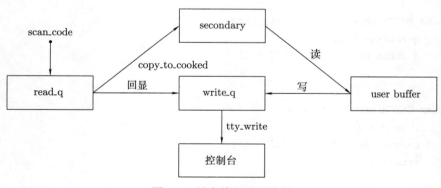

图 5-1　键盘输入处理流程

键盘输入的处理流程看上去比较复杂，但我们可以一步步地实现它，首先是引入 read_q 和 write_q 来完善屏幕回显的功能。

5.1.4　完善屏幕回显功能

接下来就引入两个队列：一个用于缓存键盘输入，命名为 read_q；第二个用于缓存向显示器上打印的字符串，命名为 write_q：

```
/* kernel/chr_drv/tty_io.c */
struct tty_queue read_q = {0, 0, 0, 0, ""};
struct tty_queue write_q = {0, 0, 0, 0, ""};

void tty_init() {
    read_q = (struct tty_queue){0, 0, 0, 0, ""};
    write_q = (struct tty_queue){0, 0, 0, 0, ""};

    con_init();
}
```

可以回显的字符除了普通的字母和数字以外，一些控制字符也可以进行回显，例如使用 Ctrl 键输入的控制字符，F1～F12 这些功能键以及方向键等。这些动作不是一个简单的 ASCII 字符能表示的，为了处理这些复杂的情况，内核又引入了一层抽象——新增 key_table 数组。key_table 是一个函数指针数组，为不同按键准备了不同的处理函数，它的下标也是扫描码，不过这个数组比 key_map 要大，因为它还包括了断码，如代码清单 5-6 所示。

代码清单 5-6　扫描码解析函数数组 key_table

```
/* kernel/chr_drv/kboard.c */

typedef void (*key_fn)();

static key_fn key_table[] = {
    0,do_self,do_self,do_self,
    do_self,do_self,do_self,do_self,
    do_self,do_self,do_self,do_self,
    do_self,do_self,do_self,do_self,
    do_self,do_self,do_self,do_self,
    do_self,do_self,do_self,do_self,
    do_self,do_self,do_self,do_self,
    do_self,ctrl,do_self,do_self,
    do_self,do_self,do_self,do_self,
    do_self,do_self,do_self,do_self,
    do_self,do_self,lshift,do_self,
    do_self,do_self,do_self,do_self,
```

```
18      do_self,do_self,do_self,do_self,
19      do_self,minus,rshift,do_self,
20      alt,do_self,caps,func,
21      func,func,func,func,
22      func,func,func,func,
23      func,num,scroll,cursor,
24      cursor,cursor,do_self,cursor,
25      cursor,cursor,do_self,cursor,
26      cursor,cursor,cursor,cursor,
27      0,0,do_self,func,
28      func,0,0,0,
29      0,0,0,0,
30      /*0, 0, 0, 0, */
31      0,unctrl,0,0,
32      0,0,0,0,
33      0,0,0,0,
34      0,0,unlshift,0,
35      0,0,0,0,
36      0,0,0,0,
37      0,0,unrshift,0,
38      unalt,0,uncaps,0,
39      0,0,0,0,
40      /*0, 0, 0, 0, */
41  };
```

这个数组很大，共 255 项，但其内容包含了很多重复元素。这里为了节约篇幅，并没有将它全部展示出来，有一些重复元素被去掉了，完整的代码读者可以查阅本书配套的代码仓库。从代码清单 5-6 中可以看到每个按键的通码和断码所对应的处理函数都定义了。例如按下 Ctrl 键，对应的处理函数就是 ctrl（第 13 行），松开 Ctrl 键，对应的处理函数就是 unctrl（第 31 行）。接下来就可以搭建一个基本的框架来处理按键了，如代码清单 5-7 所示。

代码清单 5-7　键盘处理的基本框架

```
1   /* kernel/chr_drv/kboard.c */
2
3   unsigned char scan_code, leds, mode, e0;
4
5   void keyboard_handler(void) {
6       scan_code = inb_p(0x60);
7       outb(0x20, 0x20);
8
9       if (scan_code == 0xE0) {
```

```
10              e0 = 1;
11          }
12          else if (scan_code == 0xE1) {
13              e0 = 2;
14          }
15          else {
16              key_fn func = key_table[scan_code];
17              if (func)
18                  func();
19          }
20
21          do_tty_interrupt();
22      }
```

keyboard_handler 的基本结构就是读取扫描码，再从 key_table 中找到并调用相应的处理函数（第 15～22 行）。前面已经引入了读取缓冲区 read_q，它的作用就是缓存输入操作。可以想象各个处理函数的核心任务就是要把输入的字符放到 read_q 中，然后调用 do_tty_interrupt 将处理好的字符复制到 write_q，最后回显到显示器。理解了这个框架工作的基本过程，接下来只要逐个实现 key_table 中的各个函数即可。先从最简单的处理 Ctrl 和 Shift 键开始，如代码清单 5-8 所示。

代码清单 5-8 处理 Ctrl 和 Shift 键

```
1   /* kernel/chr_drv/kboard.c */
2
3   unsigned char scan_code, leds, mode, e0;
4
5   void lshift() {
6       mode |= 0x1;
7   }
8
9   void unlshift() {
10      mode &= 0xfe;
11  }
12
13  void rshift() {
14      mode |= 0x2;
15  }
16
17  void unrshift() {
18      mode &= 0xfd;
```

```
19      }
20
21   void ctrl() {
22       if (e0) {
23           mode |= 0x8;
24       }
25       else {
26           mode |= 0x4;
27       }
28   }
29
30   void unctrl() {
31       if (e0) {
32           mode &= 0xf7;
33       }
34       else {
35           mode &= 0xfb;
36       }
37   }
```

键盘驱动代码中定义了多个全局变量用于记录键盘状态（第 3 行），其中，scan_code 用于记录键盘扫描码，包括通码和断码。e0 用于处理键盘扫描码中的前导标记 0xE0。leds 代表了键盘上大写锁定等三个灯的状态：第 0 位代表 Scroll Lock 的状态；第 1 位代表小键盘 Num Lock 的状态；第 2 位代表 Caps Lock 的状态。

mode 则用于记录键盘上的持久状态。mode 的第 0 位指示左 Shift 键是否按下：如果置位就代表左 Shift 键被按下；如果未置位就代表左 Shift 键未被按下。第 1 位指示右 Shift 键是否按下；第 2 位指示左 Ctrl 键是否按下；第 3 位指示右 Ctrl 键是否按下；第 4 位指示左 Alt 键是否按下；第 5 位指示右 Alt 键是否按下；第 6 位代表大写锁定是否打开，它与 leds 中的对应值是一致的；第 7 位指示 Caps Lock 键是否按下。

lshift 用于处理左 Shift 键的通码，只需要将左 Shift 键所对应的标志位置为 1 即可（第 6 行）。unlshift 用于处理左 Shift 键的断码，与处理通码相对应，应该把标志位清零（第 10 行）。右 Shift 键的原理是一样的。Ctrl 键稍有不同，它的左右是通过前导 0xE0 进行区分的。

然后来看 Caps Lock 键的处理函数，如代码清单 5-9 所示。

代码清单 5-9　Caps Lock 键的处理函数

```
1   void kb_wait() {
2       unsigned char a;
3       while(1) {
```

```
4              a = inb(0x64);
5              if (a == 0x2)
6                  return;
7          }
8      }
9
10     void set_leds() {
11         kb_wait();
12         outb(0xed, 0x60);
13         kb_wait();
14         outb(leds, 0x60);
15     }
16
17     void caps() {
18         if (mode & 0x80)
19             return;
20
21         leds ^= 0x4;
22         mode ^= 0x40;
23         mode |= 0x80;
24         set_leds();
25     }
26
27     void uncaps() {
28         mode &= 0x7f;
29     }
```

Caps Lock 键被按下的时候，内核会执行 caps 函数将 mode 的第 6 位和 leds 的第 2 位通过异或操作取反（第 21 行和第 22 行）。这里有一点特殊的是，mode 的第 7 位，也就是最高位，当 Caps Lock 键被按下时，该位会被置 1，代表 Caps Lock 键已经被按下了。如果一直长按一个键，键盘控制器就会连续地产生通码，通过第 7 位可以检查。如果 Caps Lock 键被长按住，那么第一个通码会使得 mode 的最高位置 1，这样后面的通码就会被忽略掉（第 18 行和第 19 行）。当 Caps Lock 键被释放，则执行 uncaps 函数，将 mode 的最高位清空。

除了把 mode 的最高位置位以外，处理 Caps 键还要通过 I/O 指令点亮键盘上的大写锁定灯。该操作主要是通过向 0x60 端口发送控制字来完成的，具体做法是先向 0x60 端口发送控制命令 0xed，然后再发送指示灯的状态字 leds。

而处理 Scroll Lock 键和 Num Lock 键是比较简单的，因为键盘控制器在处理长按这两个按键操作时并不会重复产生通码，所以只需要在相应的按键处理函数中对相应标志位进行异或操作以改变它们的状态即可。会对普通按键造成影响的大写锁定、Shift 键和 Ctrl 键都已经处理好了，接下来就可以处理普通字符了，如代码清单 5-10 所示。

代码清单 5-10　处理普通字符

```
1   void do_self() {
2       char* rmap = key_map;
3       char c = 0;
4       if (mode & 0x3) // shift
5           rmap = shift_map;
6
7       c = rmap[scan_code];
8       if (!c)
9           return;
10
11      if (mode & 0x4c) {
12          if (c >= 'a' && c <= '}')
13              c -= 0x20;
14          if (mode & 0xc && c >= 64 && c < 96)
15              c -= 0x40;
16      }
17
18      PUTCH(c, &read_q);
19  }
```

当键盘上的按键 'a' 被按下，keyboard_handler 会先通过扫描码在 key_table 中找到相应的处理函数。按键 'a' 的通码是 0x1c，对应的处理函数是 do_self。

do_self 函数使用了两个数组：key_map 和 shift_map，这两个数组的下标是键盘通码，对应的值是应该在显示器上回显的字符。当 Shift 键被按下的时候，rmap 就指向 shift_map，如果 Shift 没有被按下，rmap 就指向 key_map。

如果大写锁定打开，mode 的第 6 位就是 1，可以通过 mode 和 0x40 做与运算进行检测。第 11 行的判断用于检查大写锁定是否打开或者 Ctrl 键是否按下，如果条件满足，则把小写字母转换成大写（第 13 行）。

之后再判断 Ctrl 键是否按下：如果是，就代表使用了 Ctrl 键进行组合输入，就要把对应按键的 ASCII 值减去 64，变成控制字符（第 15 行）。

ASCII 码的前 32 位都是控制字符，我们可以通过 "Ctrl+ 字符" 的形式进行输入，这个字符与控制字符相差 0x40，也就是十进制的 64。例如，换行符的 ASCII 码是 10，加 64 得到 74，这正是字符 "J" 的 ASCII 码，所以在键盘上输入 Ctrl+J，就可以产生换行的效果。

将转换后的字符放入 read_q 以后，键盘中断处理函数在最后会调用 do_tty_interrupt，再把这些字符从 read_q 放入 write_q，并回显在屏幕上。接下来就来实现回显函数。

5.1.5 回显字符

5.1.4 节完成了把按键所产生的字符放入输入缓冲区队列中，这一节就来实现将字符在屏幕上进行回显。内核引入了一个重要的函数 copy_to_cooked，来把键盘输入缓冲区内的字符复制到辅助缓冲区 secondary，再根据控制台的相关参数来决定如何在屏幕上回显。如果需要回显，则把相应的字符也放入 write_q，然后由 con_write 函数写入显存。

接下来分步骤来实现 copy_to_cooked 函数，第一步先把字符直接放入输出缓冲区。当前，secondary 辅助队列尚未实现，所以这里只关注回显的情况。处理输出字符的代码如代码清单 5-11 所示。

代码清单 5-11　处理输出字符

```
1   /* kernel/chr_drv/tty_io.c */
2   void copy_to_cooked() {
3       signed char c;
4
5       while (!EMPTY(&read_q)) {
6           c = GETCH(&read_q);
7           if (c == 10) {
8               PUTCH(10, &write_q);
9               PUTCH(13, &write_q);
10          }
11          else if (c == 8 || c == 9 || c == 13) {
12              PUTCH(c, &write_q);
13          }
14          else if (c < 32) {
15              PUTCH('^', &write_q);
16              PUTCH(c + 64, &write_q);
17          }
18          else
19              PUTCH(c, &write_q);
20
21          con_write();
22      }
23  }
24
25  void do_tty_interrupt() {
26      copy_to_cooked();
27  }
28
```

```
29  void con_write() {
30      int nr;
31      char c;
32
33      nr = CHARS(&write_q);
34
35      while(nr--) {
36          c = GETCH(&write_q);
37          if (c > 31 && c < 127) {
38              if (x >= video_num_columns) {
39                  x -= video_num_columns;
40                  pos -= video_size_row;
41                  lf();
42              }
43
44              *(char *)pos = c;
45              *(((char*)pos) + 1) = attr;
46              pos += 2;
47              x++;
48          }
49          else if (c == 10 || c == 11 || c == 12)
50              lf();
51          else if (c == 13)
52              cr();
53          else if (c == 127) {
54              del();
55          }
56          else if (c == 8) {
57              if (x) {
58                  x--;
59                  pos -= 2;
60              }
61          }
62          else if (c == 9) {
63              c=8-(x&7);
64              x += c;
65              pos += c<<1;
66              if (x > video_num_columns) {
67                  x -= video_num_columns;
68                  pos -= video_size_row;
69                  lf();
```

```
70                  }
71                  c = 9;
72              }
73          }
74
75      gotoxy(x, y);
76      set_cursor();
77  }
```

copy_to_cooked 函数的主要逻辑是从 read_q 中不断读取字符，并将它写入 write_q 中，如果遇到了换行符 10，就添加一个回车符 13，这样可以使光标自动回到下一行的开头处（第 8~10 行）。

如果遇到了制表符（9）、退格符（8）、回车符（13）就不做处理，直接放到 write_q（第 11~13 行）。

如果字符不是上述三种特殊符号，并且值小于 32，就说明这个字符是控制字符，那就在显示器上使用两个字符进行回显，第一个字符是"^"，第二个字符是该控制字符加上 64，这就完成了控制字符的转义。换行、制表、退格、回车符不会被转义。

con_write 函数负责将 write_q 中的字符回显到显示器，对于普通字符，直接将它显示在屏幕上即可（第 37~48 行）。对于换行符 10 和垂直制表符 11 以及换页符 12，都是调用 lf 函数进行换行。如果遇到回车符 13，则使用 cr 将光标移到行首。对于退格字符 8，则将光标左移，并不删除字符，这和 del 字符并不相同。

对于制表符 9，先对当前光标位置以 8 字节为单位向上取整作为目标位置，计算出目标位置与当前位置的差（第 63 行），然后把光标移到目标位置。如果目标位置大于一行的长度，则需要进行换行处理（第 66~73 行）。

在 Linux 的字符模式下，系统可以处理很多特殊字符，例如 Ctrl + U 可以消除一行，Ctrl + C 用于杀死当前进程，还有 F1、F2 等功能按键，以及上下左右等方向键。这些按键有的会引发特殊动作，有的会修改终端状态，这一节将对这些特殊按键进行介绍。在远程打字机的时代，操作员在本地的按键会被完整地发送到远端，为了正确地输入和发送这些按键，人们对按键进行了转义。例如，Ctrl 和字母的组合用于输入控制字符，向上的方向键被编码成"Esc [A"这样的控制序列，其中的"Esc"是指控制字符 0x1b。这种编码方式在现在的很多远程控制工具中还能看到，比如 sftp 等。内核已经支持了通过 Ctrl 组合键输入控制字符，接下来就实现方向键和功能键的输入，如代码清单 5-12 所示。

代码清单 5-12　支持方向键和功能键

```
1  /* kernel/chr_drv/kboard.c */
2  char* cur_table = "HA5 DGC YB623";
3  char* num_table = "789 456 1230.";
4
```

```
5   void cursor() {
6       char c = 0;
7       scan_code -= 0x47;
8       if (scan_code < 0 || scan_code > 12) return;
9       if (e0 || (leds & 0x2)) {
10          c = cur_table[scan_code];
11          if (c < '9') {
12              PUTCH('~', &read_q);
13          }
14          PUTCH(0x1b, &read_q);
15          PUTCH(0x5b, &read_q);
16      }
17      else {
18          c = num_table[scan_code];
19      }
20      PUTCH(c, &read_q);
21  }
22
23  void func() {
24      scan_code -= 0x3b;
25      if (scan_code > 9) {
26          scan_code -= 18;
27      }
28      if (scan_code < 0 || scan_code > 11) {
29          return;
30      }
31      PUTCH(0x1b, &read_q);
32      PUTCH(0x5b, &read_q);
33      PUTCH(0x5b, &read_q);
34      PUTCH('A' + scan_code, &read_q);
35  }
36
37  void minus() {
38      if (e0 == 1) {
39          PUTCH('/', &read_q);
40          return;
41      }
42      do_self();
43  }
```

方向键向上的转义字符是"Esc[A"，向下的是"Esc[B"，它们的前导字符是一样的，只是最后一位字符不相同。向右的最后一个字符是"D"，向左的是"C"。这段代码将方向键所对应的最后一位字符编码到 cur_table 中。第 7 行将 scan_code 转换成数组下标。通过表 5-2 可以看到，向上的方向键和小键盘的 8 的扫描码是一样的，只是普通的方向键的扫描码多了前导 e0。如果 e0 置位或者数字锁定关闭，就表示当前按键应该是起控制方向的作用（第 9 行）。所以就应该去 cur_table 中去查最后一个字符，并且把 0x1b（控制字符 Esc），0x5b（字符 '['）和最后一个字符依次放入 read_q 中。如果数字锁定打开，就应该去 num_table 中查找字符，这代表一个普通的数字。

功能键的处理相对简单，只要注意到 F11 和 F12 的扫描码与 F1～F10 的扫描码并不连续即可。功能键的转义序列是"Esc[[x"，其中 x 代表从字母 A～L 的 12 个字母，分别对应 F1～F12 的 12 个功能键。

减号有点特殊，当它有前导 0xe0 时，就代表了小键盘上的除号键被按下，否则仍然调用 do_self 进行处理。

现在重新编译运行可以发现，Shift 键、回车键的功能都是正常的，Ctrl+J 的组合键、制表符等都可以正常工作，Ctrl+C 和 Ctrl+D 等组合键也被正确地显示了。但是方向键还是不能正常工作，屏幕上会打印"^[[A"，如图 5-2 所示。这是因为相关的控制字符在从 read_q 放入 write_q 的过程中被转义了，以在屏幕上回显。

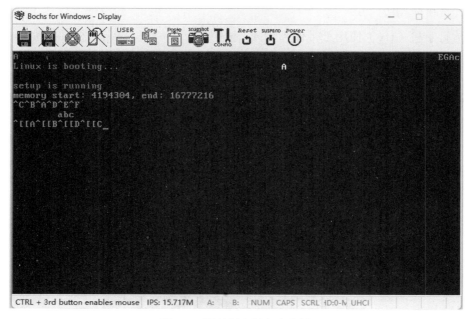

图 5-2　回显组合键和方向键

那如果想要让方向键等特殊按键起作用又该怎么办呢？下一节就来解决这个问题。

5.2 优化输入功能

在显示器上对输入进行回显是一项复杂的任务，实际上，不仅是键盘的输入可以回显，用户态程序主动往显示器上打印的内容也可以进行回显。这些数据可能来自文件，也可能来自网络，甚至是串口通信的信息，如何对这些数据进行回显也是一件需要小心对待的事情。

还要注意，有一些按键需要回显，比如在标准 C 语言中使用 scanf 时使用键盘输入的正常字符应该回显，但是按下方向键就不应该回显，而是应该移动光标。本节就将完成这些复杂的控制，在实现控制算法的时候，必然需要一些数据结构的支撑，所以先从抽象 tty 结构开始。

5.2.1 控制台和远程终端

有人会混用 tty、console、terminal 和 shell 这几个词。但实际上，这 4 个词在操作系统中是有明确区别的，作为操作系统的开发人员，必须对它严格地加以区分（参见 3.2.1 节）。

早期的计算机主机价格昂贵而且体积庞大，每台主机通常都有一个专门的操作台用于控制它，这就是控制台（Console）。控制台上有各种仪表盘、指示灯、按钮，操作人员通过控制台进行计算机的启动、运行、停止，运算结果也会反馈到控制台。

随着计算机技术的发展，出现了多用户操作系统，例如 UNIX。多用户操作系统允许每个用户通过终端设备（terminal）与主机连接，每个用户都可以通过终端设备登录到系统获得计算机使用权。

电传打字机（tty）使用纸带作为输入/输出媒介，一旦操作出错很难修改。从 20 世纪 70 年代末期开始，电子视频终端开始取代电传打字机成为主流的终端设备。这种设备允许用户在传给主机之前修改输入信息，1978 年 Digital 公司发布的 VT100 时至今日仍然是终端的事实标准。图 5-3 中展示了 VT100 终端的真实样貌。Linux 0.11 的终端也采用了与 VT100 兼容的工作方式。

图 5-3　VT100 终端

随着操作系统发展出内核的概念，软件进一步分层，shell 的概念才与 kernel 一起出现，它的作用是向用户提供各种接口，但它本身并不是内核的一部分，而是连接用户和内核的一个应用程序。

随着主机的小型化，终端设备慢慢退出历史舞台，但是操作系统源码中仍然大量保留了与 tty 相关的代码和命令。Linux 是一个多用户多进程的操作系统，允许多个终端登录，每个终端可以互不影响，所以内核就使用一个新的数据结构 tty_struct 来管理终端。Linux 系统中的 tty 除了键盘和显示器之外，还包括串口通信，它们都统一成 tty_struct，这使得代码更容易维护。tty 结构体的定义代码清单 5-13 所示。

代码清单 5-13　定义 tty 结构体

```
1  /*include/linux/tty.h*/
2  #define ERASE_CHAR(tty) ((tty)->termios.c_cc[VERASE])
3  #define KILL_CHAR(tty) ((tty)->termios.c_cc[VKILL])
4  #define EOF_CHAR(tty) ((tty)->termios.c_cc[VEOF])
5  #define START_CHAR(tty) ((tty)->termios.c_cc[VSTART])
6  #define STOP_CHAR(tty) ((tty)->termios.c_cc[VSTOP])
7
8  struct tty_struct {
9      struct termios termios;
10     int pgrp;
11     int stopped;
12     void (*write)(struct tty_struct * tty);
13     struct tty_queue read_q;
14     struct tty_queue write_q;
15     struct tty_queue secondary;
16 };
17
18 /* 部分代码略 */
19 #define INIT_C_CC
       "\003\034\177\025\004\0\1\0\021\023\032\0\022\017\027\026\0"
20
21 /*include/termios.h*/
22 #define NCCS 17
23 struct termios {
24     unsigned short c_iflag;
25     unsigned short c_oflag;
26     unsigned short c_cflag;
27     unsigned short c_lflag;
28     unsigned char c_line;
```

```
29      unsigned char c_cc[NCCS];
30  };
31
32  #define VINTR 0
33  #define VQUIT 1
34  #define VERASE 2
35  #define VKILL 3
36  #define VEOF 4
37  #define VTIME 5
38  #define VMIN 6
39  #define VSWTC 7
40  #define VSTART 8
41  #define VSTOP 9
42  #define VSUSP 10
43  #define VEOL 11
44  #define VREPRINT 12
45  #define VDISCARD 13
46  #define VWERASE 14
47  #define VLNEXT 15
48  #define VEOL2 16
49
50
51  /*kernel/chr_drv/tty_io.c*/
52  struct tty_struct tty_table[] = {
53      {
54          {
55              ICRNL,
56              OPOST | ONLCR,
57              0,
58              ISIG | ICANON | ECHO | ECHOCTL | ECHOKE,
59              0,
60              INIT_C_CC
61          },
62          0,
63          0,
64          con_write,
65          {0, 0, 0, 0, ""},
66          {0, 0, 0, 0, ""},
67          {0, 0, 0, 0, ""},
68      }
69  };
```

在 tty_struct 中封装了三个队列，上一节只定义了 read_q 和 write_q。但是当需要控制回显的时候，两个队列显然不足以完成任务，例如制表符如果直接回显就是"^I"，但大多数情况下，人们希望它向右移动到 8 的整数倍的位置。要实现这个功能就应该把 read_q 和 write_q 解耦合，让回显的字符进入 write_q，让方向键、功能键、制表符等特殊按键进入一个新的缓冲队列，这个队列就是 secondary。

tty_struct 结构中的 pgrp 代表终端所属进程组，stopped 用于标记当前终端是否已停止，write 是一个函数指针，不同的终端的写字符的实现方式不一样，所以这里使用了一个函数指针来指向各自的处理函数。如果读者对 C++ 有所了解就会发现，这种设计已经非常类似于面向对象编程了，尽管 Linux 是使用 C 语言实现的，C 语言中没有提供面向对象编程的基础设施，但一样可以应用面向对象的设计思想。

最后来看 termios 这个结构，这个结构中的 iflag 用于控制输入，例如 INLCR 用于指示输入时将换行符 NL 映射成回车符 CR。oflag 用于控制输出，例如 OLCUC 用于指示在输出时将小写字符转换成大写字符。cflag 主要用于串口通信，因为本书不打算实现串口通信，所以这里就不再介绍它的作用了。lflag 是本地模式标志，例如 ECHO 用于指示是否开启本地回显。这些选项是终端生产厂家定义的，这里不会详细列出所有的选项，Linux 也没有全部使用这些选项。每个控制选项只有在被使用的时候才会详细介绍。c_line 也是用于串口通信的，这里同样不再介绍。

INIT_C_CC 则是终端定义的控制字符，每种类型的终端所支持的控制字符各不相同，Linux 采用了 17 个特殊字符。比如第一个特殊字符是中断字符，也就是 003，这是八进制的 3。它可以使用 Ctrl+C 由键盘输入，因为字符 C 的 ASCII 码是 67，使用组合键进行输入的时候，真正被放入 read_q 队列中的字符是 67 减 64，结果就是 3。

第 32 行至 48 行定义了控制字符的下标，例如 VINTR 的值是 0，代表控制字符数组的第 0 位是中断符，这正对应 Ctrl+C。VKILL 的值是 3，代表控制字符数组的第 3 位是终止字符，它的作用是删除一行，它的值是 025，也就是十进制的 21，可以通过 Ctrl+U 输入，诸如此类。

引入了 tty_struct 之后，就可以使用它来重构键盘输入的处理行为了，如代码清单 5-14 所示。

代码清单 5-14　重构键盘输入处理

```
1   /* kernel/chr_drv/tty_io.c */
2   void copy_to_cooked(struct tty_struct * tty) {
3       signed char c;
4
5       while (!EMPTY(&tty->read_q) && !FULL(tty->secondary)) {
6           c = GETCH(&tty -> read_q);
7
```

```
 8              if (c == 13) {
 9                  if (I_CRNL(tty))
10                      c = 10;
11                  else if (I_NOCR(tty))
12                      continue;
13              }
14              else if (c == 10 && I_NLCR(tty))
15                  c = 13;
16
17              if (I_UCLC(tty))
18                  c = tolower(c);
19
20              if (L_CANON(tty)) {
21                  if (c == KILL_CHAR(tty)) {
22                      while (!(EMPTY(&tty->secondary) ||
23                              (c = LAST(tty->secondary)) == 10 ||
24                              c == EOF_CHAR(tty))) {
25                          if (L_ECHO(tty)) {
26                              if (c < 32)
27                                  PUTCH(127, &tty->write_q);
28                              PUTCH(127, &tty->write_q);
29                              tty->write(tty);
30                          }
31                          DEC(tty->secondary.head);
32                      }
33                      continue;
34                  }
35
36                  if (c == ERASE_CHAR(tty)) {
37                      if (EMPTY(&tty->secondary) ||
38                          (c = LAST(tty->secondary)) == 10 ||
39                          c == EOF_CHAR(tty))
40                          continue;
41                      if (L_ECHO(tty)) {
42                          if (c < 32)
43                              PUTCH(127, &tty->write_q);
44                          PUTCH(127, &tty->write_q);
45                          tty->write(tty);
46                      }
47                      DEC(tty->secondary.head);
48                      continue;
```

```
49              }
50
51              if (c == STOP_CHAR(tty)) {
52                  tty->stopped = 1;
53                  continue;
54              }
55
56              if (c == START_CHAR(tty)) {
57                  tty->stopped = 0;
58                  continue;
59              }
60          }
61
62          if (c == 10 || c == EOF_CHAR(tty))
63              tty->secondary.data++;
64
65          if (L_ECHO(tty)) {
66              if (c == 10) {
67                  PUTCH(10, &tty->write_q);
68                  PUTCH(13, &tty->write_q);
69              }
70              else if (c < 32) {
71                  if (L_ECHOCTL(tty)) {
72                      PUTCH('^', &tty->write_q);
73                      PUTCH(c + 64, &tty->write_q);
74                  }
75              }
76              else
77                  PUTCH(c, &tty->write_q);
78              tty->write(tty);
79          }
80          PUTCH(c, &tty->secondary);
81      }
82  }
```

注意，上述代码中原来使用的 read_q 和 write_q 现在都被封装在 tty 结构中了，所以之前的直接操作队列的写法都做了相应的修改。

5.2.1 节所实现的 copy_to_cooked 函数只是不断地把字符取出来，然后放入写缓冲区队列中，在显示器上进行回显。这一节引入了 secondary 队列，利用 copy_to_cooked 函数就把字符写入这个辅助队列了。如图 5-4 所示，当键盘输入被放到辅助队列以后，用户会通过 read 函数把它们再读入自己的用户缓冲区中，下一步如何处理将由用户决定。用户可能会把它们写入文件，也可能发送到串口，也有可能再次打印到屏幕上。这就带来了巨大的灵活性。辅助队列和用户缓冲区交互流程如图 5-4 所示。

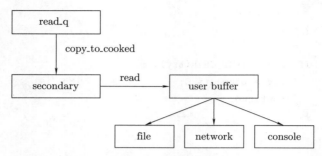

图 5-4　辅助队列和用户缓冲区交互流程

　　第 5 行开启的大循环，只要输入缓冲区不为空，辅助队列还有空间就一直循环，从输入缓冲区里取出字符。如果 I_CRNL 标志打开，就代表在输入时要将回车符变成换行符，所以遇到回车符 13 时，就将字符转换成换行符 10（第 9 行和第 10 行）。如果 I_NOCR 标志打开，就代表在输入时忽略回车符，所以遇到回车符就直接跳到下一次循环（第 11 行和第 12 行）。如果输入时大写转小写的标志打开就使用 tolower 尝试将字符转换成小写（第 17 行和第 18 行）。这个函数的实现在 lib/ctype.c 中，实现比较简单，就不再列出它的代码了，请读者自行查看随书代码。

　　L_CANON 标志用于指示终端输入是否处于规范模式。在规范模式下，终端在进行输入时，遇到以下字符需要做特殊处理。

- ❑ ERASE：擦除字符，遇到这个字符时就要删除缓冲队列中的最后一个字符。若队列中的上一个字符属于上一行，则不做任何处理。擦除字符本身会被忽略。
- ❑ KILL：删除一行，删除缓冲队列中的最后一行字符，该字符被忽略。
- ❑ EOL 和 EOL2：行结束字符，当作回车符处理。
- ❑ EOF 文件结束符：当作回车符处理。在输入时遇到该字符就结束处理，该字符将被忽略。

这些字符定义如下所示：

```
1   /* include/linux/tty.h */
2   #define ERASE_CHAR(tty) ((tty)->termios.c_cc[VERASE])
3   #define KILL_CHAR(tty) ((tty)->termios.c_cc[VKILL])
4   #define EOF_CHAR(tty) ((tty)->termios.c_cc[VEOF])
5   #define START_CHAR(tty) ((tty)->termios.c_cc[VSTART])
6   #define STOP_CHAR(tty) ((tty)->termios.c_cc[VSTOP])
```

可见，这些字符都是定义在 tty 结构中的特殊控制字符，因为不同终端的控制字符各不相同，使用宏定义的做法可以避免硬编码。如果规范模式未打开，则不对控制字符进行处理。

根据上述规则，第 21 行至 34 行的分支语句就是在处理 KILL 字符，这段程序从后向前删除字符，直到遇见换行符或者 EOF 字符。从辅助队列里删除字符，只要将它的 head 值减 1 即可（第 31 行）。L_ECHO 代表开启本地回显，意味着字符除了被放入辅助队列，还会被放入 write_q，用于将键盘输入显示到屏幕上。在这种情况下再遇到 KILL 字符，就向输出队列写入 127，代表 del 字符。遇到控制字符需要多写入一个 del 字符，这是因为在回显控制字符时，多加了一个前导符号 "^"。第 36 行至 49 行是处理 ERASE 字符，逻辑和 KILL 字符很相似。

这段代码所使用的终端标志定义在 termios 结构的 iflag 和 lflag 中，如代码清单 5-15 所示。

代码清单 5-15　终端标志

```
1   // iflag
2   #define INLCR   0000100
3   #define IGNCR   0000200
4   #define ICRNL   0000400
5   #define IUCLC   0001000
6
7   // lflag
8   #define ICANON  0000002
9   #define ECHO    0000010
10  #define ECHOCTL 0001000
11
12  /* kernel/chr_drv/tty_io.c */
13  #define _L_FLAG(tty,f)  ((tty)->termios.c_lflag & f)
14  #define _O_FLAG(tty,f)  ((tty)->termios.c_oflag & f)
15  #define _I_FLAG(tty,f)  ((tty)->termios.c_iflag & f)
16
17  #define L_CANON(tty)        _L_FLAG((tty),ICANON)
18  #define L_ECHO(tty)         _L_FLAG((tty),ECHO)
19  #define L_ECHOCTL(tty)      _L_FLAG((tty),ECHOCTL)
20
21  #define I_UCLC(tty)         _I_FLAG((tty),IUCLC)
22  #define I_NLCR(tty)         _I_FLAG((tty),INLCR)
23  #define I_CRNL(tty)         _I_FLAG((tty),ICRNL)
24  #define I_NOCR(tty)         _I_FLAG((tty),IGNCR)
```

以 I_CRNL 举例，它本质上是一个宏定义，代表了 iflag 和 ICRNL 这个常量的与操作，这是检查相应标志位是否置位的典型做法。实际上，终端的生产厂家曾经引入过很多标志，Linux 并没有全部支持，这里列出的几个是 Linux 0.11 可以支持的，这已经能支持大多数软件的运行了。

经过重构以后，copy_to_cooked 将需要回显的字符放入写缓冲队列，把经过规范化处理的字符写入辅助队列。假如现在编译执行，点击向上的方向键，0x1b、0x5b、0x41 这三个字符会被放在 secondary 队列，同时屏幕上会打印出 "^[[A"，这是因为 0x1b 会被转义成 "^[" 这两个字符。但这仍然不能使方向键起作用，所以接下来就要进一步从辅助队列中取出这三个字符并交给 write_q 进行处理。

但是 secondary 队列中的字符是不能直接放到 write_q 中去的，要达成这个目的，还需要借助用户态缓冲区，而且用户态程序将 secondary 中的数据复制进用户态缓冲区以后，也可以根据自己的需求对键盘输入进行特别的处理。而这个动作正是 read 函数的功能，下一节就来实现 read 函数。

5.2.2　系统调用 read 函数

5.2.1 节将键盘输入的字符放到了显示器对应的写缓冲队列中用于回显，同时还把字符也放在辅助队列 secondary 中。本节将实现系统调用 read 函数，并将字符读入用户缓冲区。5.2.1 节已经准备好所有的数据结构，这一节实现 read 函数就水到渠成了。

read 函数的第一个参数是文件描述符。每个进程在打开一个文件的时候，都会得到一个整数作为文件描述符，当进行文件读写的时候，进程就使用文件描述符作为参数，对这个文件进行相应的操作。而控制台的进程默认会打开三个文件，分别是 0 号、1 号和 2 号文件。0 号文件对应键盘，也被称为标准输入，简写为 stdin，进程就是通过对 0 号文件进行读操作来从键盘上获得输入的。1 号文件对应屏幕输出，也被称为标准输出，简写为 stdout，2 号文件也对应屏幕，但主要用于打印错误信息，被称为标准错误，简写为 stderr。

因为现在的内核还没有实现文件相关的功能，所以对于标准输入，只能通过硬编码绕过去，也就是说，当文件描述符为 0 时，read 可以直接调用 tty_read 读入字符。

第一步，先定义 read 函数的原型，第 4 章中介绍过 fork 函数的实现，所以这里再实现 read，读者一定不会陌生。read 函数的定义如代码清单 5-16 所示。

代码清单 5-16　定义 read 函数

```
1   /* include/unistd.h */
2   #define _syscall3(type,name,atype,a,btype,b,ctype,c) \
3   type name(atype a, btype b, ctype c) {                  \
4       long __res;                        \
5   __asm__ volatile("int $0x80\n\r"\
6           : "=a"(__res)            \
7           : "a"(__NR_##name), "b"((long)a), "c"((long)b), "d"((long)c));
```

```
           \
8      if (__res >= 0)            \
9          return (type)__res;    \
10     errno = -__res;            \
11     return -1;                 \
12  }
13
14  /* lib/file.c */
15  #define __LIBRARY__
16  #include <unistd.h>
17
18  _syscall3(int,read,int,fd,const char *,buf,off_t,count)
```

　　_syscall3 的意思是这个函数带有三个参数，因为 fork 不带参数，所以使用宏 _syscall0 来定义，而 read 则带有三个参数。这个宏展开以后，实际上就是本节一开始手写的那段汇编代码，将 read 函数所对应的编号送入 eax 寄存器，将第一个参数，即文件描述符送入 ebx 寄存器，第二个参数代表用户缓冲区地址，送入 ecx 寄存器，第三个参数代表长度，送入 edx 寄存器。其中，__NR_read 的值为 3，是 sys_read 在 sys_call_table 中的序号，通过这个序号，system_call 就可以通过这个编号正确地调用到 sys_read。如果读者对这一点还有疑问，可以翻阅第 4 章 fork 函数的实现。

　　第三步，实现 sys_read 函数，read 函数的第一个参数是文件描述符，但因为现在的内核还不支持文件操作，要对文件描述符这个参数进行硬编码来绕过，它的代码如下所示：

```
1  int sys_read(unsigned int fd,char * buf,int count) {
2      if (fd == 0) {
3          return tty_read(0, buf, count);
4      }
5
6      return 0;
7  }
```

　　通过这种方式，程序将对标准输入的调用转向了 tty_read 函数。

　　最后一步就是实现 tty_read 函数。它的主要逻辑就是从 secondary 队列中取出字符，然后逐个放入用户缓冲区，它的实现如代码清单 5-17 所示。

代码清单 5-17　实现 tty_read 函数

```
1  /* kernel/chr_drv/tty_io.c */
2  int tty_read(unsigned channel, char * buf, int nr) {
3      struct tty_struct * tty;
4      char c, * b=buf;
```

```
 5
 6     if (channel > 2 || nr < 0)
 7         return -1;
 8
 9     tty = tty_table + channel;
10
11     while (nr > 0) {
12         if (EMPTY(&tty->secondary) || (L_CANON(tty) &&
13             !FULL(tty->read_q) && !tty->secondary.data)) {
14             interruptible_sleep_on(&tty->secondary.proc_list);
15             continue;
16         }
17
18         do {
19             c = GETCH(&tty->secondary);
20             if ((c == EOF_CHAR(tty)) || (c == 10)) {
21                 tty->secondary.data--;
22             }
23             if ((c == EOF_CHAR(tty)) && L_CANON(tty)) {
24                 return (b - buf);
25             }
26             else {
27                 put_fs_byte(c,b++);
28                 if (!--nr)
29                     break;
30             }
31         } while (nr>0 && !EMPTY(&tty->secondary));
32
33         if (L_CANON(tty) && (b - buf)) {
34             break;
35         }
36     }
37
38     return (b - buf);
39 }
```

和 copy_to_cooked 函数一样，tty_read 的实现也要受到 tty 的标志位的影响。例如，第 12 行的条件判断，当 tty 的 CANON 标志打开，这意味着要对字符的输入和输出进行规范化，这时候，read 函数是以行为单位进行数据读取的，而 secondary 的 data 属性就是描述缓冲区中有多少行数据的。所以，如果 secondary 中的 data 为 0，那就说明当前行还没有结束，这种情况下进程就应该休眠等待。

还应该注意第 27 行，往用户态的缓冲区里复制字符要使用 put_fs_byte，写用户态缓冲区的代码很简短，如代码清单 5-18 所示。

代码清单 5-18　写用户态缓冲区

```
1   void put_fs_byte(char val,char *addr) {
2       __asm__ ("movb %0,%%fs:%1"::"r" (val),"m" (*addr));
3   }
```

但读者一定要意识到，fs 寄存器的值是 0x17，它指向了局部描述符表中的 data 段，也就是用户空间。而 put_fs_byte 本身是运行在内核态的，这是一个从内核向用户空间复制数据的函数。到此为止，read 的实现就完成了。为了验证 read 函数是否正确，可以改写 test_a 程序，如代码清单 5-19 所示。

代码清单 5-19　验证 read 函数

```
1   void test_a(void) {
2       char buf[10];
3       int n = read(0, buf, 10);
4       /* 部分代码略 */
5   }
```

在 test_a 的入口处增加一次 read 调用，编译并运行内核就会发现，原来红色的字符 A 和白色的字符 B 交替打印的情况消失了，屏幕上只剩下白色的 B 了。这是因为执行 test_a 函数的进程在执行 read 函数的过程中进入了休眠状态。只有当用户通过键盘输入一行字符并敲下回车键的时候，这个进程才会被唤醒，继续往下执行，这时屏幕左上角的交替打印就又出现了。

通过 read 函数，内核将用户的键盘输入读取到用户缓冲区，如果我们进一步想把这个缓冲区的值再打印回屏幕，却还做不到，这是因为到现在为止，操作系统还没提供用户态空间的打印函数。下一节就将实现系统调用 write 来实现这个功能。

5.3　优化输出功能

针对图 5-1 的流程，前边的几节已经实现了其中的前两个步骤，这一节将会完成最后一个步骤，实现用户态的打印函数，也就是 printf。实际上，printf 的实现要依赖系统调用 write，所以接下来先实现 write 这个系统调用。

5.3.1　向标准输出写字符串

在 Linux 系统上向控制台上输出字符串有很多种办法，其中有一个办法是可以不使用任何头文件，那就是使用系统调用 write。例如下面这个程序：

```
1   void sayHello() {
```

```
2      const char* s = "hello\n";
3      __asm__("int $0x80\n\r
4              ::"a"(4), "b"(1), "c"(s), "d"(6):);
5  }
6
7  int main() {
8      sayHello();
9      return 0;
10 }
```

在标准 Linux 上编译执行这段代码，可以在标准输出上打印出 "hello"，这是使用了 write 系统调用。相比使用 printf 需要引入头文件 "stdio.h" 进行打印，这段代码并没有使用任何头文件，但一样可以在控制台上进行打印。这是因为代码使用了 0x80 号中断进行 Linux 系统调用。系统调用号在 eax 中，也就是 4，代表调用的是 write。第一个参数在 ebx 中，其值为 1，代表控制台的标准输出；第二个参数是字符串"hello"的地址，存储在 ecx 中；第三个参数是字符串的长度，也就是 6，存储在 edx 中。通过中断，绕开了 C 语言的 printf。

因为现在还没有实现文件相关的功能，和 read 中处理标准输入的方法类似，这里也使用硬编码的办法将它绕过去。当文件描述符为 1 时，write 就直接调用 con_write 向屏幕输出字符。

第一步，先定义 write 函数的原型，如代码清单 5-20 所示。

代码清单 5-20　定义 write 函数的原型

```
1  /*lib/file.c*/
2
3  _syscall3(int,write,int,fd,const char *,buf,off_t,count)
```

这个定义和 read 函数完全一样，它也是一个带有三个参数的系统调用，读者可以与 read 函数的实现相互比对，read 和 write 几乎是对称的。

第二步，实现 sys_write 方法，当第一个参数为 1 时，直接调用 tty_write，以此绕过文件的相关实现。

```
1  int sys_write(unsigned int fd,char * buf,int count) {
2      if (fd == 1) {
3          return tty_write(0, buf, count);
4      }
5
6      return 0;
7  }
```

第 3 行的 0 代表的是 tty 的编号，键盘和显示器所对应的 tty 结构在 tty_table 中的序号就是 0。另外，要格外注意的一点是，CPU 在执行 write 函数的时候是运行在用户态的，但执行 sys_write 函数的时候是运行在内核态的。这将会影响到接下来的实现。

最后一步是实现 tty_write 方法，如代码清单 5-21 所示。

代码清单 5-21　tty_write 方法

```
1   int tty_write(unsigned channel, char* buf, int nr) {
2       static int cr_flag = 0;
3       struct tty_struct * tty;
4       char c, *b=buf;
5
6       if (channel > 2 || nr < 0)
7           return -1;
8
9       tty = tty_table + channel;
10
11      while (nr > 0) {
12          sleep_if_full(&tty->write_q);
13
14          while (nr>0 && !FULL(tty->write_q)) {
15              c = get_fs_byte(b);
16              if (O_POST(tty)) {
17                  if (c=='\r' && O_CRNL(tty))
18                      c = '\n';
19                  else if (c=='\n' && O_NLRET(tty))
20                      c = '\r';
21
22                  if (c=='\n' && !cr_flag && O_NLCR(tty)) {
23                      cr_flag = 1;
24                      PUTCH(13, &tty->write_q);
25                      continue;
26                  }
27
28                  if (O_LCUC(tty)) {
29                      c = toupper(c);
30                  }
31              }
32
33              b++; nr--;
34              cr_flag = 0;
```

```
35              PUTCH(c, &tty->write_q);
36          }
37          tty->write(tty);
38          if (nr>0)
39              schedule();
40      }
41      return (b-buf);
42  }
```

第 16 行的 O_POST 用于判断是否要对输入进行处理，如果这个标志关闭了，就不必对输出字符串做任何处理。如果需要处理的话，就根据标志位处理回车和换行，以及大小写转换。第 35 行，将字符放入显示器的 write_q 队列中去。最终，第 37 行真正地调用 write 方法写到显示器，并在第 41 行返回写入的字符串的长度。

第 15 行的 get_fs_byte 用于取出 buf 中的字符，这个函数的实现原理和 put_fs_byte 的是一样的，都是在内核态直接访问用户空间，所以不能直接使用指针解引用的办法。在后续版本的 Linux 内核中，这个函数被命名为 copy_from_user_space，在很多 I/O 操作的场景中，这一部分的开销都会非常大，所以后来有很多技术在想办法避免内核空间和用户空间的数据复制，这种技术也被称为零复制技术。但 Linux 内核的早期版本，显然并没有过多地考虑这方面的开销。复制用户空间的数据的代码如代码清单 5-22 所示。

代码清单 5-22　复制用户空间的数据

```
1  char get_fs_byte(const char * addr) {
2      unsigned register char _v;
3      __asm__ ("movb %%fs:%1,%0":"=r" (_v):"m" (*addr));
4      return _v;
5  }
```

fs 寄存器里的值是 0x17，代表了局部描述符表的第 2 项，这一项在进程创建的时候就设置成了用户态的数据段。所以这个内联函数的作用就是从用户态的数据段里复制一个字符，并赋值给变量 _v。

在实现了 write 函数以后，就可以进一步实现 printf（用于用户态的格式化打印），printf 的实现如代码清单 5-23 所示。

代码清单 5-23　用户态的格式化打印

```
1  /* lib/file.c */
2  #include <stdarg.h>
3
4  static char printbuf[1024];
5  extern int vsprintf(char* buf, const char* fmt, va_list args);
```

```
6
7   int printf(const char* fmt, ...) {
8       va_list args;
9       int i;
10
11      va_start(args, fmt);
12      write(1, printbuf, i = vsprintf(printbuf, fmt, args));
13      va_end(args);
14
15      return i;
16  }
```

这段代码和 printk 的实现都是借助 vsprintf 函数对字符串进行格式化处理。不同之处在于，printk 是使用 con_print 直接打印到显示器，而 printf 则借助系统调用 write 来实现。

现在可以使用 printf 将 read 的结果进行格式化打印了。从此，用户态的变量就可以使用 printf 进行调试了，这无疑是一个巨大的进步。测试 printf 的代码如代码清单 5-24 所示。

代码清单 5-24　测试 printf

```
1   /* kernel/sched.c */
2
3   void test_a(void) {
4       char buf[10];
5       int n = 0;
6       if ((n = read(0, buf, 10)) > 0) {
7           buf[n] = 0;
8           printf("%d : %s\n\r", n, buf);
9       }
10      /* 部分代码略 */
11  }
```

使用 Tab 键，制表符已经可以正确地由键盘输入，并且在屏幕显示中起作用了。如图 5-5 所示，第一行是本地回显，也就是在键盘输入的过程中，copy_to_cooked 将字符从输入队列直接放入输出队列，再经过转义，就会显示 "^I"，第二行是由 printf 打印出来的，并由连续的两个制表符正确地空出相应的字符。

虽然制表符已经可以使用了，但是方向键还不能起作用。前边介绍过，为了让终端可以把方向键作为输入发送到主机，对它进行了转义，例如向上的按键被转义成 "Esc[A" 三个字符。如何让它能够移动光标呢？这就需要对转义序列进行处理了。

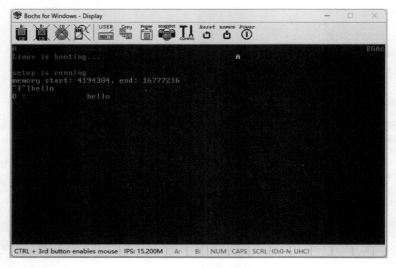

图 5-5　printf 函数显示制表符

5.3.2　ANSI 转义序列

在终端上有很多丰富多彩的交互特效，比如彩色的进度条、多种颜色的文字、多种背景等。实现这个特性需要用到一种名为 ANSI（American National Standards Institute，美国国家标准学会）转义序列的技术，例如下面这个程序就展示了 ANSI 转义序列的一些常见用法。建议读者先尝试运行一次，这样会对 ANSI 转义序列有直观的认识。

```
1  int main() {
2      printf("\x1b[1;31m abc \x1b[0m\n");
3      printf("\x1b[4m abc \x1b[0m\n");
4      printf("abc\x1b[2K\n");
5      return 0;
6  }
```

第 2 行，会打印一行亮红的 abc，第 3 行则会打印带有下划线的 abc，第 4 行虽然一开始打印了 abc，但是后面的转义序列会清空整行，最终结果是这一行是空的。

上述代码就是 ANSI 转义序列的直观例子。最初，几乎每个视频终端制造商都各自添加了特定的转义序列用于执行一些特殊操作，比如把光标置于屏幕上的某个位置，控制终端上文字的字体、色彩、样式等。但是终端制造厂商的特殊控制序列各不相同，为了解决各种标准互不兼容的问题，ANSI 制定了统一的转义序列，这就是现在还在通行的 ANSI 转义序列。

转义序列的常见格式是，以控制字符 ESC（0x1b）开头，后面跟着字符 "["，接下来是参数，常见的参数字符是数字，最后是结尾字符。结尾字符定义了转义序列的功能。例如在 "ESC [4 m" 这一串序列中，"ESC [" 是控制序列的头，4 是参数，m 表示后面文本的属性，当它的参数指定为 4 时，文本就是附带下划线的。再举一个例子："ESC [5;9 H"
可以使屏幕光标移到指令位置，也就是第 5 行、第 9 列。使用转义序列可以实现很多有趣
的功能，比如下面这个实现数字进度条的例子，如代码清单 5-25 所示。

代码清单 5-25　数字进度条

```
1  #include <stdio.h>
2  #include <unistd.h>
3
4  int main() {
5      for (int i = 1; i <= 100; i++) {
6          printf("\x1b[5D %02d%%", i);
7          fflush(0);
8          sleep(1);
9      }
10     printf("\n");
11     return 0;
12 }
```

这个程序的效果是实现了原地跳动的数字，第 6 行使用了 ANSI 转义序列让光标向
左移动 5，然后打印数字 i。其中 "ESC [D" 就代表向左移动光标。

Linux 0.11 所支持的 ANSI 转义序列如表 5-3 所示。

表 5-3　ANSI 转义序列

ANSI 转义序列	说明
\x1b[0m	重置所有属性
\x1b[1m	设置高亮（粗体）
\x1b[2m	设置低亮度（淡色，未广泛支持）
\x1b[4m	下划线
\x1b[5m	闪烁
\x1b[7m	反显（反转前景和背景颜色）
\x1b[8m	隐藏
\x1b[30m	设置前景色为黑色
\x1b[31m	设置前景色为红色
\x1b[32m	设置前景色为绿色
\x1b[33m	设置前景色为黄色
\x1b[34m	设置前景色为蓝色
\x1b[35m	设置前景色为洋红色
\x1b[36m	设置前景色为青色
\x1b[37m	设置前景色为白色
\x1b[40m	设置背景色为黑色
\x1b[41m	设置背景色为红色
\x1b[42m	设置背景色为绿色
\x1b[43m	设置背景色为黄色

（续）

ANSI 转义序列	说明
\x1b[44m	设置背景色为蓝色
\x1b[45m	设置背景色为洋红色
\x1b[46m	设置背景色为青色
\x1b[47m	设置背景色为白色
\x1b[nA	光标上移 n 行
\x1b[nB	光标下移 n 行
\x1b[nC	光标右移 n 列
\x1b[nD	光标左移 n 列
\x1b[n;mH	光标移动到第 n 行第 m 列
\x1b[nJ	擦除屏幕
\x1b[nK	擦除行

接下来，我们就在控制台上实现对转义序列的支持。

5.3.3 支持转义序列

5.3.2 节介绍了转义序列的构成规则，本节就来处理转义序列，对带规则的字符串进行处理，最合适的工具就是有限状态自动机。有限状态自动机由一个有限的内部状态集合和一组控制规则组成，这些规则是用来控制在当前状态下可以接收什么输入，以及接收这些输入以后应转向什么状态。例如图 5-6 中的有限状态机就包含了 3 个状态：状态 0 是自动机的初始状态，从状态 0 出发的箭头标上了字母 a，表示这个状态可以接收字母 a，进入状态 1。从状态 1 出发的箭头有两条，分别是指回自己的箭头 a，和指向状态 2 的箭头 b。也就是说，状态 1 接收字母 a，仍然回到了状态 1，这就意味着自动机可以在处于状态 1 的情况下，接收无穷多个字母 a。而箭头 b 则意味着状态 1 还可以接收字母 b，变成状态 2。

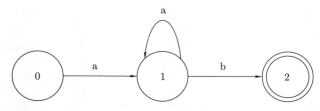

图 5-6　有限状态机举例

状态 2 是比较特殊的一个状态，我们使用两个圈来绘制它，这代表它是一个终态。如果自动机进入终态就表示自动机完成了一次匹配。实际上，这个自动机代表了这样一种模式：a+b，其中的加号表示至少包含一个 a，并且是以 b 结尾的字符串，例如 aab、ab，都符合 a+b 这个模式。

根据 5.3.2 节中介绍的转义序列的规则，我们可以画出 ANSI 转义序列的自动机。进一步，就可以写出自动机状态转移的代码，这就是 con_write 函数的具体实现，如代码清单 5-26 所示。

代码清单 5-26　处理转义序列

```
1   enum { ESnormal, ESesc, ESsquare, ESgetpars, ESgotpars, ESfunckey,
2       ESsetterm, ESsetgraph };
3
4   void con_write(struct tty_struct* tty) {
5       int nr;
6       char c;
7
8       nr = CHARS(tty->write_q);
9
10      while(nr--) {
11          GETCH(tty->write_q, c);
12          switch (state) {
13          case 0:
14              if (c > 31 && c < 127) {
15                  if (x >= video_num_columns) {
16                      x -= video_num_columns;
17                      pos -= video_size_row;
18                      lf();
19                  }
20
21                  *(char *)pos = c;
22                  *(((char*)pos) + 1) = attr;
23                  pos += 2;
24                  x++;
25              }
26              else if (c == 27) {
27                  state = 1;
28              }
29              else if (c == 10 || c == 11 || c == 12)
30                  lf();
31              else if (c == 13)
32                  cr();
33              else if (c == ERASE_CHAR(tty)) {
34                  del();
35              }
36              else if (c == 8) {
37                  if (x) {
38                      x--;
```

```
39                  pos -= 2;
40              }
41          }
42          else if (c == 9) {
43              c=8-(x&7);
44              x += c;
45              pos += c<<1;
46              if (x > video_num_columns) {
47                  x -= video_num_columns;
48                  pos -= video_size_row;
49                  lf();
50              }
51              c = 9;
52          }
53          break;
54      case ESesc:
55          state = ESnormal;
56          switch (c) {
57              case '[':
58                  state = ESsquare;
59                  break;
60              case 'E':
61                  gotoxy(0, y+1);
62                  break;
63              case 'M':
64                  ri();
65                  break;
66              case 'D':
67                  lf();
68                  break;
69              case 'Z':
70                  respond(tty);
71                  break;
72              case '7':
73                  save_cur();
74                  break;
75              case '8':
76                  restore_cur();
77                  break;
78              case '(':  case ')':
79                  state = ESsetgraph;
```

```
80                        break;
81                    case 'P':
82                        state = ESsetterm;
83                        break;
84                    case '#':
85                        state = -1;
86                        break;
87                    case 'c':
88                        top = 0;
89                        bottom = video_num_lines;
90                        break;
91                }
92                break;
93            case ESsquare:
94                for(npar=0;npar<NPAR;npar++)
95                    par[npar]=0;
96                npar=0;
97                state=ESgetpars;
98                if (c =='[') {
99                    state=ESfunckey;
100                   break;
101               }
102
103               if ((ques=(c=='?'))) 
104                   break;
105           case ESgetpars:
106               if (c==';' && npar<NPAR-1) {
107                   npar++;
108                   break;
109               }
110               else if (c>='0' && c<='9') {
111                   par[npar]=10*par[npar]+c-'0';
112                   break;
113               }
114               else
115                   state=ESgotpars;
116           case ESgotpars:
117               state = ESnormal;
118               if (ques) {
119                   ques = 0;
120                   break;
```

```
121              }
122              switch(c) {
123                  case 'G': case '`':
124                      if (par[0]) par[0]--;
125                      gotoxy(par[0], y);
126                      break;
127                  case 'A':
128                      if (!par[0]) par[0]++;
129                      gotoxy(x, y - par[0]);
130                      break;
131                  case 'B': case 'e':
132                      if (!par[0]) par[0]++;
133                      gotoxy(x, y + par[0]);
134                      break;
135                  case 'C': case 'a':
136                      if (!par[0]) par[0]++;
137                      gotoxy(x + par[0], y);
138                      break;
139                  case 'D':
140                      if (!par[0]) par[0]++;
141                      gotoxy(x - par[0], y - 1);
142                      break;
143                  case 'E':
144                      if (!par[0]) par[0]++;
145                      gotoxy(0, y + par[0]);
146                      break;
147                  case 'F':
148                      if (!par[0]) par[0]++;
149                      gotoxy(0, y - par[0]);
150                      break;
151                  case 'd':
152                      if (!par[0]) par[0]--;
153                      gotoxy(x, par[0]);
154                      break;
155                  case 'H': case 'f':
156                      if (par[0]) par[0]--;
157                      if (par[1]) par[1]--;
158                      gotoxy(par[1],par[0]);
159                      break;
160                  case 'J':
161                      csi_J(par[0]);
```

```
162                    break;
163                case 'K':
164                    csi_K(par[0]);
165                    break;
166                case 'L':
167                    csi_L(par[0]);
168                    break;
169                case 'M':
170                    csi_M(par[0]);
171                    break;
172                case 'P':
173                    csi_P(par[0]);
174                    break;
175                case '@':
176                    csi_at(par[0]);
177                    break;
178                case 'm':
179                    csi_m(par[0]);
180                    break;
181                case 'r':
182                    if (par[0]) par[0]--;
183                    if (!par[1]) par[1] = video_num_lines;
184                    if (par[0] < par[1] &&
185                            par[1] <= video_num_lines) {
186                        top=par[0];
187                        bottom=par[1];
188                    }
189                    break;
190                case 's':
191                    save_cur();
192                    break;
193                case 'u':
194                    restore_cur();
195                    break;
196            }
197            break;
198        case ESsetterm:
199            state = ESnormal;
200            if (c == 'S') {
201            } else if (c == 'L')
202                ;
```

```
203            else if (c == 'l')
204                  ;
205            break;
206        }
207    }
208
209    gotoxy(x, y);
210    set_cursor();
211 }
```

虽然转义序列有很多，但大多数都很简单，例如 "ESC [A" 的作用是使光标上移，所以只需要使用 gotoxy 将光标设置到上一行即可。这里的实现就不再一一列举了，只以 3 个函数为例进行讲解，例如：

```
1  static void csi_J(int vpar) {
2      long count, start;
3
4      switch (vpar) {
5          case 0:
6              count = (scr_end-pos)>>1;
7              start = pos;
8              break;
9          case 1:
10             count = (pos-origin)>>1;
11             start = origin;
12             break;
13         case 2:
14             count = video_num_columns * video_num_lines;
15             start = origin;
16             break;
17         default:
18             return;
19     }
20
21     __asm__("cld\n\t"
22             "rep\n\t"
23             "stosw\n\t"
24             ::"c" (count),
25             "D" (start),"a" (video_erase_char)
26             :);
27 }
```

```
28
29  static void csi_K(int vpar) {
30      long count, start;
31
32      switch (vpar) {
33          case 0:
34              if (x>=video_num_columns)
35                  return;
36              count = video_num_columns-x;
37              start = pos;
38              break;
39          case 1:
40              start = pos - (x<<1);
41              count = (x<video_num_columns)?x:video_num_columns;
42              break;
43          case 2:
44              start = pos - (x<<1);
45              count = video_num_columns;
46              break;
47          default:
48              return;
49      }
50
51      __asm__("cld\n\t"
52              "rep\n\t"
53              "stosw\n\t"
54              ::"c" (count),
55              "D" (start),"a" (video_erase_char)
56              :);
57  }
58
59  void csi_m() {
60      int i;
61      for (i=0;i<=npar;i++) {
62          switch (par[i]) {
63              case 0: attr= 0x07; break;
64              case 1: attr= 0x0f; break;
65              case 4: attr = 0x0f; break;
66              case 7: attr = 0x70; break;
67              case 27: attr = 0x07; break;
68          }
```

```
69        }
70    }
```

csi_J 的作用是擦除屏幕：参数 vpar 为 0，代表删除从光标到屏幕底端的文字；参数 vpar 为 1，代表删除从屏幕开始到光标处的文字；参数 vpar 为 2，代表删除整屏的文字。根据上述解释，第 4～19 行分别处理了三种情况，其中 count 代表了要删除的字符个数，start 代表要删除的字符的开始地址。第 21～26 行使用 stosw 指令将从 start 开始、长度为 count 的显存全部设成 video erase char，也就是空格。

csi_K 的作用是擦除一行字符：参数 vpar 为 0，代表删除从光标到行尾的字符；参数 vpar 为 1，代表删除从行开头到光标处的字符；参数 vpar 为 2，代表删除整行字符。它的实现与 csi_J 基本相同，此处不再赘述。

csi_m 的作用是修改文字的前景色、背景色、加粗、下划线等显示效果。具体的效果可以参考表 5-3。除了这三个函数之外，con_write 所使用的其他函数都比较简单，例如移动光标、删除单个字符等，这里就不再列出了，读者可以在代码仓库自行查看。

实现了比较完备的 con_write 函数以后，就可以测试 ANSI 转义序列了。例如在 main 函数里添加一行测试语句，如代码清单 5-27 所示。

代码清单 5-27　测试 ANSI 转义序列

```
1   void main(void) {
2       /* 部分代码略 */
3       move_to_user_mode();
4
5       if (!fork()) {
6           printf("\x1b[31mIn second process, user mode!\x1b[0m\n");
7           test_b();
8           while(1) {}
9       }
10      /* 部分代码略 */
11  }
```

INIT 进程派生了一个子进程，子进程会打印一行蓝色的字。这就说明，系统对转义序列的处理是正确的。你可以尝试在 con_write 函数里定义各种功能，以验证转义序列的实现是否正确。

5.4　修改终端状态

copy_to_cooked 可以将键盘输入正确地转成转义字符，printf 则可以把转义字符显示在屏幕上，所有的条件都具备了，接下来把它们对接起来就可以支持方向键、功能键等特殊按键了。

5.4.1　支持方向键

在这之前，用户在键盘上敲击方向键的时候，屏幕上只能显示"^[[A"这样的转义字符，为了让方向键可以起作用，我们可以在 main 函数里添加这样的代码，如代码清单 5-28 所示。

代码清单 5-28　使方向键起作用

```
1  /* main.c */
2  void main(void) {
3      if (!fork()) {
4          printf("\x1b[31mIn second process, user mode!\x1b[0m\n");
5
6          char buf[1];
7          while (read(0, buf, 1)) {
8              printf("%s", buf);
9          }
10     }
11 }
```

通过这种方式，转义字符就能正确地转发到 tty 的 write_q 中了。因为现在不再是直接将字符从 read_q 复制到 write_q，而是在 read 函数里将字符从 secondary 队列复制到用户缓冲区 buf，然后在 write 函数中将字符从 buf 中再复制到 write_q。通过 main 函数中的 buf 转接一次，ESC 等转义字符就能正常发挥作用了。

但是，如果你现在编译运行会发现，屏幕上还会打印出转义序列。要知道，tty 标志位会影响 write、copy_to_cooked 等一系列操作 tty 的函数的行为。前面已经分析过，在 ICANON 标志位打开的情况下，tty_read 是以行为单位进行读入的（参见代码清单 5-17 的第 2 行），要改成以字符为单位，就应该把 ICANON 标志位关掉。另外，ECHO 标志位表示回显键盘输入，因为现在的实现是借助 write 方法进行回显的，所以这个标志位也应该被关闭。只需要将代码清单 5-13 的第 58 行的 ICANON 和 ECHO 标志位删除即可。重新运行新的内核，就可以看到上下左右这些方向键都起作用了。

我们回顾一下方向键发挥作用的过程：当用户敲击键盘的左方向键时，8259A 会产生 IRQ1 中断，在对应的中断处理程序中，方向键会被翻译成转义字符"ESC [A"放到 tty 的 read_q 中，中断处理程序进一步调用 copy_to_cooked 函数。在这个函数中，字符会被放入 secondary 队列中供 read 函数使用。如果 tty 的 ECHO 标志位打开，则同时将字符放入 write_q 中，并在显示器上回显这个字符。回显标志打开的时候，向左的方向键回显出来的字符是"^[[A"，如果不希望回显到屏幕，则只需要关闭 ECHO 标志即可。

当 read 函数将所有的字符都逐一读出来并放入 buf 以后，main 函数再把 buf 中的字符通过 write 写到屏幕上，write 函数最终会调用 con_write 函数。con_write 函数的实现比较复杂，也是 Linux 0.11 内核中最大的函数之一，它会处理各种转义序列，最终 "ESC [A" 这个转义序列的功能就变成将光标向左移一列。

在上面的过程中，修改 tty 的标志位的时候，需要手动修改 tty_struct 的定义并重新编译内核，这显然不利于应用程序控制终端的状态和行为。所以，内核提供了供应用程序修改 tty 标志位的 ioctl 函数。

5.4.2　修改控制台标志位

应用程序修改 tty 标志位的手段是通过调用内核提供的系统调用 ioctl。既然是系统调用，它的实现步骤就与 write 和 read 等系统调用十分相似。

第一步也是在 sys_call_table 中添加 ioctl 的入口函数，这个过程我们已经重复过 3 次了，这里就不再详细介绍了。第二步是实现 sys_ioctl 函数，因为现在还不支持文件系统，所以 ioctl 只能对键盘和显示器进行控制，所以我们也采用硬编码的方式来实现，如代码清单 5-29 所示。

代码清单 5-29　ioctl 入口函数

```
1  /* fs/ioctl.c */
2  int sys_ioctl(unsigned int fd, unsigned int cmd, unsigned long arg) {
3      if (fd == 0 || fd == 1) {
4          tty_ioctl(0, cmd, arg);
5      }
6      return 0;
7  }
```

在 sys_ioctl 中，当文件描述符 fd 为 0 时代表指向 stdin，fd 为 1 时代表指向 stdout。鉴于此，可以直接转向调用 tty_ioctl，从而实现修改控制台标志位，如代码清单 5-30 所示。

代码清单 5-30　修改控制台标志位

```
1  /* kernel/chr_drv/tty_ioctl.c */
2  static int get_termios(struct tty_struct * tty, struct termios *
       termios) {
3      int i;
4
5      verify_area(termios, sizeof (*termios));
6      for (i=0 ; i< (sizeof (*termios)) ; i++)
7          put_fs_byte( ((char *)&tty->termios)[i] , i+(char *)termios );
8      return 0;
9  }
10
11 static int set_termios(struct tty_struct * tty, struct termios *
       termios, int channel)
```

```
12  {
13      int i;
14
15      for (i=0 ; i< (sizeof (*termios)) ; i++)
16          ((char *)&tty->termios)[i]=get_fs_byte(i+(char *)termios);
17      return 0;
18  }
19
20  static void flush(struct tty_queue * queue) {
21      cli();
22      queue->head = queue->tail;
23      sti();
24  }
25
26  static void wait_until_sent(struct tty_struct * tty) {
27      /* 什么也不做，尚未实现 */
28  }
29
30  static void send_break(struct tty_struct * tty) {
31      /* 什么也不做，尚未实现 */
32  }
33
34  int tty_ioctl(int dev, int cmd, int arg) {
35      struct tty_struct * tty;
36
37      tty = tty_table + dev;
38      switch (cmd) {
39          case TCGETS:
40              return get_termios(tty,(struct termios *) arg);
41          case TCSETSF:
42              flush(&tty->read_q); /* 穿透至下一个case */
43          case TCSETSW:
44              wait_until_sent(tty); /* 穿透至下一个case */
45          case TCSETS:
46              return set_termios(tty,(struct termios *) arg, dev);
47          case TCSETAF:
48              flush(&tty->read_q); /* 穿透至下一个case */
49          case TCSETAW:
50              wait_until_sent(tty); /* 穿透至下一个case */
51          case TCSBRK:
52              if (!arg) {
```

```
53              wait_until_sent(tty);
54              send_break(tty);
55          }
56          return 0;
57      case TCXONC:
58          switch (arg) {
59          case TCOOFF:
60              tty->stopped = 1;
61              tty->write(tty);
62              return 0;
63          case TCOON:
64              tty->stopped = 0;
65              tty->write(tty);
66              return 0;
67          case TCIOFF:
68              if (STOP_CHAR(tty))
69                  PUTCH(STOP_CHAR(tty), &tty->write_q);
70              return 0;
71          case TCION:
72              if (START_CHAR(tty))
73                  PUTCH(START_CHAR(tty), &tty->write_q);
74              return 0;
75          }
76          return -EINVAL; /* 尚未实现 */
77      case TCFLSH:
78          if (arg==0)
79              flush(&tty->read_q);
80          else if (arg==1)
81              flush(&tty->write_q);
82          else if (arg==2) {
83              flush(&tty->read_q);
84              flush(&tty->write_q);
85          } else
86              return -EINVAL;
87          return 0;
88      case TIOCEXCL:
89          return -EINVAL; /* 尚未实现 */
90      case TIOCNXCL:
91          return -EINVAL; /* 尚未实现 */
92      case TIOCSCTTY:
93          return -EINVAL; /* 设置控制终端的标志位为NI */
```

```
94              case TIOCGPGRP:
95                  verify_area((void *) arg,4);
96                  put_fs_long(tty->pgrp,(unsigned long *) arg);
97                  return 0;
98              case TIOCSPGRP:
99                  return 0;
100             case TIOCOUTQ:
101                 verify_area((void *) arg,4);
102                 put_fs_long(CHARS(&tty->write_q),(unsigned long *) arg);
103                 return 0;
104             case TIOCINQ:
105                 verify_area((void *) arg,4);
106                 put_fs_long(CHARS(&tty->secondary),
107                     (unsigned long *) arg);
108                 return 0;
109             case TIOCSTI:
110                 return -EINVAL; /* 尚未实现 */
111             case TIOCGWINSZ:
112                 return -EINVAL; /* 尚未实现 */
113             case TIOCSWINSZ:
114                 return -EINVAL; /* 尚未实现 */
115             case TIOCMGET:
116                 return -EINVAL; /* 尚未实现 */
117             case TIOCMBIS:
118                 return -EINVAL; /* 尚未实现 */
119             case TIOCMBIC:
120                 return -EINVAL; /* 尚未实现 */
121             case TIOCMSET:
122                 return -EINVAL; /* 尚未实现 */
123             case TIOCGSOFTCAR:
124                 return -EINVAL; /* 尚未实现 */
125             case TIOCSSOFTCAR:
126                 return -EINVAL; /* 尚未实现 */
127             default:
128                 return -EINVAL;
129         }
130 }
```

　　tty_ioctl 的核心逻辑是通过判断 cmd 的类型来实现不同的功能。TCGETS 的作用是将 tty 现在的 termios 结构读取到用户定义的结构中，TCSETS 则是将用户定义的结构重新设置回 tty 结构中。

set_termios 的实现非常容易理解，但是 get_termios 的实现中出现了一行奇怪的代码，即第 5 行的 verify_area。这个函数的实现位于 fork.c 中，它的作用是保证用户态数据的写保护可以被正确地处理。因为在 i386 中，CPL 为 0 的内核态程序在修改用户态的页面数据时不会触发写保护异常，这就意味着对于新派生出来的进程，内核程序在修改用户态数据时写保护中断会失效，进而导致写时复制机制失效。为了避免这个问题，当内核要往用户态页面写数据时，就要先调用 verify_area 来检查目标页面是否处于写保护状态。这个函数只对 i386 有效，在 486 及以后的 CPU 中，内核态代码在写用户态数据时也会触发写保护异常，主动处理写保护异常的实现如代码清单 5-31 所示。

代码清单 5-31　主动处理写保护异常

```
1   /* kernel/fork.c */
2   void verify_area(void * addr,int size) {
3       unsigned long start;
4
5       start = (unsigned long) addr;
6       size += start & 0xfff;
7       start &= 0xfffff000;
8       start += get_base(current->ldt[2]);
9       while (size>0) {
10          size -= 4096;
11          write_verify(start);
12          start += 4096;
13      }
14  }
15
16  /* mm/memory.c */
17  void write_verify(unsigned long address) {
18      unsigned long page;
19
20      if (!( (page = *((unsigned long *) ((address>>20) & 0xffc)) )&1))
21          return;
22      page &= 0xfffff000;
23      page += ((address>>10) & 0xffc);
24      if ((3 & *(unsigned long *) page) == 1)  /* 页存在，但不可写 */
25          un_wp_page((unsigned long *) page);
26      return;
27  }
```

5.5　小结

本章全面实现了键盘输入和屏幕输出的能力，主要围绕图 5-1 讲解相关的功能以及实现相应的代码。

5.1 节实现键盘中断服务程序。当一个键被按下或者释放时就会产生中断，中断服务程序从寄存器中读入扫描码，根据扫描码在屏幕上回显相应的字符。

5.2 节介绍了远程终端的发展历史和相关概念。为了方便地管理各种终端设备，Linux 引入了 tty_struct 结构。这个结构包含了三个缓冲区队列，分别是 read_q（接收键盘输入）、write_q（负责向屏幕显示字符）、secondary（用于处理特殊字符）。

我们使用 copy_to_cooked 函数将字符从 read_q 转移到 secondary，并提供给 read 函数使用。用户可以使用 read 函数将字符从 secondary 队列读入用户缓冲区，并进行进一步处理。在本章的例子中，我们继续使用 write 函数将字符显示在屏幕上。

write 函数支持 ANSI 转义序列，从而可以实现丰富多彩的终端显示功能，具体参见 5.3 节。方向键、功能键都会被转义成 ANSI 转义序列并放入 read_q 中，如果用户使用 read 函数将转义序列读入用户缓冲区，那么下一步就可以将这些转义字符通过串口发送出去，或者使用 write 显示在本地。

5.4 节实现了 ioctl 函数对终端属性的设置，从而控制终端的行为。至此，字符设备的主要功能就基本完成了。Linux 0.11 的代码中包含串口通信的相关功能，这些功能与键盘、屏幕的输入/输出功能非常相似，因此本书没有专门讲解，读者在理解了字符设备的核心数据结构以后，完全可以做到举一反三，自己阅读相关代码进行学习。在实现了字符设备驱动以后，第 6 章将会实现块设备驱动。

支持块设备

第 5 章介绍了如何操作键盘和显示器,因为它们的读写都是以字符为单位的,所以人们称之为字符设备,这一章将会重点关注硬盘和软盘等设备,这些设备是以扇区为单位进行读写的,每个扇区都可以看作大小为 512B 的数据块,因此这种设备就被称为块设备。本章就来实现块设备驱动,这将为下一章实现文件系统打下坚实的基础。

6.1　硬盘的基本结构

在 Linux 0.11 中,内核镜像放在软盘中,并且在 bochsrc 文件里被指定存放到 floppya 中,参见第 1 章配置开发环境的介绍。因为 Linux 0.11 的内核镜像很小,所以 bootsect 使用 BIOS 中断一口气把内核镜像全部加载到内存中了,进入到内核以后,BIOS 中断就不能再用了。

内核运行起来以后,一般会继续从软盘或者硬盘上读取文件系统,人们把装有文件系统的磁盘称为 root 镜像。众所周知,“/”目录也被称为 root 目录或者根目录,而这个目录就位于 root 镜像中。Linux 上的可执行程序,例如 ls、cat 等工具的二进制程序也位于 root 镜像中。

本章的核心任务就是从磁盘上读取数据,而这里的磁盘既可以是硬盘也可以是软盘。这将为进一步加载根目录做好准备。因为在现代计算机中,硬盘远比软盘常见,所以我们就从硬盘开始自己的实验吧。

6.1.1　初始化硬盘信息

开机启动时,BIOS 会把硬盘相关的信息存放在 0x41 * 4 的位置处,这里存放着第一个硬盘的参数信息,虽然信息不是很全,但是已经足够初始化使用了。在 0x46 * 4 的位

置处存放了第二个硬盘的参数信息。setup.S 已经把这两个参数表复制到了 0x90080 的位
置，所以在对硬盘进行初始化时，首先就要检查这两个参数表。Linux 内核主要使用系统
调用 setup 来实现硬盘的初始化，它的实现如代码清单 6-1 所示。

代码清单 6-1　系统调用 setup

```
1   /* kernel/blk_drv/hd.c */
2   struct hd_i_struct {
3       int head,sect,cyl,wpcom,lzone,ctl;
4   };
5
6   struct hd_i_struct hd_info[] = { {0,0,0,0,0,0},{0,0,0,0,0,0} };
7   static int NR_HD = 0;
8
9   int sys_setup(void * BIOS) {
10      int i,drive;
11      unsigned char cmos_disks;
12
13  #ifndef HD_TYPE
14      for (drive=0 ; drive<2 ; drive++) {
15          hd_info[drive].cyl = *(unsigned short *) BIOS;
16          hd_info[drive].head = *(unsigned char *) (2+BIOS);
17          hd_info[drive].wpcom = *(unsigned short *) (5+BIOS);
18          hd_info[drive].ctl = *(unsigned char *) (8+BIOS);
19          hd_info[drive].lzone = *(unsigned short *) (12+BIOS);
20          hd_info[drive].sect = *(unsigned char *) (14+BIOS);
21          BIOS += 16;
22      }
23
24      if (hd_info[1].cyl)
25          NR_HD = 2;
26      else
27          NR_HD = 1;
28  #endif
29
30      printk("computer has %d disks\n\r", NR_HD);
31
32      for (i=0 ; i<NR_HD ; i++) {
33          hd[i*5].start_sect = 0;
34          hd[i*5].nr_sects = hd_info[i].head *
35              hd_info[i].sect * hd_info[i].cyl;
```

```
36          printk("disk %d has %d sects\n", i, hd[i*5].nr_sects);
37      }
38
39      if ((cmos_disks = CMOS_READ(0x12)) & 0xf0) {
40          if (cmos_disks & 0x0f)
41              NR_HD = 2;
42          else
43              NR_HD = 1;
44      }
45      else
46          NR_HD = 0;
47
48      for (i = NR_HD ; i < 2 ; i++) {
49          hd[i*5].start_sect = 0;
50          hd[i*5].nr_sects = 0;
51      }
52
53      return 0;
54  }
```

在上述代码中，BIOS 的硬盘信息格式定义如 hd_i_struct 所示，但是实际上，Linux 内核真正使用到的就只有磁头（head）、柱面（cyl）和扇区（sect）的信息。如图 6-1 所示，一块老式的机械硬盘是由多个盘片组成的，每个盘片有正反两个盘面。盘面上的数据由磁头负责读写，一个盘面对应一个磁头，所以在内核代码中，可以使用磁头编号指代盘面。每个盘面被分成一个个磁道（track），每个磁道又划分成多个扇区，每个扇区是一个磁盘块，大小为 512B，磁头在读写磁盘时是以扇区为单位的。由图 6-1 可知，最内侧磁道上的扇区面积最小，数据密度最大。所有盘面中相对位置相同的磁道组成柱面。所以，人们就可以使用磁头号、柱面号、扇区号这三个数字组成一个地址来唯一定位磁盘中的某个扇区。这种定位方式称为 CHS 寻址模式。

因为要求每个磁道的扇区数相等，而外道的周长要大于内道，所以外道的记录密度就低于内道，这不仅浪费了硬盘空间，也限制了硬盘的容量。为了解决这个问题，人们改用等密度结构生产硬盘。即外圈磁道的扇区比内圈磁盘多。在这种结构下，CHS 参数就失去了实际意义。人们又提出了 LBA（Logical Block Addressing，逻辑区块寻址）模式。在 LBA 地址中，地址不再表示实际硬盘的实际物理地址。LBA 编址方式将 CHS 这种三维寻址方式转变为一维的线性寻址，扇区从 0 开始依次编号，地址也变得简洁。在访问硬盘时，由硬盘控制器把这种逻辑地址转换为实际硬盘的物理地址，但物理地址对开发者是不可见的。

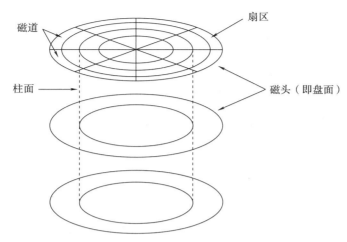

图 6-1　机械硬盘的结构

　　了解了硬盘的基本结构，下面就可以动手在内核中进行验证了。要想做硬盘相关的实验，就要在虚拟机的配置中增加硬盘。使用 bximage 工具可以造出一个虚拟机可使用的硬盘，这个硬盘本质上是一个文件，是虚拟的磁盘。bximage 工具的具体用法如下所示。

```
1  $bximage
2  ========================================================
3                          bximage
4    Disk Image Creation / Conversion / Resize and Commit Tool for Bochs
5            $Id: bximage.cc 14091 2021-01-30 17:37:42Z sshwarts $
6  ========================================================
7
8  1. Create new floppy or hard disk image
9  2. Convert hard disk image to other format (mode)
10  3. Resize hard disk image
11  4. Commit 'undoable' redolog to base image
12  5. Disk image info
13
14  0. Quit
15
16  Please choose one [0] 1
17
18  Create image
19
20  Do you want to create a floppy disk image or a hard disk image?
21  Please type hd or fd. [hd]
22
```

```
23   What kind of image should I create?
24   Please type flat, sparse, growing, vpc or vmware4. [flat]
25
26   Choose the size of hard disk sectors.
27   Please type 512, 1024 or 4096. [512]
28
29   Enter the hard disk size in megabytes, between 10 and 8257535
30   [10]
31
32   What should be the name of the image?
33   [c.img]
34
35   Creating hard disk image 'c.img' with CHS=20/16/63 (sector size = 512)
36
37   The following line should appear in your Bochsrc:
38     ata0-master: type=disk, path="c.img", mode=flat
```

从上述使用过程可以看到，只需要在功能菜单处选择 1，进入创建磁盘的流程以后，就全程敲回车键即可，十分便捷。使用 bximage 在 1 分钟之内就可以造出一块虚拟硬盘，它每个扇区的大小是 512B，共有 20 个柱面，16 个磁头，每个磁道有 63 个扇区。bximage 的最后一行将要加入 bochsrc 的信息都打印了出来，只要把这一行加入 bochsrc 文件即可。例如，我的实验用的配置如下所示：

```
ata0-master: type=disk, mode=flat, path="c.img", cylinders=20, heads=16,
    spt=63
```

配置完以后，编译并执行新的内核可以观察到屏幕上正确地打印了硬盘信息。硬盘的容量比较大，有时候人们需要在硬盘上安装多个不同的文件系统，所以硬盘就引入了分区的概念，不同的分区中可以安装不同的文件系统。硬盘的分区信息记录在硬盘分区表里，下面就介绍硬盘分区表。

6.1.2　硬盘分区表

很多 Windows 用户习惯于将自己的硬盘划分为 C 盘 和 D 盘，分别用于安装软件和存储数据。记录硬盘分区的数据结构就是硬盘分区表，它位于硬盘的第一个扇区。

硬盘的第一个扇区也被称为引导扇区，如果在 BIOS 中将开机引导设置为硬盘启动，那么 BIOS 就会在开机启动阶段将硬盘的第一个扇区（即引导扇区）加载至内存的 0x7c00 处。硬盘分区表就存储在引导扇区的 0x1be 处。为了研究分区表的结构，我们先通过 fdisk 命令在 6.1.1 节新建的虚拟硬盘上新建几个分区。因为 fdisk 会直接写硬盘分区表，所以它是一个危险的工具，除非你非常清楚自己每一步操作会带来什么影响，否则不要轻易在自己的真实硬盘上尝试这个工具，这会写坏你机器上的硬盘分区表，从而带来比较严重的问题。

fdisk 工具可以在 6.1.1 节创建的硬盘上创建几个分区：

```
 1  # fdisk c.img
 2  ...
 3  Command (m for help): n
 4  Partition type
 5     p   primary (0 primary, 0 extended, 4 free)
 6     e   extended (container for logical partitions)
 7  Select (default p):
 8
 9  Using default response p.
10  Partition number (1-4, default 1):
11  First sector (2048-20159, default 2048):
12  Last sector, +/-sectors or +/-size{K,M,G,T,P} (2048-20159, default
       20159): 10239
13
14  Created a new partition 1 of type 'Linux' and of size 4 MiB.
15
16  Command (m for help): n
17  Partition type
18     p   primary (1 primary, 0 extended, 3 free)
19     e   extended (container for logical partitions)
20  Select (default p): e
21  Partition number (2-4, default 2):
22  First sector (10240-20159, default 10240):
23  Last sector, +/-sectors or +/-size{K,M,G,T,P} (10240-20159, default
       20159):
24
25  Created a new partition 2 of type 'Extended' and of size 4.9 MiB.
26
27  Command (m for help): n
28  All space for primary partitions is in use.
29  Adding logical partition 5
30  First sector (12288-20159, default 12288):
31  Last sector, +/-sectors or +/-size{K,M,G,T,P} (12288-20159, default
       20159): 15000
32
33  Created a new partition 5 of type 'Linux' and of size 1.3 MiB.
34
35  Command (m for help): n
```

```
36   All space for primary partitions is in use.
37   Adding logical partition 6
38   First sector (17049-20159, default 18432): 17049
39   Last sector, +/-sectors or +/-size{K,M,G,T,P} (17049-20159, default
       20159):
40
41   Created a new partition 6 of type 'Linux' and of size 1.5 MiB.
42
43   # fdisk c.img
44
45   Welcome to fdisk (util-linux 2.34).
46   Changes will remain in memory only, until you decide to write them.
47   Be careful before using the write command.
48
49
50   Command (m for help): t
51   Partition number (1,2,5,6, default 6): 1
52   Hex code (type L to list all codes): L
53
54   0  Empty            24  NEC DOS          81  Minix / old Lin bf  Solaris
55   1  FAT12            27  Hidden NTFS Win  82  Linux swap / So c1  DRDOS/
        sec (FAT-
56   2  XENIX root       39  Plan 9           83  Linux           c4  DRDOS/
        sec (FAT-
57   3  XENIX usr        3c  PartitionMagic   84  OS/2 hidden or  c6  DRDOS/
        sec (FAT-
58   4  FAT16 <32M       40  Venix 80286      85  Linux extended  c7  Syrinx
59   5  Extended         41  PPC PReP Boot    86  NTFS volume set da  Non-FS
        data
60   6  FAT16            42  SFS              87  NTFS volume set db  CP/M /
        CTOS / .
61   7  HPFS/NTFS/exFAT  4d  QNX4.x           88  Linux plaintext de  Dell
        Utility
62   8  AIX              4e  QNX4.x 2nd part  8e  Linux LVM       df  BootIt
63   9  AIX bootable     4f  QNX4.x 3rd part  93  Amoeba          e1  DOS
        access
64   a  OS/2 Boot Manag  50  OnTrack DM       94  Amoeba BBT      e3  DOS R/O
65   b  W95 FAT32        51  OnTrack DM6 Aux  9f  BSD/OS          e4
        SpeedStor
66   c  W95 FAT32 (LBA)  52  CP/M             a0  IBM Thinkpad hi ea  Rufus
        alignment
```

```
e  W95 FAT16 (LBA) 53  OnTrack DM6 Aux a5  FreeBSD          eb  BeOS fs
f  W95 Ext'd (LBA) 54  OnTrackDM6       a6  OpenBSD          ee  GPT
10 OPUS             55  EZ-Drive        a7  NeXTSTEP         ef  EFI (
   FAT-12/16/
11 Hidden FAT12     56  Golden Bow      a8  Darwin UFS       f0  Linux/
   PA-RISC b
12 Compaq diagnost 5c  Priam Edisk      a9  NetBSD           f1
   SpeedStor
14 Hidden FAT16 <3 61  SpeedStor        ab  Darwin boot      f4
   SpeedStor
16 Hidden FAT16     63  GNU HURD or Sys af  HFS / HFS+       f2  DOS
   secondary
17 Hidden HPFS/NTF 64  Novell Netware   b7  BSDI fs          fb  VMware
   VMFS
18 AST SmartSleep  65  Novell Netware   b8  BSDI swap        fc  VMware
   VMKCORE
1b Hidden W95 FAT3 70  DiskSecure Mult  bb  Boot Wizard hid  fd  Linux
   raid auto
1c Hidden W95 FAT3 75  PC/IX            bc  Acronis FAT32 L  fe  LANstep
1e Hidden W95 FAT1 80  Old Minix        be  Solaris boot     ff  BBT
Hex code (type L to list all codes): 81

Changed type of partition 'Linux' to 'Minix / old Linux'.

Command (m for help): p
Disk c.img: 9.86 MiB, 10321920 bytes, 20160 sectors
Units: sectors of 1 * 512 = 512 bytes
Sector size (logical/physical): 512 bytes / 512 bytes
I/O size (minimum/optimal): 512 bytes / 512 bytes
Disklabel type: dos
Disk identifier: 0x2172ac78

Device     Boot Start   End Sectors  Size Id Type
c.img1          2048 10239    8192    4M 81 Minix / old Linux
c.img2         10240 20159    9920  4.9M  5 Extended
c.img5         12288 15000    2713  1.3M 83 Linux
c.img6         17049 20159    3111  1.5M 83 Linux

Command (m for help): w
The partition table has been altered.
Syncing disks.
```

你可以使用 m 命令来查看 fdisk 支持的全部命令，这里只展示了最常用的命令。通过 n 命令来新建分区（第 3 行），fdisk 工具会告诉你，当前磁盘上的主分区个数为 0（第 5 行）。磁盘的分区表每一项的大小是 16B，每一项对应一个分区，而分区表的大小为 64B，所以磁盘上最多可以有 4 个主分区。

在创建第一个主分区的时候，分区的编号（第 10 行）和分区的起始扇区号（第 11 行）都直接使用了默认值。在指定分区的最后一个扇区时才手动输入，其值为 10239（第 12 行）。

磁盘的主分区只有 4 个，当磁盘容量很大的时候，人们可能会需要更多的分区，为了解决这个问题，硬盘又引入了扩展分区。扩展分区不是一个真正意义上的分区，它仅仅是一个指向下一个分区的指针。这种指针结构将形成一个单向链表，而扩展分区所对应的分区表项正是这个链表的表头。这个链表中的每一项就是逻辑分区。

在创建了第一个主分区以后，我们把剩下的所有扇区都分配给了扩展分区 2（第 16~25 行）。接下来再使用 n 命令创建分区时，因为扇区都已经分配完了，所以这时只能创建逻辑分区，而不能再创建主分区了。逻辑分区的编号从 5 开始，fdisk 在检测到没有空闲扇区以后就会自动为逻辑扇区分配编号 5（第 29 行）。

通过 t 命令修改第一主分区的类型，新建分区时，默认的分区类型是 Linux。使用 l 命令可以列出所有的分区类型（第 54~78 行），因为 Linux 0.11 的文件系统继承自 Minix，所以这里将分区的类型改为 0x81（即十六进制的 81，第 79 行），代表 Minix 分区或者老的 Linux 分区。

通过 p 命令打印分区表信息。可以看到，硬盘的主分区表包括了两个分区：第一个是 Minix 类型的主分区；第二个是扩展分区（类型编号为 0x05）。扩展分区又分成了两个逻辑分区，扩展分区包括了逻辑分区的范围。本书实验所使用的 fdisk 的版本是 2.34，它在创建逻辑分区的时候预留了一些扇区，比如第一个主分区是从 2048 开始的，这是因为 EFI 的兴起，这里要给 EFI 代码预留 1MB 的空间。EFI 是最近几年才兴起的技术，Linux 0.11 的时代是没有的，所以这里就不深入研究它了。正常情况下，扩展分区的容量应该是所有逻辑分区的容量之和，但因为每个分区都预留了 EFI 代码的空间，所以可以看到扩展分区里刚好有 2MB 的容量是不能使用的。

最后通过 w 命令将分区表信息写入虚拟硬盘文件。如果想放弃这一次的编辑，可以使用 d 命令删除分区，也可以直接使用 q 命令直接退出 fdisk，这将不会触发写分区表的操作。

硬盘分区表本质上是一个结构体数组，数组的每个成员是一个 16 字节的结构体，它的每个成员的意义如表 6-1 所示。

Linux 内核主要使用硬盘分区表中的 LBA 形式的起始扇区号和扇区数来管理分区。因此 LBA 通过扇区号可以直接映射至磁头、柱面号等参数，所以在计算分区起始位置和大小的时候只使用结构体中的最后两项即可。使用 xxd 命令查看硬盘文件的第一个扇区，通过这种方式观察分区表的值。

表 6-1 分区表结构

助记符	长度/字节	描述
boot_ind	1	可引导标志, 0x80 代表可引导, 0 代表不可引导
head	1	起始磁头号
sector	1	起始扇区号 (仅用了低 6 位, 高 2 位为起始柱面号的第 8 和第 9 位)
cyl	1	起始柱面号的低 8 位
sys_ind	1	分区类型 (System ID)
end_head	1	结束磁头号
end_sector	1	结束扇区号 (仅用了低 6 位, 高 2 位为结束柱面号的第 8 和第 9 位)
end_cyl	1	结束柱面号的低 8 位
start_sector	4	起始扇区的 LBA
nr_sectors	4	扇区数目

```
1  # xxd -a -u -s 0 -l 512 c.img
2  00000000: 0000 0000 0000 0000 0000 0000 0000 0000  ................
3  *
4  000001b0: 0000 0000 0000 0000 78AC 7221 0000 0020  ........x.r!...
5  000001c0: 2100 81A2 2200 0008 0000 0020 0000 00A2  !..."...... ....
6  000001d0: 2300 0540 3F01 0028 0000 C026 0000 0000  #..@ ?..(...&....
7  000001e0: 0000 0000 0000 0000 0000 0000 0000 0000  ................
8  000001f0: 0000 0000 0000 0000 0000 0000 0000 55AA  ..............U.
```

从上面的结果中可以看到, 从 0x1be 处开始的分区表一共包含两个表项: 第一个分区的分区类型是 0x81 (第 5 行), 代表 Minix 分区, 起始扇区号是 0x800, 扇区数是 0x2000。每个扇区的大小是 512B, 所以第一个扇区是从 1MB 处开始, 大小为 4MB (即扇区数 × 扇区大小, 这里为 512B*0x2000=1KB*0x1000=4MB)。第二个分区的起始扇区号是 0x2800, 扇区数是 0x26c0, 分区类型是 0x05, 代表扩展分区。可见这里只包含了第一个主分区和扩展分区, 刚才创建的两个逻辑分区的信息并不在这里。它们会被存储在扩展分区的第一个扇区中, 使用 xxd 命令继续查看扩展分区的第一个扇区。扩展分区的起始扇区号是 0x2800, 每个扇区的大小是 512B, 两者的积是 0x500000, 所以使用 xxd 命令时, 可通过 -s 选项指定扇区的起始地址, 并且指定长度是 512B, 结果如下:

```
1  # xxd -a -u -s 0x500000 -l 512 c.img
2  00500000: 0000 0000 0000 0000 0000 0000 0000 0000  ................
3  *
4  005001b0: 0000 0000 0000 0000 0000 0000 0000 00C3  ................
5  005001c0: 0400 83EE 0700 0008 0000 990A 0000 00EE  ................
6  005001d0: 0800 0540 3F01 9912 0000 2714 0000 0000  ...@ ?.....'.....
7  005001e0: 0000 0000 0000 0000 0000 0000 0000 0000  ................
8  005001f0: 0000 0000 0000 0000 0000 0000 0000 55AA  ..............U.
```

分区表里包含两项。第一项的类型是 0x83，代表 Linux 类型的分区，起始扇区号是 0x800。请注意，它是相对于当前扩展分区基地址的偏移值，并不是绝对扇区号。它真正的起始扇区号是 0x2800+0x800=0x3000，也就是十进制的 12288，这与 fdisk 中 p 命令的结果是一致的。这个逻辑分区共包含了 0xa99 个扇区。

分区表里的第二项的类型是 0x05，这表示第二项仍然是一个扩展分区。它的起始扇区号是 0x1299，它也是一个偏移值，这个偏移和第一个表项并不相同，它是相对硬盘主引导扇区（第一个扇区中的主分区表中的值）所指明的扩展分区的起始扇区的。只不过，当前扩展分区和硬盘主引导扇区里所记录的扩展分区是同一个，所以这里的计算公式仍然是 0x2800+0x1299=0x3a99，也就是十进制的 15001。通过 xxd 命令查看第 15001 个扇区处的分区表：

```
1  # xxd -a -u -s 7680512 -l 512 c.img
2  00753200: 0000 0000 0000 0000 0000 0000 0000 0000  ................
3  *
4  007533b0: 0000 0000 0000 0000 0000 0000 0000 000F  ................
5  007533c0: 2801 8340 3F01 0008 0000 270C 0000 0000  (..@ ?....'.....
6  007533d0: 0000 0000 0000 0000 0000 0000 0000 0000  ................
7  007533e0: 0000 0000 0000 0000 0000 0000 0000 0000  ................
8  007533f0: 0000 0000 0000 0000 0000 0000 0000 55AA  ..............U.
```

这里记录了第二个逻辑分区的分区表，因为它的起始扇区号是相对当前扩展分区的，所以偏移仍然是 0x800。读者可以自己尝试创建第三个逻辑分区，以观察嵌套的扩展分区的起始扇区号的值。这里就不再重复做实验了。

这一节的实验讲解了如何创建硬盘分区，以及硬盘分区表的基本结构。操作系统又如何使用这些数据呢？接下来就开始通过编写内核代码以更深入地操作硬盘。

6.1.3 硬盘控制器编程

硬盘的读写是通过对硬盘控制器进行编程来实现的。在硬盘刚出现的时候，硬盘控制器和硬盘本身是分开的，后来有厂商将两者合在一起，人们把这种集成的硬盘称为 IDE（Integrated Drive Electronics，集成驱动电子设备），或者 ATA（AT Attachment，AT 总线附件）。

1973 年，IBM 发布了一款硬盘驱动器，名为温彻斯特硬盘（Winchester Disk），也被简称为温盘。Linux 内核中的 win_result 函数名就是使用温盘指代硬盘驱动。前面在操作键盘控制器和 VGA 控制器等硬件的时候，都是通过 I/O 端口来进行的，也就是使用 in 指令和 out 指令对端口进行读写。硬盘也不例外，只不过硬盘的端口要更复杂一些。总体而言，硬盘的端口分为两组，分别是命令块寄存器（Command Block Register）和控制块寄存器（Control Block Register），如表 6-2 所示。

表 6-2　硬盘寄存器端口

组别	I/O 端口		读时	写时
	Primary（主）	Secondary（副）		
Command Block Register	0x1f0	0x170	Data	Data
	0x1f1	0x171	Error	Features
	0x1f2	0x172	Sector Count	Sector Count
	0x1f3	0x173	LBA Low	LBA Low
	0x1f4	0x174	LBA Mid	LBA Mid
	0x1f5	0x175	LBA High	LBA High
	0x1f6	0x176	Device	Device
	0x1f7	0x177	Status	Command
Control Block Register	0x3f6	0x376	Alternate Status	Device Control

与表 6-2 相对应，Linux 源码为方便使用这些端口，为各个端口都定义了一个宏，如代码清单 6-2 所示。

代码清单 6-2　硬盘控制器端口定义

```
1  /* include/linux/hdreg.h */
2  #define HD_DATA        0x1f0
3  #define HD_ERROR       0x1f1
4  #define HD_NSECTOR     0x1f2
5  #define HD_SECTOR      0x1f3
6  #define HD_LCYL        0x1f4
7  #define HD_HCYL        0x1f5
8  #define HD_CURRENT     0x1f6
9  #define HD_STATUS      0x1f7
10 #define HD_PRECOMP HD_ERROR
11 #define HD_COMMAND HD_STATUS
12
13 #define HD_CMD         0x3f6
```

对硬盘的操作只需要向 HD_COMMAND 写入命令，而命令所需要的参数则通过命令块寄存器组来传递。例如读硬盘的时候，要指定所读取的磁头、柱面、起始扇区号，以及要读多少个扇区等参数。先把上述参数分别写入相应的端口，然后再向 HD_COMMAND 端口写入 READ 命令即可，所以向硬盘控制器发送命令的函数可以进行如下操作，如代码清单 6-3 所示。

代码清单 6-3　向硬盘控制器发送命令

```
1  static void hd_out(unsigned int drive,unsigned int nsect,unsigned int sect,
2          unsigned int head,unsigned int cyl,unsigned int cmd,
3          void (*intr_addr)(void)) {
4      register int port asm("dx");
```

```
5
6        SET_INTR(intr_addr);
7        outb_p(hd_info[drive].ctl,HD_CMD);
8        port=HD_DATA;
9        outb_p(hd_info[drive].wpcom>>2,++port);
10       outb_p(nsect,++port);
11       outb_p(sect,++port);
12       outb_p(cyl,++port);
13       outb_p(cyl>>8,++port);
14       outb_p(0xA0|(drive<<4)|head,++port);
15       outb(cmd,++port);
16   }
```

硬盘控制器编程的基本框架是进程向控制器发送命令，然后休眠等待命令完成，当命令执行完以后，控制器通过中断通知 CPU 进行命令处理并唤醒进程。显然不同的命令，对应的处理程序也是不一样的，Linux 使用了一个函数指针来设置不同命令的结果处理函数。第 6 行的作用就是修改这个函数指针的值。关于这一点，后文会详细地讲解，这里先不展开了。

第 7 行代码，向设备控制（Device Control）寄存器写入控制字节以打开中断。这个控制字节最早是在 setup.S 中由 BIOS 读入内存，然后在 sys_setup 函数中进行 hd_info 的初始化时，由内存读到 hd_info 中的，内核并不需要关心这个值是什么，只需要再由 HD_CMD 端口写回控制器即可建立相应的硬盘控制方式。接着将各种参数送入相应的寄存器。第 9 行将写前预补偿值送入 PRECOMP 寄存器。写前预补偿值是早期磁盘的一个物理参数，我们现在已经不再关心这个值，但为了兼容性，将从硬盘参数表中读出来的值送到这个寄存器即可。第 10 行是读或者写扇区数，第 11 行是起始扇区号，第 12 行是柱面号的低 8 位，第 13 行是柱面号的高 8 位，第 14 行是命令所指定的驱动器和磁头号，它的高三位是保留位，而且必须是固定的 101。第 15 行最重要，是将控制命令送入命令寄存器。

操作磁盘的控制命令有很多种，例如读、写、检验、寻道和格式化等，我们先实验最简单的一种，那就是 IDENTITY。这个命令的作用是获取硬盘参数，通过 IDENTITY 命令所取得的硬盘参数共 512B，远超固定硬盘参数表中的参数项，所以它能提供更加丰富的硬盘信息。请注意，在 Linux 源码中，并没有 IDENTITY 所对应的代码，这是本书为了介绍操作硬盘的相关知识所特别设计的实验，如代码清单 6-4 所示。

代码清单 6-4　操作硬盘的 IDENTITY

```
1    /* include/linux/hdreg.h */
2    #define WIN_IDENTITY           0xEC
3
```

```
4    /* kernel/blk_drv/hd.c */
5    struct task_struct* waiting;
6
7    short identity_buf[512];
8    /* 部分代码略 */
9    void hd_identity() {
10       hd_out(0, 0, 0, 0, 0, WIN_IDENTIFY, identity_callback);
11       printk("id request done\n\r");
12       sleep_on(&waiting);
13       int sectors = ((int)identity_buf[61] << 16) + identity_buf[60];
14       printk("HD size: %dMB\n\r", sectors * 512 / 1024 / 1024);
15   }
```

第 2 行代码是在 hdreg.h 这个头文件中定义 IDENTITY 命令的编号，它的值为 0xEC，也就是说只需要将 0xEC 写入 HD_COMMAND 寄存器就可以获取硬盘参数了。这个命令不需要任何的参数，所以在第 10 行的代码中，与该命令相关的扇区号、柱面号等参数传递的都是 0，这也是人们认为 IDENTITY 是最简单的一个控制命令的原因。identity_callback 是 IDENTITY 命令的中断服务程序，这一点稍后再详细解释。在第 11 行做了一个无关紧要的打印以后，进程就在 waiting 这个队列上休眠了。关于进程休眠，在实现 read 系统函数时已经出现过一次了，这里再用它，相信读者不会陌生。第 12 行的作用是使进程让出系统资源，等待硬盘控制器响应完以后再通过中断唤醒休眠的进程。当进程恢复运行以后，中断服务程序已经将 identity 信息放入 identity_buf 中了。而这段信息中的第 60 和第 61 个字就是磁盘的扇区数。实际上，identity_buf 还有很多有趣的信息，读者可以自己检索相关的资料将它们打印出来，这个过程还是很有成就感的，我们这里只展示了计算磁盘大小的方法。

由上面的分析可以知道，中断机制是磁盘控制器回复操作系统的重要手段，当控制器的数据准备完毕就会主动发起中断。所以，要想使得磁盘正确地工作，就必须先把中断设置好。

6.1.4　设置硬盘中断

和设置键盘中断一样，我们也可以在 main 函数中的 move_to_user_mode 之前，通过调用一个初始化函数来设置硬盘所对应的中断服务程序，如代码清单 6-5 所示。

代码清单 6-5　初始化硬盘中断

```
1    /* kernel/main.c */
2    void main(void) {
3        /*部分代码略*/
4        hd_init();
5
```

```
 6      move_to_user_mode();
 7  }
 8
 9  /* kernel/blk_drv/hd.c */
10  void hd_init(void) {
11      set_intr_gate(0x2E,&hd_interrupt);
12      outb_p(inb_p(0x21)&0xfb,0x21);
13      outb(inb_p(0xA1)&0xbf,0xA1);
14  }
```

磁盘中断对应 8259A 的 IRQ14，而 8259A 的 IRQ0 则对应中断向量表的 0x20 的位置，所以 IRQ14 也就对应到中断向量表的 0x2E 处。因为 IRQ14 的屏蔽位在从片上，所以要打开 IRQ14 号中断请求，必须先打开 IRQ2 的中断请求，也就是主片的第 2 位需要清零（从第 0 位开始计数），所以要从 8259A 主片的 0x21 端口取出控制字，然后和 0xfb 进行与计算，从而将这一位清除。在从片上，IRQ14 中断请求屏蔽位则位于第 6 位，所以就从 0xA1 端口取出控制字，然后和 0xbf 进行与计算，从而将第 6 位清零，完成了这个步骤，硬盘中断才真正地可以工作了。

稍加思考，就可以想到，硬盘中断函数 hd_interrupt 的实现必然与具体的操作控制器的命令相关，对磁盘进行读操作和写操作，它们的中断服务程序逻辑必然不相同。如何做到根据不同的命令分别调用不同的回调函数呢？答案是使用函数指针，声明一个指针，并根据不同的控制命令来设置不同的服务函数，它的实现如代码清单 6-6 所示。

代码清单 6-6　硬盘中断服务程序

```
 1  /* kernel/sys_call.S */
 2  hd_interrupt:
 3      pushl    %eax
 4      pushl    %ecx
 5      pushl    %edx
 6      pushl    %ds
 7      pushl    %es
 8      pushl    %fs
 9      movl     $0x10, %eax
10      movw     %ax, %ds
11      movw     %ax, %es
12      movl     $0x17, %eax
13      movw     %ax, %fs
14      movb     $0x20, %al
15      outb     %al, $0xA0
16      jmp      1f
17  1:  jmp      1f
```

```
18   1:   xorl    %edx, %edx
19        movl    %edx, hd_timeout
20        xchgl   do_hd, %edx
21        testl   %edx, %edx
22        jne     1f
23        movl    $unexpected_hd_interrupt, %edx
24   1:   outb    %al, $0x20
25        call    *%edx
26        popl    %fs
27        popl    %es
28        popl    %ds
29        popl    %edx
30        popl    %ecx
31        popl    %eax
32        iret
```

这段汇编代码就是硬盘中断服务程序的入口，它和其他的中断服务程序有很多相似之处，第 3 行到第 13 行的作用是保存中断上下文，第 14 行和第 15 行的作用是发送 8259A 从片的 EOI，这样中断才能继续工作。

第 18 行和第 19 行是把代表硬盘超时的 hd_timeout 变量置 0，以表示磁盘的响应并没有超时，因为我们现在尚未实现与计时有关的功能，所以这个变量其实并没有起作用。

接下来的第 20 行将 edx 寄存器与 do_hd 变量交换，而 do_hd 实际上就是前面提到的函数指针，它会指向与具体命令相对应的中断服务程序。经过了第 20 行的操作以后，edx 寄存器中就保存了中断服务程序的入口地址，如果这个值为空，就使用默认的服务程序 unexpected_hd_interrupt。接下来定义 do_hd 函数指针，如代码清单 6-7 所示。

代码清单 6-7　定义 do_hd 函数指针

```
1    /* kernel/blk_drv/blk.h */
2    #if (MAJOR_NR == 3)
3    #define DEVICE_NAME "harddisk"
4    #define DEVICE_INTR do_hd
5    #define DEVICE_TIMEOUT hd_timeout
6    #define DEVICE_REQUEST do_hd_request
7    #define DEVICE_NR(device) (MINOR(device)/5)
8    #define DEVICE_ON(device)
9    #define DEVICE_OFF(device)
10   #endif
11
12   #ifdef DEVICE_INTR
13   void (*DEVICE_INTR)(void) = NULL;
```

```
14  #endif
15
16  #ifdef DEVICE_TIMEOUT
17  int DEVICE_TIMEOUT = 0;
18  #define SET_INTR(x) (DEVICE_INTR = (x),DEVICE_TIMEOUT = 200)
19  #else
20  #define SET_INTR(x) (DEVICE_INTR = (x))
21  #endif
22
23  static void (DEVICE_REQUEST)(void);
24
25  /* kernel/blk_drv/hd.c */
26  #define MAJOR_NR 3
27
28  #include "blk.h"
```

块设备除了硬盘，还有软盘等外设，为了避免重复代码，所以这里使用宏定义相关操作。在 hd.c 中，第 26 行代码先定义了 MAJOR_NR 为 3，这里的 3 是 Linux 自己定义的设备号，2 代表软盘，3 代表硬盘。

当 MAJOR_NR 为 3 时，定义中断回调函数为 do_hd，然后在 13 行定义了 do_hd 这个函数指针，在第 17 行定义了 hd_timeout 这个变量。

到这里，代码清单 6-3 的第 6 行就很清楚了，在这里设置了相应的回调函数，而代码清单 6-4 的第 10 行正是把 IDENTITY 命令的回调函数设置成了 identity_callback。现在，终于可以实现这个 identity_callback 函数，这可真是千呼万唤始出来，具体实现如代码清单 6-8 所示。

代码清单 6-8 IDENTITY 命令的回调函数

```
1  /* kernel/blk_drv/hd.c */
2  #define port_read(port,buf,nr) \
3  __asm__("cld;rep;insw"::"d" (port),"D" (buf),"c" (nr):)
4
5  /* 部分代码略 */
6  void identity_callback() {
7      printk("in identity callback. \n\r");
8      port_read(HD_DATA,identity_buf,256);
9      wake_up(&waiting);
10  }
```

这个函数的逻辑其实很简单，通过 port_read 从 HD_DATA 端口读入 256 个字，然后再唤醒 waiting 队列上等待的进程。其中，port_read 是一段内嵌汇编，它重复地使用 insw 从 HD_DATA 端口读入数据，每次读入一个字，然后把读入的数据存到 edi 寄存器所指向的地址，重复读取的次数由 ecx 寄存器中的值指定。而 edi 寄存器中的值正是 identity_buf 的地址，ecx 寄存器中的值是 256。

到这里重新编译并运行内核，IDENTITY 命令的效果就会显现出来了。我知道你现在肯定迫不及待想实验一下，把硬盘分区表读入内存并查看它的内容，但你还需要忍耐一下。因为在这之前，我们还要实现一个非常重要的功能，那就是缓冲区管理，内核需要借助它来加速块设备的读写。接下来就实现缓冲区的管理。

6.2　管理缓冲区

缓冲区是在内存中开辟的一块区域，当要进行块设备的读写时，把缓冲区当作数据的中转站，这可以提高块设备数据传输的速度。更重要的一点是，缓冲区在使用完以后，数据并不是立即清除的，所以如果下一次操作系统还要使用对应设备上的某个扇区的数据，就可以直接找到仍然驻留在内存中的缓冲区，而不是再次启动设备的读操作。因为外设的 I/O 速度与内存和 CPU 的通信速度相差往往不止一个数量级，所以能减少 I/O 的次数就可以显著提升系统的性能。

充分利用闲置的内存是 Linux 操作系统的一大特色，在后面版本的内核里，人们又向 Linux 内核引入了很多缓存，以尽可能使用内存来加速数据的查找。Linux 只有在不得不清理内存的时候才会将过期数据清除出内存，这一设计哲学会在以后的设计中反复出现。

6.2.1　初始化缓冲区

缓冲区由很多 Block 组成，每个 Block 的大小是 1KB，这刚好是两个扇区的大小，而块设备的读写都是以扇区为单位的。所以内核对 Block 的读写就会非常高效。缓冲区的 Block 是紧密排列在一起的，为了管理这些 Block，内核引入了一个名为 buffer_head 的结构。请牢记，buffer_head 并不真的是 buffer 的头，它位于内核代码段，是内核的一个数据结构，它的定义如代码清单 6-9 所示。

代码清单 6-9　buffer_head 的定义

```
1  /*~include/linux/fs.h~*/
2  #define BLOCK_SIZE 1024
3  /*部分代码略*/
4  struct buffer_head {
5      char * b_data;
6      unsigned long b_blocknr;
7      unsigned short b_dev;
8      unsigned char b_uptodate;
9      unsigned char b_dirt;
```

```
10      unsigned char b_count;
11      unsigned char b_lock;
12      struct task_struct * b_wait;
13      struct buffer_head * b_prev;
14      struct buffer_head * b_next;
15      struct buffer_head * b_prev_free;
16      struct buffer_head * b_next_free;
17   };
```

正如前文所介绍，buffer_head 并不位于缓冲区中，真正指向缓冲区起始起址的是 b_data。dev 是这个缓冲区所对应的设备编号。blocknr 则是设备上的逻辑块号，逻辑块号表示 Block 在块设备上的编号。物理块号使用磁头、柱面和扇区号来指示一个具体的扇区，而逻辑块号则屏蔽了这些物理细节，对操作系统的开发人员而言，只看到一个"平整"的地址无疑是十分简便的。

b_uptodate 指示当前缓冲区的数据是否为最新的；b_dirt 则指示是否被改写过；b_count 记录被多少进程引用，这实际上就是一个引用计数，当 b_count 为 0 时，代表这个缓冲区的内容是可以被放弃的。

b_lock 用于控制并发访问。对于多进程的场景，要保证可正确地并发访问缓冲区，需要对缓冲区加锁，而 b_lock 就是标识该缓冲区是否被锁定的变量。如果一个进程要访问缓冲区，而缓冲区已经被锁定，那么进程就只能进入休眠状态，而 b_wait 队列则把所有进入休眠状态的进程都组织在一起。当持有锁的进程释放锁的时候，就会从 b_wait 队列上唤起一个等待的进程，被唤醒的进程继续尝试对缓冲区加锁并访问它。

buffer_head 结构体是通过一个双向链表组织起来的，b_prev 和 b_next 用于将所有已经使用的缓冲区串联起来，而 b_prev_free 和 b_next_free 则是将空闲的缓冲区串联起来。

在系统初始化阶段，buffer_head 要和自己所管理的缓冲区对应起来，整个系统的缓冲区在代码清单 3-12 中已经通过变量 buffer_mem_end 设置好了。接下来就把缓冲区以 1KB 为单位，逐个与 buffer_head 结构对应起来。初始化缓冲区的实现如代码清单 6-10 所示。

代码清单 6-10　初始化缓冲区

```
1   /* fs/buffer.c */
2   extern int end;
3
4   struct buffer_head * start_buffer = (struct buffer_head *) &end;
5   struct buffer_head * hash_table[NR_HASH];
6   static struct buffer_head * free_list;
7   int NR_BUFFERS = 0;
8
```

```
 9  void buffer_init(long buffer_end) {
10      struct buffer_head * h = start_buffer;
11      void * b;
12      int i;
13
14      if (buffer_end == 1<<20)
15          b = (void *) (640*1024);
16      else
17          b = (void *) buffer_end;
18
19      while ( (b -= BLOCK_SIZE) >= ((void *) (h+1)) ) {
20          h->b_dev = 0;
21          h->b_dirt = 0;
22          h->b_count = 0;
23          h->b_lock = 0;
24          h->b_uptodate = 0;
25          h->b_wait = NULL;
26          h->b_next = NULL;
27          h->b_prev = NULL;
28          h->b_data = (char *) b;
29          h->b_prev_free = h-1;
30          h->b_next_free = h+1;
31          h++;
32          NR_BUFFERS++;
33          if (b == (void *) 0x100000)
34              b = (void *) 0xA0000;
35      }
36      h--;
37      free_list = start_buffer;
38      free_list->b_prev_free = h;
39      h->b_next_free = free_list;
40
41      for (i = 0; i < NR_HASH; i++)
42          hash_table[i] = NULL;
43  }
44
45  /* kernel/main.c */
46  void main() {
47      /*部分代码略*/
48      trap_init();
49      sched_init();
```

```
50
51      buffer_init(buffer_memory_end);
52      tty_init();
53      /*部分代码略*/
54  }
```

第 2 行和第 4 行定义了缓冲区的开始位置。end 这个变量不是在内核中定义的，而是由链接器自动加上的。在创建目标文件 system 时，链接器会在最后添加一个名为 end 的符号。由此可知，start_buffer 指向的正是内核镜像的结尾。

第 14 行至第 17 行的变量 b 指向缓冲区末尾，如果传入的参数 buffer_end 是 1M，那么缓冲区末尾就指向 640KB 处，这是因为 640KB~1MB 之间存在着诸如显示段等特殊用途的内存，所以缓冲区是以 640KB 结尾，而不是 1MB。当然，因为我们为虚拟机指定了 16MB 内存，所以这里 buffer_end 参数取值为 4M。

第 19 行开始的 while 循环，将 1MB 至 buffer_end 之间的内存都初始化为缓冲区，并且使用 buffer_head 进行管理。第 33 行和第 34 行的作用是跳过 640KB~1MB 这段内存，原因前面已经解释过了。注意，buffer_head 数组是从 start_buffer 处开始的，变量 h 向更高的地址递增，而变量 b 则向更低的地址递减。缓冲区的内存布局如图 6-2 所示。

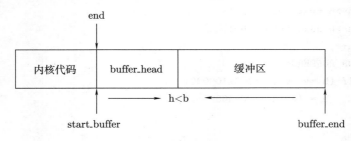

图 6-2　缓冲区的内存布局

第 41 行的循环是为了初始化一个哈希表，NR_HASH 的大小为 307，这个哈希表是为了管理缓冲区的。下一节将会详细介绍它。

缓冲区已经准备好了，我们不用在内核中声明一个大数组作为块设备读写的缓冲区了，而是在运行时动态地从空闲缓冲区链表中分配。这样可以使得内核镜像变得更小，以节省宝贵的镜像空间。接下来就可以使用缓冲区来改造硬盘的 identity 流程了。

6.2.2　申请缓冲区

这一节先来实现缓冲区的申请。实际上，并不是每一次读硬盘都要申请一个空白的缓冲区，然后再从块设备上读入数据到缓冲区，如果这样做就失去了缓冲区的意义了。如果进程所需要的块设备数据已经在缓冲区中了，并且这块缓冲区的数据也是最新的（uptodate 为 1），那就直接返回这个缓冲区给相应的进程就可以了。如果在缓冲区空间内没有找到对应的块，那就从空闲链表中分配一个空白缓冲区，然后才真正启动设备读流程。

　　基于此，内核定义了名为 getblk 的函数，它的参数是设备号和逻辑块号，返回值是 buffer_head 指针。getblk 通过一个哈希表管理缓冲区，以便快速查找想要的数据是否已经在缓冲区里了。如果数据已经在缓冲区里，那就直接返回对应的 buffer_head；如果不在，就需要从空闲链表中找到一个未使用的缓冲区，并把它从链表中摘下来，然后再启动读磁盘的操作，以将数据从磁盘读入内存。具体实现如代码清单 6-11 所示。

代码清单 6-11　查找数据是否在缓冲区

```c
/* fs/buffer.c */
static inline void wait_on_buffer(struct buffer_head * bh) {
    cli();
    while (bh->b_lock) {
        sleep_on(&bh->b_wait);
    }
    sti();
}

#define _hashfn(dev,block) (((unsigned)(dev^block))%NR_HASH)
#define hash(dev,block) hash_table[_hashfn(dev,block)]

static inline void remove_from_queues(struct buffer_head * bh) {
    if (bh->b_next)
        bh->b_next->b_prev = bh->b_prev;
    if (bh->b_prev)
        bh->b_prev->b_next = bh->b_next;

    if (hash(bh->b_dev,bh->b_blocknr) == bh)
        hash(bh->b_dev,bh->b_blocknr) = bh->b_next;

    if (!(bh->b_prev_free) || !(bh->b_next_free))
        printk("Free block list corrupted");

    bh->b_prev_free->b_next_free = bh->b_next_free;
    bh->b_next_free->b_prev_free = bh->b_prev_free;
    if (free_list == bh)
        free_list = bh->b_next_free;
}

static inline void insert_into_queues(struct buffer_head * bh) {
    bh->b_next_free = free_list;
```

```
33          bh->b_prev_free = free_list->b_prev_free;
34          free_list->b_prev_free->b_next_free = bh;
35          free_list->b_prev_free = bh;
36
37          bh->b_prev = NULL;
38          bh->b_next = NULL;
39          if (!bh->b_dev)
40              return;
41          bh->b_next = hash(bh->b_dev,bh->b_blocknr);
42          hash(bh->b_dev,bh->b_blocknr) = bh;
43          if (bh->b_next)
44              bh->b_next->b_prev = bh;
45      }
46
47      static struct buffer_head * find_buffer(int dev, int block) {
48          struct buffer_head * tmp;
49          for (tmp = hash(dev,block); tmp != NULL ; tmp = tmp->b_next) {
50              if (tmp->b_dev==dev && tmp->b_blocknr==block)
51                  return tmp;
52          }
53
54          return NULL;
55      }
56
57      struct buffer_head * get_hash_table(int dev, int block) {
58          struct buffer_head * bh;
59          for (;;) {
60              if (!(bh=find_buffer(dev,block)))
61                  return NULL;
62              bh->b_count++;
63              wait_on_buffer(bh);
64              if (bh->b_dev == dev && bh->b_blocknr == block)
65                  return bh;
66              bh->b_count--;
67          }
68      }
69
70      #define BADNESS(bh) (((bh)->b_dirt<<1)+(bh)->b_lock)
71
72      struct buffer_head * getblk(int dev,int block) {
73          struct buffer_head * tmp, * bh;
```

```
74
75  repeat:
76      bh = get_hash_table(dev, block);
77      if (bh) return bh;
78
79      tmp = free_list;
80      do {
81          if (tmp->b_count)
82              continue;
83
84          if (!bh || BADNESS(tmp)<BADNESS(bh)) {
85              bh = tmp;
86              if (!BADNESS(tmp))
87                  break;
88          }
89      } while ((tmp = tmp->b_next_free) != free_list);
90
91      if (!bh) {
92          sleep_on(&buffer_wait);
93          goto repeat;
94      }
95
96      wait_on_buffer(bh);
97      if (bh->b_count)
98          goto repeat;
99
100     /*
101     while (bh->b_dirt) {
102         sync_dev(bh->b_dev);
103         wait_on_buffer(bh);
104         if (bh->b_count)
105             goto repeat;
106     }*/
107
108     if (find_buffer(dev,block))
109         goto repeat;
110
111     bh = tmp;
112     bh->b_count=1;
113     bh->b_dirt=0;
114     bh->b_uptodate=0;
```

```
115      remove_from_queues(bh);
116      bh->b_dev=dev;
117      bh->b_blocknr=block;
118      insert_into_queues(bh);
119      return bh;
120  }
121
122  void brelse(struct buffer_head * buf) {
123      if (!buf)
124          return;
125
126      wait_on_buffer(buf);
127      if (!(buf->b_count--))
128          printk("Trying to free free buffer");
129      wake_up(&buffer_wait);
130  }
```

要理解上述代码，需要先搞清楚其中所涉及的两个数据结构：哈希表，以及管理空闲块的双向链表。哈希表是一个大小为 307 的数组，并且采用了链表地址法解决哈希冲突。哈希函数的实现是使用缓冲区的设备号与逻辑块号做异或操作，并对 307 取模（第 10 行）。因为本书聚焦于操作系统内核的实现，所以不会详细介绍内核所使用的数据结构的具体实现。如果读者对哈希表的实现原理不了解，请参阅数据结构相关的资料。而管理空闲块的双向链表则采用 LRU（Least Recently Used，最近最少使用）算法进行管理。在初始化时，所有的空闲缓冲区都挂在空闲块双向链表上，每一次申请新的缓冲区，内核就会从链表的开头找到一个可用的空闲缓冲区，并将它从空闲块链表取下，然后再插回链表的末尾。这样，最近使用的缓冲区就移到链表的后面，而最近最少使用的缓冲区就自然地到了链表前头。

搞清楚了这两个数据结构，再来看代码就很清晰了。getblk 函数首先调用 get_hash_table 在哈希表里查找目标缓冲区是否已经在内存中了。如果是，就可以直接返回这个缓冲区（第 76 行和第 77 行）。需要注意的是，这里查找目标缓冲区并不是简单地在哈希表进行一次查询就可以了，而是需要考虑并发情况下的加锁问题。缓冲区是典型的多进程共享的资源，当有一个进程进行写操作时，其他进程就不能再读了，所以对缓冲区的操作应该使用锁，以实现并发安全。保护缓冲区的并发安全有两层意义。第一是保护缓冲区的内容，比如两个进程同时要对缓冲区进行写操作，那就必须使用锁。只有先拿到锁的进程才能进行写操作，另一个进程只能等待，直到前边的进程写操作完成并主动释放锁才会把后边的进程唤醒，后边的进程会重新尝试加锁。第二层是处理整个缓冲区的内容全部失效的情况，此时，缓冲区的设备号和逻辑块号也会发生改变。因为没有抢到锁的进程会休眠，等到自己被唤醒的时候，不仅缓冲区的内容会发生变化，缓冲区整体也有可能失效。所以，在查找缓冲区的时候，一旦进程经历过休眠，就必须在恢复执行以后再次检查缓冲区是否仍然有效。get_hash_table 中的无穷循环就是为了保证找到的缓冲区是有效的。如果在哈希表中找到目标缓冲区就把它的引用计数加 1（第 62 行），并且通过 wait_on_buffer 检查缓冲区是否被加锁。如果已经加锁，就开始休眠，等休眠结束以后必须重新检查设备的逻辑块号，以保证缓冲区仍然有效。如果缓冲区已经失效了，就将引用计数减 1，并尝试下一次循环。

当一个进程获得了空闲缓冲区以后，就应该对这个缓冲区加锁，加锁的实现如代码清单 6-12 所示。

代码清单 6-12　对缓冲区加锁

```
1   /* kernel/blk_drv/ll_rw_blk.c */
2   void lock_buffer(struct buffer_head * bh) {
3       cli();
4       while (bh->b_lock)
5           sleep_on(&bh->b_wait);
6       bh->b_lock=1;
7       sti();
8   }
```

如果一个进程调用 lock_buffer 尝试对一块缓冲区进行加锁时，发现这个缓冲区已经被加锁了，那就只能在 b_wait 队列上等待，直到持有锁的进程释放锁的时候，才把等待的进程唤醒。当然，如果加锁时，b_lock 变量本身就是 0 的话，则进程直接加锁成功并退出这个函数了。

与之对应的是对缓冲区解锁的函数，如代码清单 6-13 所示。

代码清单 6-13　解锁缓冲区

```
1   /* kernel/blk_drv/ll_rw_blk.c */
2   void unlock_buffer(struct buffer_head * bh) {
3       if (!bh->b_lock)
4           printk("ll_rw_block.c: buffer not locked\n\r");
5       bh->b_lock = 0;
6       wake_up(&bh->b_wait);
7   }
```

只有持有锁的进程才能释放这把锁，如果一个进程在执行 unlock_buffer 时发现 b_lock 变量为 0，这就意味着缓冲区并没有加锁，这时就应该报错了。如果成功地释放了锁，则还需要把等待加锁的进程唤醒，加锁与解锁这两个函数应该对称使用，否则就会带来并发问题。

在进程锁定了缓冲区以后，就可以向硬盘控制器发出请求了，6.2.1 节也已经介绍了。

此时，为了节约系统资源，进程会主动休眠。6.2.1 节使用了一个全局的等待队列，但这只是权宜之计，因为在多进程并发的场景下，使用一个全局的链表肯定会出问题，正确的做法是休眠队列应该与读写请求相绑定，在 Linux 0.11 内核中，这个休眠队列放在了代表 I/O 请求的 request 结构体中。在实现这个结构体之前，我们还是继续复用这个全局队列。

最终，identity 函数可以变成以下的样子：

```
1  void identity_callback() {
2      port_read(HD_DATA, bh->b_data, 256);
3      wake_up(&waiting);
4      unlock_buffer(bh);
5  }
6
7  void hd_identity() {
8      bh = getblk(3,0);
9      lock_buffer(bh);
10
11     hd_out(0, 0, 0, 0, 0, WIN_IDENTIFY, identity_callback);
12     sleep_on(&waiting);
13     short* buf = (short*)bh->b_data;
14     int sectors = ((int)buf[61] << 16) + buf[60];
15     printk("HD size: %dMB\n\r", sectors * 512 / 1024 / 1024);
16 }
```

编译以后，可以观察到镜像文件的体积变小了，但功能并没有发生变化。通过实现缓冲区，现在的内核已经初步具备了磁盘读写的能力。但是，现在的读写操作仅限于单进程，当多个进程都需要进行读写时，更甚者，有的进程要读取硬盘，有的进程要写软盘，这又该如何保证呢？内核必须把读写请求进行抽象，清楚每个请求是由哪个进程发起的，它是要读还是要写，目标地址是什么，下一节就将实现相关的数据结构，以对请求进行管理。

6.2.3　缓冲区相关的读写操作

6.1 节讲到硬盘分区表位于硬盘的第一个扇区的 0x1be 处，并通过 xxd 命令查看了虚拟硬盘文件的内容，探明了硬盘分区表的格式。因为当时没有读取硬盘的能力，所以没办法把硬盘分区表读进内存，通过内核代码进行验证，现在已经把块设备读写的基础设施缓冲区构建好了，下一步就应该读数据了。

如图 6-3 所示，磁盘的读写也采用了分层设计，分为内核、缓冲区和低层次 I/O 接口三层。内核只和缓冲区打交道，而缓冲区既要向内核提供服务，又要在缺少数据时向更底层发起 I/O 请求。其中，负责低层次 I/O 的函数是 ll_rw_block，它将会负责与硬盘控制器打交道，而发起请求则使用 request 结构体。request 是一种对请求的抽象，如果你熟悉设计模式的话，可能会联想到命令模式，request 里记录了一次读写请求所需要的所有参数。读写请求结构体的定义如代码清单 6-14 所示。

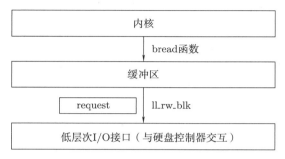

图 6-3 从磁盘读写数据的分层设计

代码清单 6-14 读写请求结构体

```
1   /* kernel/blk_drv/blk.h */
2   #define NR_REQUEST      32
3
4   struct request {
5       int dev;
6       int cmd;
7       int errors;
8       unsigned long sector;
9       unsigned long nr_sectors;
10      char * buffer;
11      struct task_struct * waiting;
12      struct buffer_head * bh;
13      struct request * next;
14  };
15
16  struct blk_dev_struct {
17      void (*request_fn)(void);
18      struct request * current_request;
19  };
20
21  extern struct blk_dev_struct blk_dev[NR_BLK_DEV];
22  extern struct request request[NR_REQUEST];
```

类型的定义放在头文件 blk.h 中，具体的变量的定义在源文件 ll_rw_blk.c 中，所以第 21 行和 22 行所声明的结构体数组都在源文件中，这里没有列出，读者可以自己添加。这里重点来看结构体的定义。

在 struct request 中，dev 代表设备号，cmd 用于指明当前请求是读还是写，errors 用于统计操作时产生的错误数，sector 代表起始扇区，nr_sectors 代表要读写的扇区数，buffer 是缓冲区，bh 是缓冲区的管理结构。从 6.2.1 节 buffer_head 的结构可以知道，bh 的 b_data 指针和这里的 buffer 指针其实是同一个指针。为了编程的方便，这里把 buffer 指针也记录在 request 结构中。waiting 是等待 I/O 操作时的休眠队列，进程在等待 I/O 操作时要先在这个队列上休眠，以让出 CPU 时间，直到 I/O 完成以后外设通过中断通知内核。内核会在缓冲区全部准备好后再唤醒等待的进程。next 指针指向下一个请求，显然所有的请求组成了一个单向链表。这个链表的头在 blk_dev_struct 里，也就是指针 current_request，另外一个函数指针 request_fn 则对应着设备的请求处理函数，它会在 init 函数里被初始化。例如，完整的 hd_init 函数如下所示：

```
1  /* kernel/blk_drv/hd.c */
2  void hd_init() {
3      blk_dev[MAJOR_NR].request_fn = DEVICE_REQUEST;
4      set_intr_gate(0x2E,&hd_interrupt);
5      outb_p(inb_p(0x21)&0xfb,0x21);
6      outb(inb_p(0xA1)&0xbf,0xA1);
7  }
```

在代码清单 6-7 中，DEVICE_REQUEST 是一个宏，当 MAJOR_NR 为 3 时，也就是在 hd.c 中，它将会被翻译成 do_hd_request。

blk_dev 是一个数组，它一共有 7 个元素，分别对应不同的设备。它的下标就是主设备号，比如软盘的主设备号为 2，硬盘的主设备号为 3。所有对硬盘的请求都会被挂在 blk_dev[3] 开头的链表上，同理，所有对软盘的请求都会被挂在 blk_dev[2] 开头的链表上。

因为 Linux 0.11 时代的硬盘都是机械硬盘，而机械硬盘是典型的顺序存储器，它和以前的磁带非常相似，如果要读取磁带上的数据，要先把磁带转到特定的位置，然后从头开始读取。为了让磁盘读取的速度最快，内核就需要以一定的顺序将请求进行排序，以方便磁盘正常工作。

接下来就自顶向下地来实现这些代码，先来看缓冲区的读取，如代码清单 6-15 所示。

代码清单 6-15　读取缓冲区

```
1  /* fs/buffer.c */
2  struct buffer_head * bread(int dev,int block) {
3      struct buffer_head * bh;
4      if (!(bh=getblk(dev,block))) {
5          panic("bread: getblk returned NULL\n");
6      }
```

```
7       if (bh->b_uptodate)
8           return bh;
9       ll_rw_block(READ,bh);
10      wait_on_buffer(bh);
11      if (bh->b_uptodate)
12          return bh;
13
14      brelse(bh);
15      return NULL;
16  }
```

上述代码的主要逻辑是使用设备号和块号在缓冲区中查找对应的 buffer_head。如果找到了，并且数据是最新的，就可以直接返回这块缓冲区，否则就要启动真正的读写流程；如果读写失败则释放缓冲区。代码中使用的函数在前边的工作中几乎都已经实现了，只有一个负责低层次读写的函数尚未实现。接下来要实现低层次读写接口 ll_rw_block，如代码清单 6-16 所示。

代码清单 6-16　低层次读写接口

```
1   /* kernel/blk_drv/ll_rw_blk.c */
2   void add_request(struct blk_dev_struct * dev, struct request * req) {
3       struct request * tmp;
4       req->next = NULL;
5       cli();
6
7       if (req->bh)
8           req->bh->b_dirt = 0;
9
10      if (!(tmp = dev->current_request)) {
11          dev->current_request = req;
12          sti();
13          (dev->request_fn)();
14          return;
15      }
16
17      for ( ; tmp->next ; tmp=tmp->next) {
18          if (!req->bh) {
19              if (tmp->next->bh)
20                  break;
21              else
22                  continue;
23          }
```

```
24
25          if ((IN_ORDER(tmp,req) ||
26                  !IN_ORDER(tmp,tmp->next)) &&
27              IN_ORDER(req,tmp->next))
28          break;
29      }
30
31      req->next=tmp->next;
32      tmp->next=req;
33      sti();
34  }
35
36  void make_request(int major,int rw, struct buffer_head * bh) {
37      struct request * req;
38      lock_buffer(bh);
39      if ((rw == WRITE && !bh->b_dirt) || (rw == READ && bh->b_uptodate))
40          {
41          unlock_buffer(bh);
42          return;
43      }
44  repeat:
45      if (rw == READ)
46          req = request+NR_REQUEST;
47      else
48          req = request+((NR_REQUEST*2)/3);
49
50      while (--req >= request)
51          if (req->dev<0)
52              break;
53
54      if (req < request) {
55          sleep_on(&wait_for_request);
56          goto repeat;
57      }
58
59      req->dev = bh->b_dev;
60      req->cmd = rw;
61      req->errors=0;
62      req->sector = bh->b_blocknr<<1;
63      req->nr_sectors = 2;
```

```
64        req->buffer = bh->b_data;
65        req->waiting = NULL;
66        req->bh = bh;
67        req->next = NULL;
68        add_request(major+blk_dev,req);
69    }
70
71    void ll_rw_block(int rw, struct buffer_head * bh) {
72        unsigned int major;
73        major = MAJOR(bh->b_dev);
74
75        make_request(major,rw,bh);
76    }
77
78    void blk_dev_init() {
79        int i;
80
81        for (i=0 ; i<NR_REQUEST ; i++) {
82            request[i].dev = -1;
83            request[i].next = NULL;
84        }
85    }
```

ll_rw_block 函数并不是直接启动磁盘读写，而是通过 make_request 创建一个请求，并把请求插入到相应设备的请求链表上。

make_request 函数接收 3 个参数：第一个参数代表主设备号；第二个参数指示操作类型是读还是写；第三个参数代表缓冲区。在进行写操作时，数据在缓冲区里被写入磁盘；在进行读操作时，数据由磁盘读入缓冲区。在对缓冲区进行操作之前要对缓冲区加锁（第 38 行）。注意，加锁操作是有可能失败的，如果失败进程就会休眠。在进程休眠的这段时间，缓冲区的状态可能已经发生了变化，所以在加锁成功以后要对缓冲区状态进行一次判断（第 39 行）。如果当前请求是写操作，并且缓冲区里的数据状态不为脏，即数据已经被同步进磁盘了，那就什么也不用做，直接解锁缓冲区并结束这次低层写即可。读操作也是同样的，如果缓冲区中的数据是最新的，也是什么都不需要做即可结束操作。

第 45~48 行是为了把 request 数组的后 1/3 预留给读请求，以避免写请求把所有的空间都使用了。之后使用 req 变量从后向前遍历 request 数组，如果有一个元素是可用的，就结束遍历（第 52 行），否则就休眠等待，等到有其他进程使用完 request 项，并把它归还给数组时，就会把等待的进程唤醒。被恢复的进程会继续跳转回 repeat 标志处重复上述过程。接下来就应该初始化 request 结构（第 59~67 行），最后通过 add_request 把这一项放到相应设备的请求队列中。

add_request 负责将请求 req 与相应设备 dev 关联起来。这个函数要先关闭中断并清除缓冲区脏标志，如果该设备的请求队列为空（第 10 行），就把请求放进队列并打开中断，之后调用该设备所对应的处理函数（第 13 行）。设备的处理函数是一个函数指针；对于硬盘，在 hd_init 函数中，该指针会指向 do_hd_request；对于软盘，在 floppy_init 函数中，该指针会指向 do_fd_request。

如果设备的请求队列中已经有其他的请求了，那就使用通过排序将请求插入到正确的位置处。因为早期的机械硬盘是一种顺序访问的设备，所以读写请求如果是按照扇区编号有序排列的，磁盘控制器就可以很快地定位到目标扇区。这种工作方式和电梯很像，所以人们称之为电梯算法。因为驱动程序在完成一次读写请求以后，会自动地继续执行请求链表中的下一项，所以当链表不为空时，就不需要像第 13 行那样调用 request_fn 来启动对控制器的读写了。

最后，低层次读写还要向内核提供一个接口，用于在请求结束时唤醒等待进程，并清理相关的数据结构，这就是 end_request：

```
1   #define CURRENT (blk_dev[MAJOR_NR].current_request)
2   #define CURRENT_DEV DEVICE_NR(CURRENT->dev)
3
4   /*部分代码略*/
5   static inline void end_request(int uptodate) {
6       DEVICE_OFF(CURRENT->dev);
7       if (CURRENT->bh) {
8           CURRENT->bh->b_uptodate = uptodate;
9           unlock_buffer(CURRENT->bh);
10      }
11      if (!uptodate) {
12          printk(DEVICE_NAME " I/O error\n\r");
13          panic("dev %04x, block %d\n\r",CURRENT->dev,
14                  CURRENT->bh->b_blocknr);
15      }
16      wake_up(&CURRENT->waiting);
17      wake_up(&wait_for_request);
18      CURRENT->dev = -1;
19      CURRENT = CURRENT->next;
20  }
```

上述代码的主要逻辑是解锁缓冲区，唤醒 request 结构体上等待的进程（一定有），唤醒等待 request 结构的进程（如果有的话），再把当前处理的 request 从链表上摘除。代码比较简单，这里就不再详细分析了。

本节中提到，真正处理硬盘读写请求的函数是 do_hd_request，处理软盘读写的函数是 do_fd_request，这两个函数都是更低层次的，通过读写寄存器端口直接和硬件打交道。接下来的两节将分别实现硬盘驱动和软盘驱动。

6.3　硬盘驱动

6.1 节直接使用 hd_out 函数向硬盘控制器发送命令，然后再把数据读入内存，当时并没有使用缓冲区。6.2 节引入了缓冲区，从此以后，再对磁盘进行读写就要通过缓冲区来作为中转了，对缓冲区的读写是通过 request 结构来管理的，但是并没有介绍具体如何处理一个读写请求。读写请求的处理函数在 blk_dev 的 request_fn 中记录，对于硬盘而言，这个函数会指向 do_hd_request。这一节就将实现这个处理函数。

6.3.1　读写硬盘

在开始实现硬盘读写逻辑之前，可以先回顾一下 IDENTITY 命令的处理过程。进程通过 hd_out 向硬盘控制器发送读取请求，然后进程休眠等待，等硬盘控制器准备好数据以后，就会发起中断来通知 CPU，以唤起等待进程，进程再通过 port_read 将数据读入目标内存。6.2.1 节引入了缓冲区以后，上述处理的核心逻辑其实并没有改变，只是把进程自己发送的读取请求封装到 request 的处理函数中而已。想明白了这一点，硬盘读写请求的处理函数就比较容易实现了，如代码清单 6-17 所示。

代码清单 6-17　处理硬盘读写请求

```
1   /* kernel/blk_drv/blk.h */
2   #ifdef DEVICE_TIMEOUT
3   #define CLEAR_DEVICE_TIMEOUT DEVICE_TIMEOUT = 0;
4   #else
5   #define CLEAR_DEVICE_TIMEOUT
6   #endif
7
8   #ifdef DEVICE_INTR
9   #define CLEAR_DEVICE_INTR DEVICE_INTR = 0;
10  #else
11  #define CLEAR_DEVICE_INTR
12  #endif
13
14  #define INIT_REQUEST \
15  repeat: \
16      if (!CURRENT) {\
17          CLEAR_DEVICE_INTR \
18          CLEAR_DEVICE_TIMEOUT \
19          return; \
```

```
20        }\
21        if (MAJOR(CURRENT->dev) != MAJOR_NR) \
22            printk(DEVICE_NAME ": request list destroyed"); \
23        if (CURRENT->bh) { \
24            if (!CURRENT->bh->b_lock) \
25                printk(DEVICE_NAME ": block not locked"); \
26        }

28 /* kernel/blk_drv/hd.c */
29 void do_hd_request() {
30     int i,r;
31     unsigned int block,dev;
32     unsigned int sec,head,cyl;
33     unsigned int nsect;

35     INIT_REQUEST;
36     dev = MINOR(CURRENT->dev);
37     block = CURRENT->sector;

39     if (dev >= 5*NR_HD || block+2 > hd[dev].nr_sects) {
40         end_request(0);
41         goto repeat;
42     }

44     block += hd[dev].start_sect;
45     dev /= 5;

47     __asm__("divl %4":"=a" (block),"=d" (sec):"0" (block),"1" (0),
48             "r" (hd_info[dev].sect));
49     __asm__("divl %4":"=a" (cyl),"=d" (head):"0" (block),"1" (0),
50             "r" (hd_info[dev].head));
51     sec++;
52     nsect = CURRENT->nr_sectors;

54     if (CURRENT->cmd == WRITE) {
55         hd_out(dev,nsect,sec,head,cyl,WIN_WRITE,&write_intr);
56         for(i=0 ; i<10000 && !(r=inb_p(HD_STATUS)&DRQ_STAT) ; i++)
57             /*仅等待，不做其他操作*/;
58         port_write(HD_DATA,CURRENT->buffer,256);
59     }
60     else if (CURRENT->cmd == READ) {
```

```
61              hd_out(dev,nsect,sec,head,cyl,WIN_READ,&read_intr);
62          }
63      else
64          printk("unknown hd-command");
65  }
```

do_hd_request 函数中定义的变量比较直观，block 是要读写的起始逻辑块号，sec、head、cyl 分别代表磁道、磁头和柱面，这三个变量组合在一起指定了具体的物理块号。逻辑块号是供内核使用的，物理块号则是用于向硬盘控制器发起请求的，所以在向控制器写入读写请求时，需要将逻辑块号转换成物理块号。第 35 行的宏主要用于初始化相关变量，结合 blk.h 中的宏定义，读者可以自己展开实现，比较简单，这里就不再详细论述了。第 39 行开始的条件语句用于判断请求是否合法，如果不合法就结束本次请求的处理，并且继续跳转回去进行下一个处理。注意 repeat 标志是由宏 INIT_REQUEST 定义的。

函数中的 dev 变量代表的是次设备号，硬盘的次设备号代表不同的分区：0 代表第一块硬盘整体；1~4 代表第一块硬盘的 4 个分区；5 代表第二块硬盘整体；6~9 代表第二块硬盘的 4 个分区。第 44 行把逻辑块号加上对应分区的起始块号，就可以把逻辑块号转换成对应硬盘的绝对块号，第 45 行再由次设备号算出对应的硬盘编号。

divl 指令把 edx:eax 组成的一个 64 位整数作为被除数，操作数作为除数进行除法计算，商放在 eax，余数在 edx 中。在第 47 行的内嵌汇编中，divl 指令用逻辑块号除以每磁道扇区数，商就是磁道号，余数是对应的扇区号。然后，第 49 行的汇编语句再用磁道号除以硬盘的总磁头数，eax 中存储了柱面号，edx 中的余数就是当前磁头号。nsect 代表要操作的扇区数。

接下来就使用 hd_out 对硬盘控制器发出命令，使用 port_write 将缓冲区里的值写入磁盘，或者使用 port_read 从磁盘读取数据进缓冲区。这几个函数在 6.1 节已经实现了，可谓轻车熟路了。可能有的读者会有疑问，读写硬盘使用了硬盘分区信息，但是硬盘分区信息又是从硬盘的第一个扇区中读入的，也就是说要加载硬盘分区就要使用读硬盘的接口，这不是矛盾了吗？实际上，读取硬盘的第一个扇区时，次设备号为 0，此时并不会使用分区表信息。

而这一次 port_read 的回调函数被设置成了 read_intr，也就是将 do_hd 指针指向 read_intr。当硬盘控制器准备好数据以后，就会发起中断，由硬盘中断服务程序调用这个函数。可想而知，read_intr 的主要逻辑就是从数据端口读入硬盘数据，如代码清单 6-18 所示。

代码清单 6-18　读入硬盘数据

```
1  static void read_intr(void) {
2      //printk("read callback\n");
3      if (win_result()) {
```

```
4          printk("hd read error.\n");
5          do_hd_request();
6          return;
7      }
8      port_read(HD_DATA,CURRENT->buffer,256);
9      CURRENT->errors = 0;
10     CURRENT->buffer += 512;
11     CURRENT->sector++;
12     if (--CURRENT->nr_sectors) {
13         //printk("nr_sectors:%d\n", CURRENT->nr_sectors);
14         SET_INTR(&read_intr);
15         return;
16     }
17     end_request(1);
18     do_hd_request();
19 }
```

由前可知，回调函数的核心逻辑就是 port_read，向缓冲区读入 256 个机器字，即 512B（第 8 行），同时缓冲区的目标地址向后移动 512（第 10 行），读请求的起始扇区数加 1（第 11 行）。第 12 行的条件语句，用于判断这次读请求是否已经完成，如果还没有全部读完，则把中断服务程序再设为 read_intr，等待下一次中断。当内核从数据端口读出 512B 以后，硬盘控制器会自动地再读 512B 大小的数据，并且产生中断，从而不需要内核再操作端口了，这是相当方便的。如果全部读完了，第 17 行就会将缓冲区的已更新标志位置为 1。第 2 行和 第 13 行的注释是两个打印用的语句，在编程的过程中，使用 printk 打印相关的信息以观察程序执行结果是否符合预期是一个好的习惯。这样当程序中有 bug 时，就可以快速地定位。当确定没有问题以后，再把相关打印语句注释掉即可。

写操作（写硬盘数据）的逻辑与读操作的几乎是完全对应的，如代码清单 6-19 所示。

代码清单 6-19　写硬盘数据

```
1  /* kernel/blk_drv/hd.c */
2  static void write_intr() {
3      if (win_result()) {
4          do_hd_request();
5      }
6
7      if (--CURRENT->nr_sectors) {
8          CURRENT->sector++;
9          CURRENT->buffer += 512;
10         SET_INTR(&write_intr);
```

```
11          port_write(HD_DATA,CURRENT->buffer,256);
12          return;
13      }
14
15      end_request(1);
16      do_hd_request();
17  }
```

这段代码就不再详细解释了，它与 read_intr 几乎完全相同。只是因为 do_hd_request 函数中发起了第一次写操作，所以在维护 request 数据时与读操作稍有不同。在具备了读写硬盘数据的能力以后，接下来就可以从硬盘中读入分区表了。

6.3.2　读硬盘分区表

根据表 6-1 的描述，定义分区表的结构，如代码清单 6-20 所示。

代码清单 6-20　定义分区表结构

```
1  /* include/linux/hdreg.h */
2  struct partition {
3      unsigned char boot_ind;
4      unsigned char head;
5      unsigned char sector;
6      unsigned char cyl;
7      unsigned char sys_ind;
8      unsigned char end_head;
9      unsigned char end_sector;
10     unsigned char end_cyl;
11     unsigned int start_sect;
12     unsigned int nr_sects;
13 };
```

然后，在 sys_setup 函数中，将硬盘的第一个扇区读入缓冲区，并且在 0x1be 处解析分区表。读取分区表的实现如代码清单 6-21 所示。

代码清单 6-21　读取分区表

```
1  int sys_setup(void * BIOS) {
2      struct partition *p;
3
4      /*部分代码略*/
5      for (i=0 ; i<NR_HD ; i++) {
6          hd[i*5].start_sect = 0;
7          hd[i*5].nr_sects = hd_info[i].head *
```

```
8              hd_info[i].sect * hd_info[i].cyl;
9       }
10
11      for (i = NR_HD ; i < 2 ; i++) {
12          hd[i*5].start_sect = 0;
13          hd[i*5].nr_sects = 0;
14      }
15
16      for (drive = 0; drive < NR_HD; drive++) {
17          if (!(bh = bread(0x300 + drive*5,0))) {
18              panic("Unable to read partition table of drive %d\n\r",
19                      drive);
20          }
21
22          if (bh->b_data[510] != 0x55 || (unsigned char) bh->b_data[511]
    != 0xAA) {
23              panic("Bad partition table on drive %d\n\r",drive);
24          }
25
26          p = 0x1BE + (void *)bh->b_data;
27          for (i=1;i<5;i++,p++) {
28              hd[i+5*drive].start_sect = p->start_sect;
29              hd[i+5*drive].nr_sects = p->nr_sects;
30
31              printk("table %d: start at %d, has %d sects\n", drive,
32                      hd[i+5*drive].start_sect,
33                      hd[i+5*drive].nr_sects);
34          }
35          brelse(bh);
36      }
37
38      for (i=0 ; i<5*MAX_HD ; i++)
39          hd_sizes[i] = hd[i].nr_sects>>1;
40      blk_size[MAJOR_NR] = hd_sizes;
41
42      return 0;
43  }
```

6.1.1 节中的 sys_setup 函数只完成了一半，在完成了读硬盘的功能之后，我们就可以从硬盘中读入分区表了，以完成 setup 函数的全部功能。

本书中的实验只准备了一块硬盘，所以这里的硬盘总数就是 1。硬盘的基本信息被保存在 hd_info 数组中，这个数组最多只有两项，本书只用了第 0 项。

每个硬盘的分区信息保存在数组 hd 中。这个数组的第 0 项记录了第一块硬盘的起始扇区和总的扇区数。第 5 项记录了第二块硬盘的起始扇区和总的扇区数。第 1~4 项对应第一块硬盘的 4 个主分区，第 6~9 项记录了第二块硬盘的 4 个分区的起始扇区和各自的扇区数。可以看到，在 Linux 0.11 中还没有扩展分区的概念。

因为每个硬盘都是从 0 号扇区开始的，所以第 6 行会把它们的起始地址都设为 0。第 7 行和第 8 行通过 hd 数组中的磁头、柱面、每个磁道的扇区数等信息计算硬盘的总扇区数。这些值是从 BIOS 中取得的，当然，你也可以使用 IDENTITY 命令从磁盘控制器取得，这两种方法的结果是一样的。

第 17 行读取硬盘的第 0 个扇区，第 22 行检测这个扇区是否以 0x55aa 结尾。以这两个字节结尾的话，就代表这个扇区是可引导扇区，实际上 bootsect.S 正是以 0x55aa 结尾的。尽管 Linux 0.11 是从软盘引导，而且硬盘上的第 0 号扇区除了 0x1be 处的分区表之外，其他地方都是 0，Linux 也强制要求硬盘的第一个扇区是引导扇区。

第 26 行，让分区表指针指向缓冲区数据中的分区表的位置，然后 27~34 行读出每个分区的起始扇区和总扇区数，并打印到屏幕上。到这里为止，硬盘驱动才算彻底完成了。下一节继续完善软盘驱动。

6.4 软盘驱动

20 世纪 90 年代，Linus 在开发早期版本时，软盘还是最重要的存储设备，因为当时网络不发达，使用可携带的软盘传递数据就成为一种常见的做法。Linux 0.11 的文件系统就存储在软盘镜像中，所以本节将重点研究如何从软盘里读取数据，这将为第 7 章实现文件系统打好基础。

在完成第 7 章的实验以后，读者可以实现软盘镜像和硬盘镜像的文件系统，根据自己的习惯自由地进行构建。这里，我们还是按部就班地实现软盘的功能。

6.4.1 软盘的工作原理

软盘是一种可方便携带的磁盘，它的驱动器安装在主机上。在工作时，由驱动器中的马达带动盘片旋转，然后磁头从盘片上读写数据。除了读写速度显著慢于硬盘之外，其他部分的工作原理十分相似。软盘的初始化过程与硬盘的初始化如出一辙，也是设置设备相应的处理函数、中断服务程序，以及打开软盘中断这三个主要步骤的具体实现如代码清单 6-22 所示。

代码清单 6-22 定义软盘相关结构

```
1   /*kernel\blk_drv\blk.h*/
2   #if (MAJOR_NR == 2)
3   /*部分代码略*/
```

```
4
5   #elif (MAJOR_NR == 3)
6   #define DEVICE_NAME "harddisk"
7   #define DEVICE_INTR do_hd
8   #define DEVICE_TIMEOUT hd_timeout
9   #define DEVICE_REQUEST do_hd_request
10  #define DEVICE_NR(device) (MINOR(device)/5)
11  #define DEVICE_ON(device)
12  #define DEVICE_OFF(device)
13  #endif
14
15  /*kernel\blk_drv\floppy.c*/
16  #define MAJOR_NR 2
17  #include "blk.h"
18
19  extern void floppy_interrupt();
20
21  void unexpected_floppy_interrupt() {
22      printk("unexpected floppy interrupt.\n");
23  }
24
25  void do_fd_request() {
26  }
27
28  void floppy_init() {
29      blk_dev[MAJOR_NR].request_fn = DEVICE_REQUEST;
30      set_trap_gate(0x26,&floppy_interrupt);
31      outb(inb_p(0x21)&~0x40,0x21);
32  }
```

前边的章节已经出现了很多初始化函数，包括时钟中断、键盘中断、硬盘中断等，相信读者对这些中断的初始化已经非常熟悉了，再编写软盘中断服务程序肯定也是轻车熟路。

这段代码引自两个文件，分别是 blk.h 和 floppy.c。请注意，在 blk.h 头文件中，我们使用预编译宏分别定义了 DEVICE_REQUEST 宏：对于硬盘，这个宏就会被展开成 do_hd_request；而对于软盘，这个宏会被展开成 do_fd_request。因为这两个定义在不同的条件分支里，所以它们在头文件中并不会冲突。

只有在编译 hd.c 和 floppy.c 的时候，编译器才会引入 blk.h 文件，然后再根据 MAJOR_NR 的定义来决定 blk.h 中的宏如何展开。因为 floppy.c 将 MAJOR_NR 定义为 2（第 16 行），所以这个 C 文件中的 DEVICE_REQUEST 就成了 do_fd_request。这一段代码主要还是为了初始化软盘中断，所以就先提供了一个空的 do_fd_request 函数。

软盘中断服务程序 floppy_interrupt 的实现和 hd_interrupt 的实现一样，位于 sys_call.S 文件中，是使用汇编语言实现的，如代码清单 6-23 所示。

代码清单 6-23　软盘中断服务程序

```
1   floppy_interrupt:
2       pushl   %eax
3       pushl   %ecx
4       pushl   %edx
5       pushl   %ds
6       pushl   %es
7       pushl   %fs
8       movl    $0x10, %eax
9       movw    %ax, %ds
10      movw    %ax, %es
11      movl    $0x17, %eax
12      movw    %ax, %fs
13      xorl    %edx, %edx
14      xchgl   do_floppy, %edx
15      testl   %edx, %edx
16      jne     1f
17      movl    $unexpected_floppy_interrupt, %edx
18  1:  call    *%edx
19      movb    $0x20, %al
20      outb    %al, $0x20
21      popl    %fs
22      popl    %es
23      popl    %ds
24      popl    %edx
25      popl    %ecx
26      popl    %eax
27      iret
```

上述代码的保存和恢复寄存器的部分，前文已经讲过多次了，这是比较简单的，不再赘述。这段代码中的精要是从第 13 行开始的。这一段先把 edx 寄存器清零（第 13 行），再交换 do_floppy 指针和 edx 寄存器（第 14 行）的值。这样的话，do_floppy 指针就变成空，指针原来的值就保存在 edx 寄存器中了。接下来判断 edx 寄存器是否为空（第 15 行），如果不为空就转到第 18 行的 call 指令执行，否则就执行 unexpected_floppy_interrupt。这个函数的作用是重置软盘，将磁头校对到初始状态。重置软盘需要对软盘控制器进行编程，这是一个非常复杂的事情，6.4.4 节将会全面地介绍如何实现，这里先放一个空的实现，以保证编译可以通过。

正常来说，接下来就应该研究如何针对软盘控制器进行编程了，但是因为软盘操作非常慢，内核不得不在操作软盘时使用大量的延时操作，所以在编程控制软盘之前，内核要先实现定时器的功能。

6.4.2 实现定时器

软盘被插入驱动器以后，驱动器的电机（也称马达）带动软盘旋转，当软盘转到特定位置，磁头就可以从软盘上读取数据了。

软盘不工作的时候，马达是不转的，当需要对软盘进行读写操作的时候，就需要先启动马达并达到正常的旋转速度。当读写完成以后，为了减少对盘片的摩擦损耗，马达也会停下来。但操作系统也不能在每次读写操作完毕以后就立即让马达停下来。因为读写操作往往是连续的，所以 Linux 选择在软盘读写完成以后让马达持续旋转 3 秒。如果在 3 秒内都没有进行读写操作，就可以让马达停止运行。如果软盘读写发生错误，或者有其他不可预见的错误导致驱动器马达没有及时关闭，Linux 也会在 100 秒以后强制关闭驱动器马达。

定时器的功能与时钟紧密相关，所以这部分代码被放置在 sched.c 中，与时钟中断服务程序放在一起。定时器的实现如代码清单 6-24 所示。

代码清单 6-24　定时器

```
1   #define TIME_REQUESTS 64
2
3   static struct timer_list {
4       long jiffies;
5       void (*fn)();
6       struct timer_list * next;
7   } timer_list[TIME_REQUESTS], * next_timer = NULL;
8
9   void add_timer(long jiffies, void (*fn)()) {
10      struct timer_list * p;
11      if (!fn)
12          return;
13      cli();
14
15      if (jiffies <= 0)
16          (fn)();
17      else {
18          for (p = timer_list ; p < timer_list + TIME_REQUESTS ; p++)
19              if (!p->fn)
20                  break;
```

```
21        if (p >= timer_list + TIME_REQUESTS)
22            printk("No more time requests free");
23
24        p->fn = fn;
25        p->jiffies = jiffies;
26        p->next = next_timer;
27        next_timer = p;
28
29        if (p->next && p->jiffies < p->next->jiffies) {
30            p->next->jiffies -= p->jiffies;
31        }
32
33        while (p->next && p->next->jiffies < p->jiffies) {
34            p->jiffies -= p->next->jiffies;
35            fn = p->fn;
36            p->fn = p->next->fn;
37            p->next->fn = fn;
38            jiffies = p->jiffies;
39            p->jiffies = p->next->jiffies;
40            p->next->jiffies = jiffies;
41            p = p->next;
42        }
43    }
44    sti();
45 }
46
47 void do_timer(long cpl) {
48    if (next_timer) {
49        next_timer->jiffies--;
50        while (next_timer && next_timer->jiffies <= 0) {
51            void (*fn)(void);
52            fn = next_timer->fn;
53            next_timer->fn = NULL;
54            next_timer = next_timer->next;
55            (fn)();
56        }
57    }
58
59    if ((--current->counter)>0) return;
60    current->counter=0;
61    if (!cpl) return;
```

```
62      schedule();
63  }
```

程序第 3 行声明了一个名为 timer_list 的结构体，这显然是一个单向链表，next 指针指向链表中的下一项。jiffies 记录的是定时器的到期时间，fn 则是一个函数指针，当定时器到时以后，内核就会回调这个函数。第 7 行声明了一个大小为 64 的定时器数组，同时声明了链表头 next_timer。

add_timer 函数的作用是新增一个定时器事件，第 9 行的参数 jiffies 是新增的定时器事件的到期时间，fn 是到期时的回调函数。如果到期时间 jiffies 小于等于 0，就直接调用回调函数（第 16 行）。否则就要在定时器链表里新增节点。理解这一段代码，一定要明白链表节点中的 jiffies 的作用。它代表的不是定时器到期的绝对时间，而是上一个节点到期和本节点到期时间的间隔，这样每一次时钟处理函数都只需要检查链表的第一项，而不必扫描整个链表以维护到期时间。

第 18 行开始表示新增定时器节点。首先在数组里找到一个空闲节点（18~22 行），然后将这个节点放到链表头上（24~27 行）。接下来再执行一次排序，并将新的节点插入链表中。链表项按定时值从小到大排序，在排序时减去排在前面需要的滴答（tick）数，因为 jiffies 记录的是两个节点之间的时间间隔。第 35~41 行的作用是交换当前节点与下一个节点的值，也就是在排序插入过程中把链表节点向后移动。

第 29 行至第 31 行在 Linux 源码中是没有的，不加这两行是错误的。这两行是用于处理新增的定时器到达时间的。如果比定时器链表中的第一项的到达时间还要早，就应该把原来的第一项的到达时间减去新增的到达时间。

正如上文分析的，每一次时钟中断只需要处理链表头上的节点，所以第 49 行只对第一个节点的 jiffies 减 1 即可。对所有到期的节点，将它从链表上删除（54 行），并调用它的回调函数（55 行）。

为了测试定时器，在 sys_setup 中增加一行代码：

```
1  extern void add_timer(long jiffies, void (*fn)());
2
3  int sys_setup(void * BIOS) {
4      /*部分代码略*/
5      add_timer(300, test_c);
6
7      return 0;
8  }
```

其中，test_c 的实现如代码清单 6-25 所示，test_c 函数会在 setup 函数执行之后的 300 个时钟周期开始执行。它的功能是向屏幕左上角打印红色的字符 C。

代码清单 6-25 打印红色字符 C

```
1  void test_c() {
2  __asm__("movl $0x0, %edi\n\r"
3          "movw $0x1b, %ax\n\t"
4          "movw %ax, %gs \n\t"
5          "movb $0x0c, %ah\n\r"
6          "movb $'C', %al\n\r"
7          "movw %ax, %gs:(%edi)\n\r");
8  }
```

重新编译运行，可以观察到在内核加载后的一段时间，屏幕上才会显示出红色的字符 C。这说明定时器的功能是正常的。准备好定时器以后，软盘驱动所依赖的所有功能都准备好了，下一节继续实现软盘的读写功能。

6.4.3 DMA 读写

因为软盘驱动器和软盘是分离的，驱动器的转速只有每分钟 300 转左右，所以软盘的读写速度是非常慢的，为了解决读写软盘数据的速度与 CPU 运算速度不匹配的问题，DMA（Direct Memory Access，直接内存访问技术）得以普遍应用。

一般来说，外部设备与内存之间的数据传输都需要 CPU 来管理，但当外设的读写速度太慢时，CPU 需要通过大量的中断来管理数据的传输过程。而 DMA 不需要 CPU 过多地参与数据的传输过程，它提供了外设和存储器之间的高速数据传输能力。CPU 只需要初始化传输动作，传输动作本身是由 DMA 控制器来实现和完成的。DMA 传输方式无须 CPU 直接控制传输，也没有中断处理。通过硬件为内存和外设开辟一条直接传输数据的通道，会使得 CPU 的效率大大提高。

DMA 数据传送是由 DMA 控制器管理的，i386 中的 DMA 控制器是 8237A，它是一种高性能的可编程 DMA 控制器。要想对软盘进行 DMA 控制，主要就是通过对 8237A 进行编程。在这之前，内核已经多次通过编程来设置各种可编程芯片了，例如用于管理中断的 8259A，用于控制键盘的 8042 芯片。对它们进行操作，无非就是对寄存器进行读写。8237A 也不例外，先来看它的各个端口，如表 6-3 所示。

8237A 支持 4 个 DMA 通道，即同时可以有 4 个设备进行 DMA 操作，其中软盘的通道编号是 2。所以对软盘进行读写访问，需要使用 4 号端口和 5 号端口。在表 6-3 中，4 号端口对应的是地址寄存器，实际上 8237A 中包含了两个地址寄存器，分别是基地址寄存器和当前地址寄存器。基地址寄存器中记录了内存的地址，用于告诉 DMA 控制器：如果是从外设向内存中读入数据，则把数据存到这个地址；或者反过来，从内存向外设写数据，数据的写入地址就在这里。基地址寄存器只能写入，不能读出，它可以供 DMA 控制器进行自动预置操作时使用。

表 6-3　DMA 控制器寄存器端口

端口号	支持的操作	寄存器名称
0	读写	通道 0 的地址寄存器
1	读写	通道 0 的计数寄存器
2	读写	通道 1 的地址寄存器
3	读写	通道 1 的计数寄存器
4	读写	通道 2 的地址寄存器
5	读写	通道 2 的计数寄存器
6	读写	通道 3 的地址寄存器
7	读写	通道 3 的计数寄存器
8	读写	读时为状态寄存器，写时为命令寄存器
9	只写	请求寄存器
10	只写	单个通道屏蔽寄存器
11	只写	工作方式寄存器
12	只写	清除先后触发器软命令
13	读写	读时为暂存寄存器，写时为总清除软命令
14	只写	清除 4 个通道屏蔽寄存器软命令
15	只写	4 个通道屏蔽寄存器

　　与基地址寄存器共用 4 号端口的是当前的地址寄存器，每传送 1 个数据，地址值自动加 1，指向下个单元。编程时可写入初值，也可被读出，但每次只能读写 8 位，所以读写要分两次完成，内核在使用当前地址寄存器时只需要向其中写入内存地址，而不必关心寄存器的值是多少。8237A 的地址寄存器只有 16 位，也就是只支持 64KB 地址，这显然是不够的。为了解决这个问题，8237A 又为每个通道设置了页面寄存器，页面寄存器里可以写入的值是 0x0～0xf。也就是说，页面寄存器可以写入内存地址的高 4 位，通过这种方式就可以把 16 位扩展至 20 位，这样 DMA 就可以支持 1MB 寻址，所以内核必须保证内存的起始地址不超过 1MB。

　　5 号端口是计数寄存器，用于指定一次 DMA 读写的数据的大小，因为这个寄存器的工作方式是从 0 开始计数，所以往寄存器里写入的值要用读写数据的大小减 1。Linux 在使用 DMA 时，一次读写的大小是 1024B，所以往计数寄存器里写入的值是 1023，也就是 0x3ff。

　　10 号端口对应的是单个通道屏蔽寄存器。它的第 0 位和第 1 位代表通道号，软盘的通道号为 2，所以这两位的值为 1 和 0，当第 2 位为 0 时，代表通道开放，为 1 时，代表通道屏蔽。在进行 DMA 设置的期间，通道应该被屏蔽，就是使用这个寄存器来实现的。

　　11 号端口是工作方式寄存器，它的各个位的含义如表 6-4 所示。

　　在 Linux 内核中，软盘的 DMA 通道是 2，所以控制信号的低两位是 10。如果是读操作，则第 2 位和第 3 位的值是 01；如果是写操作，则第 2 位和第 3 位的值是 10。为了确保数据传输的精确控制，禁止了自动预置，使用地址递增模式，所以地址寄存器传入的是内存的起始地址，进而第 4 位和第 5 位的值都是 0。为了确保数据传输的精确控制，传输类型采用的是单字节模式，所以第 6 位和第 7 位的值是 01，全部合并起来，读操作的值是 0x41，而写操作的值是 0x4a。这里再解释一下传输类型，8237A 和 8259A 一样，可以多片级联工作，以扩展更多的 DMA 通道，所以当传输类型为 11 就代表是级联模式，这里不需要关心。连续模式是一次 DMA 读写会将所有的数据都传输完毕，单字节模式是一次 DMA 读写只传输一个字节。DMA 读写虽然不需要 CPU 参与，但是传输数据仍然要使用数据总线，如果外设的传输速度比较慢，DMA 控制器长时间占用总线显然是不合适的，所以软盘 DMA 只能选择单字节模式而非连续模式。请求传输模式比较复杂，这里就不再讨论了。

表 6-4　工作方式寄存器各位的含义

位	含义
0	通道选择，00~11 分别代表通道 0~3
1	
2	操作类型：00，DMA 校验；01，读操作；10，写操作；11，无效
3	
4	自动预置：0 代表禁止；1 代表允许
5	地址增减方式：0 代表地址递增；1 代表地址递减
6	传输类型：00，请求模式；01，单字节模式；10，连续模式；11，级联模式
7	

8237A 芯片还支持软命令，也就是说端口号后面并没有对应的寄存器，12 号端口所对应的清除先后触发器软命令就是其中的一个。这个名字看上去很别扭，实际上，它的作用就是一个开关。8237A 仅 8 根数据线，而地址寄存器和计数器均为 16 位，CPU 要分两次读写。此时，先后触发器需要控制高低字节的读写次序。清 0 读写低 8 位，随后自动置 1，读写高 8 位，接着又自动清 0，循环往复。对该触发器所在的寄存器执行一次写操作，寄存器就会清 0。

上面的介绍就已经覆盖了 Linux 内核所使用到的 DMA 操作，8237A 还有其他复杂的机制，因为 Linux 内核没有使用，这里就不再介绍了。如果读者感兴趣的话，可以查阅相关的芯片手册。在明白了 DMA 的工作原理和控制器的编程方式以后，就可以动手设置软盘的 DMA 读写了，如代码清单 6-26 所示。

代码清单 6-26　设置软盘 DMA

```
1   /* kernel/blk_drv/floppy.c */
2
3   #define immoutb_p(val,port) \
4   __asm__("outb %0,%1\n\tjmp 1f\n1:\tjmp 1f\n1:"::"a" ((char) (val)),"i"
        (port))
5
6   /*部分代码略*/
```

```
7
8   void setup_DMA() {
9       long addr = (long) CURRENT->buffer;
10      cli();
11      if (addr >= 0x100000) {
12          addr = (long) tmp_floppy_area;
13          if (command == FD_WRITE)
14              copy_buffer(CURRENT->buffer,tmp_floppy_area);
15      }
16      immoutb_p(4|2,10);
17      __asm__("outb %%al,$12\n\tjmp 1f\n1:\tjmp 1f\n1:\t"
18          "outb %%al,$11\n\tjmp 1f\n1:\tjmp 1f\n1:"::
19          "a" ((char) ((command == FD_READ)?DMA_READ:DMA_WRITE)));
20      immoutb_p(addr,4);
21      addr >>= 8;
22      immoutb_p(addr,4);
23      addr >>= 8;
24      immoutb_p(addr,0x81);
25      immoutb_p(0xff,5);
26      immoutb_p(3,5);
27      immoutb_p(0|2,10);
28      sti();
29  }
```

代码的第 9 行取出当前请求所准备的缓冲区地址。在设置 DMA 的过程中，不能再响应其他中断，所以第 10 行执行关闭中断操作。设置完成以后，在第 28 行再打开中断。前面解释过 8237A 芯片的 DMA 地址最多只支持 20 位，所以如果地址长度大于 20 位，就要借助 tmp_floppy_area 这个区域将数据复制一次。这个符号是在 head.S 中定义的，它在页表 pg3 的后面，地址是 0x5000，大小是 1024。第 16 行的作用是向端口 10 写入值 6，代表禁止 2 号通道的 DMA 操作，与之相对应的是，在 DMA 设置完以后，第 27 行通过写入值 2，开启了 2 号通道的 DMA 操作。与中断一样，在设置 DMA 的过程中，DMA 通道也应该保持关闭状态。

第 17 行，通过对 12 号端口执行写操作，以清除先后触发器，实际上，这条 out 指令的操作数可以是任意值，只要是写操作都可以达到清除触发器的效果，为了编程的方便，这里直接使用了 al 寄存器。第 18 行根据当前请求是不是读操作来决定向工作方式寄存器中写入什么控制命令。如果是 FD_READ，则写入 DMA_READ（0x41），否则写入 DMA_WRITE（0x4a）。

接下来就是把内存起始地址写入寄存器，因为向端口输出值，一次只能操作 8 位，而 addr 最多有效位数是 20 位，所以需要使用三次 out 操作才能将地址设置好。其中，低 16 位是写入 4 号端口。先后触发器的工作原理是当它清零时，写入低位，当它置位时，写入高位。向 16 位寄存器的每一次写操作都会使触发器自动发生翻转。所以第 20 行就是写入地址的低 8 位，第 22 行就是写入地址的高 8 位。有效地址的高 4 位则需要写入页面寄存器，其端口号是 0x81（第 18 行）。

Linux 设置的一次 DMA 读写的数据大小是 1024，所以要向计数寄存器中写入 1023，也就是 0x3ff（第 19 行和第 20 行）。最后再恢复 2 号通道并打开中断。只设置好 DMA 还是不够的，一次读写操作还要确定软盘的磁头、柱面、磁道等信息，可通过对软盘控制器编程实现。下一节就来实现对软盘控制器的操作。

6.4.4　软盘控制器

对软盘的访问和管理操作是通过 FDC（Floppy Disk Controller，软盘控制器）实现的，FDC 的编程非常复杂，但 Linux 也只使用了其中几个最常用的。这一节就会实现通过 FDC 编程来进行软盘读写的管理操作。读者将会看到，FDC 的操作虽然烦琐，但无非还是通过 I/O 指令访问端口来操作寄存器而已。

与之前介绍各种可编程芯片一样，这里也先介绍 FDC 的常用寄存器。在编程控制 FDC 时主要使用 4 个寄存器，它们的对应端口如表 6-5所示。

表 6-5　FDC 寄存器端口

端口号	支持的操作	寄存器名称
0x3f2	只写	Digital Output Register
0x3f4	只读	Main Status Register
	只写	Datarate Select Register
0x3f5	只读	Data FIFO
0x3f7	只读	Digital Input Register
	只写	Configuration Control Register

DOR（Digital Output Register，）是一个 8 位寄存器，它的作用是控制驱动器马达的开启和关闭等。内核专门使用了一个 8 位的变量来记录它的状态。该寄存器的各位的含义如表 6-6 所示。

表 6-6　DOR 各位的含义

位数	名称	含义
7	MOTD	启动驱动器 D 马达，0 代表关闭，1 代表打开
6	MOTC	启动驱动器 C 马达，0 代表关闭，1 代表打开
5	MOTB	启动驱动器 B 马达，0 代表关闭，1 代表打开
4	MOTA	启动驱动器 A 马达，0 代表关闭，1 代表打开
3	IRQ	0：禁止 DMA 和中断请求；1：允许
2	RESET	1：允许软盘控制器工作；0：复位 FDC
1	DRV_SEL1	00~11 分别代表驱动器 A~D，选择下一次访问的驱动器
0	DRV_SEL0	

为了获取 FDC 的基本状态，内核需要访问 MSR（Main Status Register，主状态寄存器），它也是一个 8 位寄存器。CPU 在向 FDC 发送命令或者读取数据之前都需要访问 MSR，以判别 FDC 是否就绪，以及数据传送的方向。它的各个位的含义如表 6-7 所示。

表 6-7　MSR 各位的含义

位数	名称	含义
7	RQM	如果置位，代表可以和数据端口交换数据，即 FDC 就绪
6	DIO	数据传输方向：1，从 FDC 到 CPU；0，从 CPU 到 FDC
5	DMA	0：DMA 方式；1：非 DMA 方式
4	CB	置位代表控制器处于忙碌状态
3	ACTD	驱动器 D 正在寻道
2	ACTC	驱动器 C 正在寻道
1	ACTB	驱动器 B 正在寻道
0	ACTA	驱动器 A 正在寻道

第 5 位用于指示软盘是否使用 DMA 方式读写。6.4.3 节介绍了软盘 DMA 的设置方式，实际上，FDC 也支持通过中断模式进行读写，只不过这样做并没有什么好处，所以 Linux 内核没有选择中断模式。

数据端口（Data FIFO）对应多个寄存器，当进行写操作时，对应的是命令寄存器和参数寄存器，进行读操作时，对应的是结果寄存器。当 CPU 对 FDC 进行写操作时，主状态寄存器的 DIO 位必须为 0，读操作则相反。

DIR（Digital Input Register，数据输入寄存器）只有第 7 位有效，用来表示盘片更换状态。其余 7 位用于硬盘控制器。CCR（Configuration Control Register，配置控制寄存器）和 DSR（Datarate Select Register，传输速率选择寄存器）的作用是一样的，它们的低 3 位相同，代表了不同的软盘在不同驱动器上的传输速度，而且当设置了其中一个，另外一个就会被自动设置。本书的实验只使用 1.44MB 软盘，对应的 CCR 的低 2 位设置为 11 即可。

在实现 FDC 命令之前，需要先定义一些用于记录 FDC 状态的全局变量，如代码清单 6-27 所示。

代码清单 6-27　定义记录 FDC 状态的全局变量

```
1  /* kernel/blk_drv/floppy.c*/
2  static int recalibrate = 0;
3  static int reset = 0;
4  static int seek = 0;
5
6  extern unsigned char current_DOR;
7
```

```
8   #define immoutb_p(val,port) \
9   __asm__("outb %0,%1\n\tjmp 1f\n1:\tjmp 1f\n1:"::"a" ((char) (val)),"i"
        (port))
10
11  #define TYPE(x) ((x)>>2)
12  #define DRIVE(x) ((x)&0x03)
13
14  #define MAX_ERRORS 8
15  #define MAX_REPLIES 7
16  static unsigned char reply_buffer[MAX_REPLIES];
17  #define ST0 (reply_buffer[0])
18  #define ST1 (reply_buffer[1])
19  #define ST2 (reply_buffer[2])
20  #define ST3 (reply_buffer[3])
21
22  static struct floppy_struct {
23      unsigned int size, sect, head, track, stretch;
24      unsigned char gap,rate,spec1;
25  } floppy_type[] = {
26      {    0, 0,0, 0,0,0x00,0x00,0x00 },
27      {  720, 9,2,40,0,0x2A,0x02,0xDF },
28      { 2400,15,2,80,0,0x1B,0x00,0xDF },
29      {  720, 9,2,40,1,0x2A,0x02,0xDF },
30      { 1440, 9,2,80,0,0x2A,0x02,0xDF },
31      {  720, 9,2,40,1,0x23,0x01,0xDF },
32      { 1440, 9,2,80,0,0x23,0x01,0xDF },
33      { 2880,18,2,80,0,0x1B,0x00,0xCF },
34  };
35
36  extern void floppy_interrupt();
37  extern char tmp_floppy_area[1024];
38
39  static int cur_spec1 = -1;
40  static int cur_rate = -1;
41  static struct floppy_struct * floppy = floppy_type;
42  static unsigned char current_drive = 0;
43  static unsigned char sector = 0;
44  static unsigned char head = 0;
45  static unsigned char track = 0;
46  static unsigned char seek_track = 0;
47  static unsigned char current_track = 255;
```

```
48   static unsigned char command = 0;
49   unsigned char selected = 0;
50   struct task_struct * wait_on_floppy_select = NULL;
```

FDC 最多支持 4 个驱动器，并且分别命名为 A、B、C、D，所以内核也定义了变量 current_drive 来记录当前选择的是哪一个驱动器（第 42 行）。同时内核还要知道当前驱动器的状态，所以接下来分别定义了当前驱动器的扇区（sector）、磁头（head）和磁道号（track）。current_track 用于记录当前软驱磁头所在的磁道，seek_track 代表要访问的软盘磁道，如果要访问的磁道不等于当前磁头所在的磁道，在访问软盘之前就必须先进行寻道操作。selected 变量用于标识是否有驱动器被选中，只有当驱动器被选中的状态下才能进一步操作驱动器工作，否则就要先选中一个驱动器。如果有多个任务要选择不同的驱动器，那么就只能休眠等待了，因此第 50 行定义了等待队列。current_DOR 的作用是记录 FDC 的 DOR 寄存器的值（第 6 行）。

floppy_struct 描述了软盘的规格，其中记录了磁头个数、柱面数、扇区数等常规参数，还有传输速率、步进速度等物理参数。这些参数主要用于重置软盘驱动器时，向相关的配置寄存器写入数据。它们对内核而言并不是很重要的数据，所以这里就不再详细解释了。

floppy_type 数组记录了 Linux 0.11 支持的软盘类型，本书主要使用的是 1.44MB 类型的软盘，位于数组中的第 7 项。在 Linux 中，软驱的主设备号是 2，次设备号为软驱类型编号乘以 4 加驱动器编号。其中，类型编号正是 floppy_type 数组的下标，例如 1.44MB 软盘的类型编号就是 7，驱动器编号为 0、1、2 或 3，分别对应软驱 A、B、C 或 D。例如，Bochs 中的 root 镜像被放入软驱 B，那么它的子设备号就是 7×4+1=29，所以（2，29）就是指 1.44MB 驱动器 B，对应配置文件中的 floppyb，它的设备号就是 0x21d，对应的设备名称是 /dev/fd1。

另外的一些变量是与 FDC 命令相关的，command 记录了 FDC 当前正在执行的命令，如果在执行读写或者设置操作的过程中遇到错误，就需要重设或者重新校对 FDC。reset 和 recalibrate 这两个变量标志位（第 2 行和第 3 行）用于记录是否有错误发生，以及需要什么样的处理操作。如果要读写的目标磁道和当前磁道不相同，就需要进行寻道操作，seek 标志位的作用就是指示是否需要启动寻道操作（第 4 行）。

FDC 的命令分为 3 个阶段：命令阶段、执行阶段和结果阶段。顾名思义，命令阶段是指 CPU 向 FDC 发送控制命令，执行阶段是指软盘根据命令执行操作，结果阶段是指 FDC 向 CPU 报告命令执行结果。

接下来，就详细解释内核中使用到的 6 条命令。

（1）重新校正

正如前面所提到的，如果软驱在工作过程中遇到问题，就需要内核主动地重设或者重新校正 FDC。校正命令的编码是 0x7，参数是驱动器号，这个命令没有结果阶段，需要内核主动使用"检测状态"命令来获取校正命令的结果。

（2）寻道命令

寻道命令的作用是让磁头指向正确的磁道。命令编码是 0xf，它有两个参数。第一个参数指定驱动器号和磁头号，其中参数的低两位代表驱动器号，第 2 位代表磁头号。第二个参数标识磁道号。寻道命令也没有结果阶段，需要内核使用"检测状态"命令来确认结果。

（3）设置驱动器参数

设置驱动器参数（FD_SPECIFY）命令用于设置 FDC 的 SRT（马达步进速率）、HLT（磁头加载时间）和 HUT（磁头卸载时间），以及是否使用 DMA 的方式传输信息。该命令的编码是 0x3，使用两个参数。第一个参数的高 4 位是 SRT，低 4 位是 HUT。第二个参数指定了 HLT 和是否使用 DMA 传输，第 0 位清零时代表使用 DMA，置位时代表不使用 DMA，第 1 位和第 2 位代表 HLT。

在 Bochs 上，我们只使用 1.44MB 软盘，它的 SRT 是 0xd，HUT 是 0xf，而所有软盘的 HLT 统一设置为 3，所以在 floppy 数组中，1.44MB 软盘的第一个参数（spec1）就设置成了 0xdf，而第二个参数则是全部硬编码为 6。因为所有类型软盘的第二个参数都是相同的，所以 spec2 就没有在数组中定义。

（4）检测状态

检测状态（FD_SENSEI）命令用于检测控制器状态，它的命令编码是 0x8，没有参数。它的结果阶段会返回两个字节：第 1 个字节代表状态，第 2 个字节代表当前磁头所在的磁道号。这个结果需要 CPU 从数据端口主动读入。

（5）读扇区

读扇区（FD_READ）命令的作用是从软盘向内存中读入数据，它的命令编码是 0xe6，它的参数比较复杂，共有 8 个，如表 6-8 所示。

表 6-8 读扇区命令的参数

参数编号	助记符	含义与作用
1	DRV	低 2 位代表驱动器号，高位代表磁头号
2	C	磁道号
3	H	磁头号
4	R	起始扇区号
5	N	扇区字节数
6	EOT	磁道上最大扇区号
7	GPL	扇区之间的间隔长度
8	读写	扇区字节数，当第 5 个参数为 0 时起作用，一般不使用，所以总是设置为 0xff

读扇区命令的结果比较复杂，实际上 Linux 比较少使用，这里就不再展开了，后面用到的时候再讲解。

（6）写扇区

写扇区（FD_WRITE）命令的作用是从内存向软盘写入数据，它的命令编码是 0xc5，它的参数与读命令的参数是一样的，具体可以参考表 6-8。结果阶段的返回值与读命令也是一样的，这里就不再重复了。

以上就是内核所使用的 6 条命令，正如本节开始处所讲到的，软盘控制器的编程虽然复杂烦琐，但究其本质不过是对 I/O 端口的输入/输出操作而已。搞明白了操作的方式，实现 FDC 命令的逻辑就不难了，接下来就先实现读写命令，如代码清单 6-28 所示。

代码清单 6-28　实现读写命令

```
1  /*kernel\blk_drv\floppy.c*/
2
3  void output_byte(char byte) {
4      int counter;
5      unsigned char status;
6      if (reset)
7          return;
8      for(counter = 0 ; counter < 10000 ; counter++) {
9          status = inb_p(FD_STATUS) & (STATUS_READY | STATUS_DIR);
10         if (status == STATUS_READY) {
11             outb(byte,FD_DATA);
12             return;
13         }
14     }
15     reset = 1;
16     printk("Unable to send byte to FDC\n\r");
17 }
18
19 void rw_interrupt() {
20     if (result() != 7 || (ST0 & 0xf8) || (ST1 & 0xbf) || (ST2 & 0x73))
       {
21         if (ST1 & 0x02) {
22             printk("Drive %d is write protected\n\r",current_drive);
23             floppy_deselect(current_drive);
24             end_request(0);
25         }
26
27         do_fd_request();
28         return;
29     }
30
```

```
31      if (command == FD_READ && (unsigned long)(CURRENT->buffer) >=
        0x100000)
32          copy_buffer(tmp_floppy_area,CURRENT->buffer);
33      floppy_deselect(current_drive);
34      end_request(1);
35      do_fd_request();
36  }
37
38  static inline void setup_rw_floppy() {
39      setup_DMA();
40      do_floppy = rw_interrupt;
41      output_byte(command);
42      output_byte(head<<2 | current_drive);
43      output_byte(track);
44      output_byte(head);
45      output_byte(sector);
46      output_byte(2);
47      output_byte(floppy->sect);
48      output_byte(floppy->gap);
49      output_byte(0xFF);
50
51      if (reset)
52          do_fd_request();
53  }
```

output_byte 函数的作用是向数据端口（Data FIFO，端口号 0x3f5）写入一个字节。在写之前，CPU 必须等到 FDC 的状态为准备好时（第 10 行）才能向数据端口发送数据，第 8 行的循环进行了一些延时，让 CPU 循环地查询 FDC 的状态。从表 6-7 中可以看到，DIO 位用于控制数据传输的方向，只有当这一位为 0 时，才能从 FDC 的数据端口读取数据，第 9 行的与操作保证了只取 READY 和 DIO 这两位，而 DIO 又必须是 0，所以第 10 行的条件判断只需要判断 READY 位即可。如果写入失败，就将 reset 标志置位，下一次执行软盘操作函数 do_fd_request 时，软盘就会执行重置操作（第 15 行）。

第 38 行开始的 setup_rw_floppy 是专门用于处理读写命令的，因为读写命令的参数格式是相同的，所以这里就把它们的处理合并成一个函数。第 41~49 行是按照命令参数的格式向 FDC 发送参数。注意到第 40 行将 do_floppy 函数指针指向了 rw_interrupt。6.4.1 节就已经介绍过，软盘中断发生时，中断服务程序 floppy_interrupt 会调用 do_floppy 这个函数指针，根据不同的命令，中断相应的处理也不相同，这里使用函数指针回调的方式使得磁盘的处理程序变得更加灵活，代码更容易维护。

当 setup_rw_floppy 函数执行完以后，FDC 就启动 DMA 读写。等读写完成以后，再触发中断通知 CPU，所以 rw_interrupt 作为读写命令的中断程序，自然就要处理读写的结果。这个函数会进一步调用 result 函数从数据端口读取命令处理的结果。结果中包含 7 个字节，第 20 行的条件语句是为了判断读写命令是否成功，如果结果字节不为 7，或者结果字节中显示有错误，就进行错误处理。其中，如果是写保护错误的话，还需要通过 printk 打印一行提示。软盘上有一个机械开关，如果它置于打开的位置，就不能再往其中写入数据，这个开关被称为写保护开关，这个提示可以让用户手动关闭写保护开关。

其中 result 函数的实现如下所示：

```
1  int result() {
2      int i = 0, counter, status;
3      if (reset)
4          return -1;
5      for (counter = 0 ; counter < 10000 ; counter++) {
6          status =inb_p(FD_STATUS)&(STATUS_DIR|STATUS_READY|STATUS_BUSY);
7          if (status == STATUS_READY)
8              return i;
9          if (status == (STATUS_DIR|STATUS_READY|STATUS_BUSY)) {
10             if (i >= MAX_REPLIES)
11                 break;
12             reply_buffer[i++] = inb_p(FD_DATA);
13         }
14     }
15     reset = 1;
16     printk("Getstatus times out\n\r");
17     return -1;
18 }
```

result 函数的主要逻辑是从数据端口不断地读入数据，直到 MSR 中的状态变成 READY，读入的结果存放在 reply_buffer 中。正常情况下，返回值是结果的字节数（第 8 行），如果其他异常的情况则返回 −1，并且把 reset 标志位设为 1。

实现读写命令以后，接下来再实现前面提到的其他几个软盘操作命令及其中断服务函数，如代码清单 6-29 所示。

代码清单 6-29　实现其他软盘操作命令及其中断服务函数

```
1  void floppy_deselect(unsigned int nr) {
2      if (nr != (current_DOR & 3))
3          printk("floppy_deselect: drive not selected\n\r");
4      selected = 0;
5      wake_up(&wait_on_floppy_select);
```

```
 6  }
 7
 8  void seek_interrupt() {
 9      output_byte(FD_SENSEI);
10      if (result() != 2 || (ST0 & 0xF8) != 0x20 || ST1 != seek_track) {
11          printk("seek eror\n");
12          return;
13      }
14      current_track = ST1;
15      setup_rw_floppy();
16  }
17
18  void unexpected_floppy_interrupt() {
19      output_byte(FD_SENSEI);
20      int res = result();
21      printk("unexpected floppy interrupt %d, %d\n", res, ST0);
22      if (res != 2 || (ST0 & 0xE0) == 0x60)
23          reset = 1;
24      else
25          recalibrate = 1;
26  }
27
28  void transfer() {
29      if (cur_spec1 != floppy->spec1) {
30          cur_spec1 = floppy->spec1;
31          output_byte(FD_SPECIFY);
32          output_byte(cur_spec1);
33          output_byte(6);
34      }
35      if (cur_rate != floppy->rate)
36          outb_p(cur_rate = floppy->rate,FD_DCR);
37
38      if (reset) {
39          do_fd_request();
40          return;
41      }
42
43      if (!seek) {
44          setup_rw_floppy();
45          return;
46      }
```

```
47      do_floppy = seek_interrupt;
48      if (seek_track) {
49          output_byte(FD_SEEK);
50          output_byte(head<<2 | current_drive);
51          output_byte(seek_track);
52      }
53      else {
54          output_byte(FD_RECALIBRATE);
55          output_byte(head<<2 | current_drive);
56      }
57
58      if (reset)
59          do_fd_request();
60  }
61
62  void recal_interrupt() {
63      output_byte(FD_SENSEI);
64      if (result()!=2 || (ST0 & 0xE0) == 0x60)
65          reset = 1;
66      else
67          recalibrate = 0;
68      do_fd_request();
69  }
70
71  void recalibrate_floppy() {
72      recalibrate = 0;
73      current_track = 0;
74      do_floppy = recal_interrupt;
75      output_byte(FD_RECALIBRATE);
76      output_byte(head<<2 | current_drive);
77      if (reset)
78          do_fd_request();
79  }
80
81  void reset_interrupt() {
82      output_byte(FD_SENSEI);
83      (void) result();
84      output_byte(FD_SPECIFY);
85      output_byte(cur_spec1);
86      output_byte(6);
87      do_fd_request();
```

```
88      }
89
90   void reset_floppy() {
91       int i;
92       reset = 0;
93       cur_spec1 = -1;
94       cur_rate = -1;
95       recalibrate = 1;
96       printk("Reset-floppy called\n\r");
97       cli();
98       do_floppy = reset_interrupt;
99       outb_p(current_DOR & ~0x04,FD_DOR);
100      for (i=0 ; i<100 ; i++)
101          __asm__("nop");
102      outb(current_DOR,FD_DOR);
103      sti();
104  }
```

这段代码里包括了重置软盘的操作 reset_floppy 及其中断服务函数 reset_interrupt，重新校对软盘磁道的操作 recalibrate_floppy 及其中断服务函数 recal_interrupt。寻道操作位于 transfer 中，它的中断服务函数是 seek_interrupt，如果不需要寻道，则直接调用 setup_rw_floppy（参见代码清单 6-28）设置软盘 DMA，开启软盘读写模式。代码整体逻辑工整简洁，易于理解，就不再逐行进行说明。

到这里，软盘的基本操作就实现完了，接下来就完善 do_fd_request 函数，从而真正地从软盘中读取数据。

6.4.5　实现软盘操作函数

和 do_hd_request 一样，访问和操作软盘的入口函数是 do_fd_request，它在初始化阶段被指定为软盘设备的服务函数（参见代码清单 6-22）。软盘操作入口函数的具体实现如代码清单 6-30 所示。

代码清单 6-30　软盘操作入口函数

```
1   /*kernel\blk_drv\floppy.c*/
2   void do_fd_request() {
3       unsigned int block;
4       seek = 0;
5
6       if (reset) {
7           reset_floppy();
8           return;
```

```
9          }
10
11         if (recalibrate) {
12             recalibrate_floppy();
13             return;
14         }
15
16         INIT_REQUEST;
17         floppy = (MINOR(CURRENT->dev)>>2) + floppy_type;
18
19         if (current_drive != CURRENT_DEV)
20             seek = 1;
21
22         current_drive = CURRENT_DEV;
23         block = CURRENT->sector;
24         if (block+2 > floppy->size) {
25             end_request(0);
26             goto repeat;
27         }
28
29         sector = block % floppy->sect;
30         block /= floppy->sect;
31         head = block % floppy->head;
32         track = block / floppy->head;
33         seek_track = track << floppy->stretch;
34
35         if (seek_track != current_track)
36             seek = 1;
37         sector++;
38         if (CURRENT->cmd == READ)
39             command = FD_READ;
40         else if (CURRENT->cmd == WRITE)
41             command = FD_WRITE;
42         else
43             printk("do_fd_request: unknown command");
44
45         add_timer(ticks_to_floppy_on(current_drive),&floppy_on_interrupt);
46     }
```

如果访问软盘时出错，reset 就会被置位，这种情况下需要重新设置软盘参数（第 6~9 行）。如果发生了非预期的中断，recalibrate 就会被置位，此时需要重新校对软件，校对完成以后，磁头会指向 0 号磁道（第 11~14 行）。如果当前选中的驱动器编号不等于目标驱动器编号（第 19 行），或者目标磁道号不等于当前磁道号（第 35 行），就把 seek 变量置 1。第 29 行开始计算目标磁头、柱面、磁道号，并且设置命令类型。

第 45 行通过调用 ticks_to_floppy_on 使得目标驱动器马达开始工作，这个函数会返回一个数字，然后 add_timer 以该数字为参数设置定时器。这是为了给马达一段时间让它旋转起来，定时器被触发的时候，就会调用 floppy_on_interrupt，进一步操作软盘。其中 ticks_to_floppy_on 的实现位于 sched.c 中，如代码清单 6-31 所示。

代码清单 6-31　让目标驱动器的马达开始工作

```
1   /* kernel/sched.c */
2   static struct task_struct * wait_motor[4] = {NULL,NULL,NULL,NULL};
3   static int  mon_timer[4]={0,0,0,0};
4   static int moff_timer[4]={0,0,0,0};
5
6   unsigned char current_DOR = 0x0C;
7
8   int ticks_to_floppy_on(unsigned int nr) {
9       extern unsigned char selected;
10      unsigned char mask = 0x10 << nr;
11
12      if (nr>3)
13          panic("floppy_on: nr>3");
14      moff_timer[nr]=10000;
15      cli();
16
17      mask |= current_DOR;
18      if (!selected) {
19          mask &= 0xFC;
20          mask |= nr;
21      }
22      if (mask != current_DOR) {
23          outb(mask,FD_DOR);
24          if ((mask ^ current_DOR) & 0xf0)
25              mon_timer[nr] = HZ/2;
26          else if (mon_timer[nr] < 2)
27              mon_timer[nr] = 2;
28          current_DOR = mask;
29      }
30      sti();
31      return mon_timer[nr];
```

```
32  }
```

上述代码的核心逻辑就是操作 DOR 寄存器以驱动马达开始旋转，如果马达已经在工作了，定时器的时长就设为 2，如果马达尚未工作，定时器时长就设为 50。第 23 行是向 DOR 寄存器写入数据，这将会使马达开始工作。Linux 维护了定时器，等待适当的时间之后再调用 floppy_on_interrupt 进行软盘操作。

如果在定时器到达之前，软盘触发了中断，这也不会带来什么问题。因为此时 do_floppy 函数为空值，所以就会进入非预期中断（unexpected interruption）的处理流程，从而使 recalibrate 标志被置位。当定时器触发 floppy_on_interrupt 的执行时，内核就会进一步执行 transfer 来调用 do_fd_request，具体实现如代码清单 6-32 所示。而 do_fd_request 将会重新校对磁盘处理器，使得磁头指向 0 号磁道。其中 transfer 的实现可参考代码清单 6-29。

代码清单 6-32　软盘被打开的中断处理

```
1  void floppy_on_interrupt() {
2      selected = 1;
3      if (current_drive != (current_DOR & 3)) {
4          current_DOR &= 0xFC;
5          current_DOR |= current_drive;
6          outb(current_DOR,FD_DOR);
7          add_timer(2,&transfer);
8      }
9      else {
10         transfer();
11     }
12 }
```

到这里，对软盘的读写操作就已经全部实现了。接下来，我们可以进行软盘读操作，从 root 镜像中读取第一个扇区，并判断该扇区是否包含合法的超级块，加载超级块的逻辑如代码清单 6-33 所示。

代码清单 6-33　加载超级块的逻辑

```
1  /* fs/super.c */
2  struct super_block * read_super(int dev) {
3      struct buffer_head * bh;
4      if (!(bh = bread(dev,1))) {
5          printk("read super error!\n");
6      }
7  
8      brelse(bh);
```

```
 9
10      if (bh->b_data[16] != 0x7f || bh->b_data[17] != 0x13) {
11          printk("read super error!\n");
12          return 0;
13      }
14      printk("read super successfully!\n\r");
15
16      return 1;
17  }
18
19  void mount_root() {
20      struct super_block * p;
21      if (!(read_super(ROOT_DEV))) {
22          printk("Unable to mount root\n\r");
23      }
24  }
```

超级块是软盘的第二个块，位于引导块之后，所以使用 bread 加载软盘内容时，应该使用参数 1（第 4 行）。超级块的第 16 字节处是超级块的魔数 0x137f，我们可以通过检查这两个字节的值来确认超级块加载成功（第 10 行）。如果一切顺利，那就可以看到最后的实验效果，如图 6-4 所示。

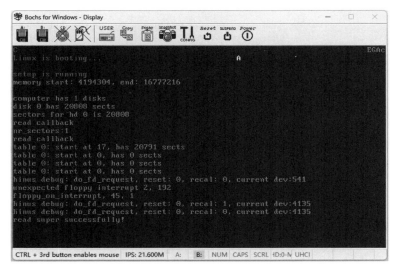

图 6-4　实验：从软盘加载超级块

6.5　小结

硬盘和软盘都是以扇区为单位进行读写的，Linux 把这些设备统称为块设备。本章的主要任务就是完成块设备的驱动，让内核可以读写块设备。

内核需要从磁盘中读取数据时，并不是直接读写磁盘控制器的，而是先访问缓冲区，如果缓冲区中的数据是最新的，则直接从缓冲区中取得想要的数据。只有当缓冲区中没有有效的数据时，才会启动低层次读写（ll_rw_block）从磁盘中读取相应的扇区。

从硬盘中读取数据时，内核先向硬盘控制器发送读数据命令，硬盘控制器执行读数据操作。当控制器准备好数据以后，就会触发中断通知内核来获取命令执行的结果。在中断服务程序中，内核会把相关的数据读入缓冲区。写出的过程和读入的过程十分相似。

软盘的读写速度比较慢，所以对软盘进行读写的时候需要使用 DMA。当内核需要从软盘中读入数据时，会使用 setup_DMA 设置好 DMA 通道，然后相应的进程就可以休眠等待 DMA 数据传输完成。当 DMA 控制器完成数据传输以后，就会通过中断通知唤起进程，让进程进一步处理数据。

软盘中还有一些定时操作以解决内核执行速度和软盘控制器速度不匹配的问题。但总体上，软盘的操作和硬盘的操作原理是相似的，都是通过读写寄存器端口来操作控制器，控制器完成工作以后，也是通过中断来通知内核。所以尽管硬盘和软盘在结构上有很多不同，但处理流程的大框架基本相同。

本章完成了块设备的读写功能以后，下一章就将从磁盘中加载根目录，从而建立起完备的文件系统。

第7章

文 件 系 统

文件系统是操作系统的核心概念之一，它的基本任务是实现目录和文件的管理，例如查看目录中有多少文件、创建新文件、删除文件这些操作都是文件系统负责的任务。文件系统定义了文件在磁盘上的组织形式和数据结构。

在 Linux 系统上，文件系统的概念进一步扩大。文件系统既定义了文件之间的逻辑关系，也定义了文件的内部格式。例如 Windows 上的可执行程序大多以 exe 为后缀名，它们都是 PE 格式的，这种文件可以在 Windows 系统上通过双击运行，但不能在 Linux 系统上执行。

历史上出现过很多种文件系统，例如 Windows 上使用的 FAT32、NTFS，Linux 上使用的 ext 文件系统。Linux 0.11 所使用的文件系统继承自 Minix，自 Linux 1.0 开始才出现了 ext 文件系统。在 Minix 文件系统中，可执行程序的文件格式是 a.out，而 ext 文件系统中的可执行文件则是 elf 文件。因为 Minix 文件系统实现简洁，当前的各种操作系统课程里仍然经常可以看见它的身影，所以本书仍然以 Minix 文件系统作为案例来讲解文件系统的具体实现。

7.1 Minix 文件系统

Minix 文件系统自诞生之初，就以其小巧、稳定且易于教学的设计特色脱颖而出。这种特色不仅贯穿于 Minix 的整体架构，而且深深影响了其设计和实现。Minix 文件系统采用了一种简洁而有效的方式来组织文件和目录，通过一个清晰的层次结构实现了对文件的有效管理和存取控制。这种设计不仅满足了基本的文件存储需求，而且通过保持架构的简单性，使得 Minix 成了一个理想的教学工具，便于学习者理解操作系统的核心概念。

7.1.1 Minix 文件系统的基本结构

Minix 文件系统的核心部分如图 7-1 所示。

根扇区	超级块	inode位图	数据块位图	inode	数据块…

图 7-1　Minix 文件系统的核心部分

超级块是整个文件系统的元数据，位于文件系统的起始部分。它包含了文件系统的基本信息，如 inode 数量、数据块的总数量，以及未使用的 inode 和数据块的数量等。这些信息对文件系统的操作至关重要，因为它们提供了文件系统的总体布局和健康状况。

inode 表描述文件和目录的元数据结构。在 Minix 文件系统中，每个文件或目录都对应一个 inode，其中存储了关于该文件的重要信息，包括文件类型（用于区分文本文件、可执行文件、目录等）、文件大小、访问权限、所有者信息，以及指向文件数据块的指针。Minix 文件系统同时提供了 inode 位图（imap）来管理 inode 的分配和回收。

inode 为文件系统提供了快速获取文件属性的能力，并且通过分离文件的元数据和实际数据，提高了文件系统的灵活性和效率。

Minix 文件系统通过一种层次化的方式组织文件和子目录。每个目录项（dentry 结构）都包含了一个文件或子目录的名称以及指向其 inode 的链接。这种结构使得文件系统能够以树状的形式组织数据，从而提高了文件检索的速度和简便性。

数据块是存储文件内容的基本单位。这些块直接映射到磁盘上的实际物理扇区，通常拥有固定的大小，比如 1KB 或 4KB，具体取决于文件系统的配置和版本。Linux 0.11 的数据块是 1KB，包含两个物理扇区。通过将文件内容分割成数据块，文件系统能够有效地管理和访问存储在磁盘上的数据。

Minix 文件系统通过管理空闲数据块位图（zmap）来高效地分配和回收磁盘空间。当文件被创建或增长时，文件系统会从空闲数据块列表中分配所需的块。相反，当文件被删除或缩小时，使用过的数据块会被标记为空闲，并返回到空闲列表中，以供未来使用。

接下来就着手实现这个文件系统。

7.1.2 定义超级块

实现文件系统的第一步是从磁盘里加载超级块，正如前文所说，超级块是文件系统的元数据，文件系统的所有属性都要从超级块中获取。

首先定义超级块在磁盘上的数据结构，如代码清单 7-1 所示。

代码清单 7-1　磁盘中的超级块

```
1  /*include/linux/fs.h*/
2  struct d_super_block {
3      unsigned short s_ninodes;
4      unsigned short s_nzones;
```

```
5       unsigned short s_imap_blocks;
6       unsigned short s_zmap_blocks;
7       unsigned short s_firstdatazone;
8       unsigned short s_log_zone_size;
9       unsigned long s_max_size;
10      unsigned short s_magic;
11  };
```

其中各个域的意义如下：

❑ s_ninodes 代表设备上的 inode 总数。

❑ s_nzones 代表总的逻辑块数。

❑ s_imap_blocks 代表 inode 位图的逻辑块数。

❑ s_zmap_blocks 代表逻辑块位图所占用的逻辑块数。

❑ s_firstdatazone 代表数据区的第一个逻辑块的块号。

❑ s_log_zone_size 代表每个逻辑块包含多少个物理磁盘块，用以 2 为底的对数表示。例如，在 Minix 文件系统中，如果这个值为 0，就代表每个逻辑块包含 1 个物理块，如果这个值为 1，就代表逻辑块包含 2 个物理块，依此类推。在 Linux 0.11 中，这个值为 1，代表一个物理块包含 2 个物理盘块，大小为 1024B。

❑ s_max_size 代表以字节为单位的文件大小的最大值。

❑ s_magic 是一个魔数（一个特定的数字标识，用于识别文件系统的类型），在 Minix 文件系统中，它的值是 0x137f。

内存中的超级块的结构体与磁盘上的超级块的结构体不同，它多了几个域，用于维护更多的描述信息。它的定义如代码清单 7-2 所示。

代码清单 7-2　内存中的超级块

```
1   /* include/linux/fs.h */
2
3   struct super_block {
4       unsigned short s_ninodes;
5       unsigned short s_nzones;
6       unsigned short s_imap_blocks;
7       unsigned short s_zmap_blocks;
8       unsigned short s_firstdatazone;
9       unsigned short s_log_zone_size;
10      unsigned long s_max_size;
11      unsigned short s_magic;
12      struct buffer_head * s_imap[8];
13      struct buffer_head * s_zmap[8];
14      unsigned short s_dev;
```

```
15      struct m_inode * s_isup;
16      struct m_inode * s_imount;
17      unsigned long s_time;
18      struct task_struct * s_wait;
19      unsigned char s_lock;
20      unsigned char s_rd_only;
21      unsigned char s_dirt;
22  };
```

注意观察，从 s_ninodes 到 s_magic，这 8 个域的定义与 d_super_block 是完全一样的。这就意味着，从磁盘中读入的超级块信息可以直接用于初始化内存超级块。本质上这就是一个反序列化的过程，即将信息从磁盘加载进内存，并正确地维护对象之间的关系。

Minix 文件系统的 inode 位图最多可以占用 8 个逻辑块，当这些位图被读入内存时，每个逻辑块就要占据一个缓冲区。第 6 章已经介绍过每个缓冲区都由一个 buffer_head 结构进行管理，所以 inode 位图的缓冲区也需要一个大小为 8 的 buffer_head 数组来管理，这就是 s_imap。同样，数据块位图在内存中最多占据 8 个缓冲区，这就是 s_zmap。

其他域的意义如下。

❑ s_isup 代表被安装到根目录的 inode。

❑ s_imount 代表被安装到目录的 inode，在实现 mount 系统调用的时候，这两个域的作用就很清楚了，这里先不进行详细解释。

❑ s_time 代表超级块被修改的时间。

❑ s_rd_only 指示超级块是否为只读。

❑ s_dirt 用于指示当前超级块中的数据状态是否为脏，也就是内存中的内容被改写了，但还没有同步到硬盘中。

❑ s_lock 用于指示当前超级块是否被加锁。

❑ s_wait 是一个等待队列，如果进程加锁不成功就在这个队列上等待。

定义好了数据结构，接下来就可以实现超级块的加载了。

7.1.3 初始化超级块

本节将把超级块从磁盘加载到内存中，并完成超级块结构体中各个变量域的初始化。

第 6 章实现了对磁盘设备的读写功能。内核首先通过 bread 读取缓冲区，如果要读的那个块已经在缓冲区中了，则直接返回相应的 buffer_header，如果不在，则需要启动低层次磁盘读写将数据加载进缓冲区。

这里可以直接使用上述功能读取磁盘的第一个块，也就是超级块。读取完超级块以后，还需要进一步初始化内存超级块结构，并且读取 inode 位图、块位图等信息。初始化超级块的具体实现如代码清单 7-3 所示。

代码清单 7-3　初始化超级块

```
1   /* fs/super.c */
2   int ROOT_DEV = 0;
3
4   struct super_block sb;
5
6   struct super_block * read_super(int dev) {
7       struct super_block * s = &sb;
8       struct buffer_head * bh;
9       int i,block;
10
11      if (!(bh = bread(dev,1))) {
12          printk("read super error!\n");
13      }
14
15      brelse(bh);
16
17      *((struct d_super_block *) s) =
18          *((struct d_super_block *) bh->b_data);
19
20      if (s->s_magic != SUPER_MAGIC) {
21          printk("read super error!\n");
22          return NULL;
23      }
24      for (i=0;i<I_MAP_SLOTS;i++)
25          s->s_imap[i] = NULL;
26      for (i=0;i<Z_MAP_SLOTS;i++)
27          s->s_zmap[i] = NULL;
28      block=2;
29      for (i=0 ; i < s->s_imap_blocks ; i++) {
30          if ((s->s_imap[i] = bread(dev,block)))
31              block++;
32          else
33              break;
34      }
35      for (i=0 ; i < s->s_zmap_blocks ; i++) {
36          if ((s->s_zmap[i] = bread(dev,block)))
37              block++;
38          else
39              break;
```

```
40          }
41
42          if (block != 2+s->s_imap_blocks+s->s_zmap_blocks) {
43              for(i=0;i<I_MAP_SLOTS;i++)
44                  brelse(s->s_imap[i]);
45              for(i=0;i<Z_MAP_SLOTS;i++)
46                  brelse(s->s_zmap[i]);
47              s->s_dev=0;
48              return NULL;
49          }
50
51          s->s_imap[0]->b_data[0] |= 1;
52          s->s_zmap[0]->b_data[0] |= 1;
53
54          printk("read super successfully! %d, %d\n", s->s_imap_blocks,
55                  s->s_zmap_blocks);
56
57          return s;
58      }
59
60      void mount_root() {
61          struct super_block * p;
62          if (!(p=read_super(ROOT_DEV)))
63              printk("Unable to mount root");
64      }
```

第 6 章已经讲过，ROOT_DEV 是在 main 函数里初始化的。在进行软盘实验的时候，它被初始化为 0x21b，代表第二个软驱；在进行硬盘实验时，它被初始化为 0x201，代表第一块硬盘的第一个主分区。

第 4 行声明了一个全局变量 sb，代表超级块。如果你查看 Linux 内核源码的话，会发现这里是一个数组，这是为了挂载多个文件系统准备的。当前我们只有一个文件系统，为了简便，这里就没有引入 super_block 数组，而是只声明了一个超级块变量。

第 62 行调用了 read_super，传递的参数是 ROOT_DEV。所以第 11 行处，dev 的值就是 ROOT_DEV 的值，这里是通过 bread 将磁盘的第 1 个扇区（从 0 开始计数）也就是超级块读入缓冲区。第 17 行使用结构体复制的办法将缓冲区中的数据赋值给 sb 结构。注意，sb 是一个内存超级块结构，而缓冲区是磁盘超级块结构，所以在进行赋值时要使用强制类型转换以保证这次赋值只复制前几个数据。

第 20~27 行是做一些检查和初始化工作，逻辑比较简单。从第 28 行开始，是从磁盘中读入 inode 位图和数据块位图。因为第 0 号扇区是引导块，第 1 号扇区是超级块，所以 block 从 2 开始读取。第 29~40 行就是执行读取的动作。第 42~49 行是检查位图的计数是否正确，如果不正确，说明有错误，这时就要释放所有的缓冲区，并且返回空指针。

如果读取成功，就把 inode 位图的第 0 位和数据块位图的第 0 位都设为 1（第 51 行和第 52 行），这是因为在 Minix 文件系统中，第 0 个 inode 和第 0 个数据块都是不使用的，在查找空闲 inode 的函数中，如果找不到空闲节点，则返回值为 0。最后返回超级块指针即可。

编译运行，如果一切正常，则可以看到屏幕上会正确地打印 inode 位图块数和数据块位图块数。

读入超级块以后，就要着手打开根目录"/"，所以 7.2 节将实现文件管理，比如打开目录、创建文件等操作。

7.2　管理 inode

Linux 内核依赖 inode（索引节点）对文件进行管理。如果说超级块描述了文件系统的基本数据，是文件系统的元数据，那么 inode 结构就是具体文件的元数据。inode 不仅用于描述普通文件，还可以用于描述目录、虚拟文件、文件链接等，是整个文件系统的核心结构。这一节将会重点实现 inode 管理机制。

在操作系统初始化完成以后，Linux 会执行 shell，实际上 shell 不过是 Linux 上的一个可执行程序。从磁盘上加载并运行一个可执行程序需要的结构是非常多的，为了方便验证目录操作，本节最后将会在内核中做一个简单的 shell，以方便调试文件系统的代码。接下来先实现文件管理所使用的相关数据结构。

文件管理的数据结构分为两部分：第一部分是与文件本身相关的 inode；第二部分是与进程相关的数据结构。先来实现 inode 的管理。

7.2.1　文件的元信息

本章从开始就反复提到 inode 是文件的元信息。磁盘上的 inode 是文件或者目录的索引，每个文件或者目录都有一个 inode 与之对应。inode 中存放着该文件的相关信息，例如文件宿主的 id（uid）、文件所属组 id（gid）、文件长度、访问修改时间以及文件占用了磁盘的哪些块等。

可以说 inode 是文件管理的核心数据结构，它的定义如代码清单 7-4 所示。

代码清单 7-4　文件的 inode

```
1   /* include/linux/fs.h */
2
3   struct d_inode {
4       unsigned short i_mode;
5       unsigned short i_uid;
```

```
 6      unsigned long i_size;
 7      unsigned long i_time;
 8      unsigned char i_gid;
 9      unsigned char i_nlinks;
10      unsigned short i_zone[9];
11  };
12
13  struct m_inode {
14      unsigned short i_mode;
15      unsigned short i_uid;
16      unsigned long i_size;
17      unsigned long i_time;
18      unsigned char i_gid;
19      unsigned char i_nlinks;
20      unsigned short i_zone[9];
21
22      struct task_struct * i_wait;
23      struct task_struct * i_wait2;
24      unsigned long i_atime;
25      unsigned long i_ctime;
26      unsigned short i_dev;
27      unsigned short i_num;
28      unsigned short i_count;
29      unsigned char i_lock;
30      unsigned char i_dirt;
31      unsigned char i_pipe;
32      unsigned char i_mount;
33      unsigned char i_seek;
34      unsigned char i_update;
35  };
```

　　和 super_block 一样，inode 也分为磁盘结构和内存结构。当内核要打开一个文件的时候，就需要从磁盘中将 inode 的内容读入内存。显然，内存中的信息比磁盘中更多，这是因为内存的数据描述的不仅仅是文件的静态特性，例如权限、组等静态信息，以及被打开的次数、是否被修改、最后一次被修改的时间等动态信息。

　　inode 结构定义的大多数属性，通过属性名称就可以推知它的意义，这里就不再多加解释了。i_pipe 用于支持管道操作，等后面用到的时候再讲解这种特殊的属性，这里只解释 i_zone 数组的结构。

　　前文已经介绍过，文件的数据被保存在数据块上，一个文件占据了哪些数据块是由 i_zone 数组记录的。Minix 文件系统使用了直接指针和间接指针的结构来对这些数据块进行索引,从而提供对大文件的高效支持。

直接指针可以直接链接到包含文件数据的数据块。在 inode 中,会有一个指针数组指向文件的前几个数据块。这种方式非常高效,因为可以直接访问文件的初始部分。

间接指针则分为单级间接指针、二级间接指针,甚至三级间接指针。单级间接指针指向一个数据块,而这个数据块本身不存储文件的实际数据,而是存储指向其他数据块的指针,这些数据块才真正包含文件内容。二级和三级间接指针则进一步扩展了这个概念,允许文件系统通过多个层级索引更多的数据块。

如图 7-2 所示,i_zone[0]~i_zone[6] 存放文件开始的 7 个数据块,这些数据块被称为直接块。若文件长度小于 7KB,则通过一次访问索引操作就可以快速读取文件内容。如果文件大一些,则需要使用二级间接指针(i_zone[7]),这个数据块里不是文件内容,而是更多的数据块索引号。一个间接块可以存储 512 个盘块号,所以使用二级间接指针可以使文件的大小突破 512KB。如果文件更大,则需要使用三级间接指针(i_zone[8]),它的工作原理与二级指针是一样的,但是它支持的盘块寻址扩大到了 512×512 个。

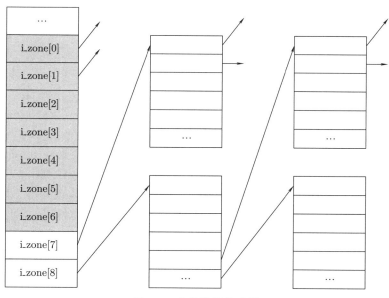

图 7-2 文件数据块索引

定义了 inode 的结构后,就可以在这个结构上实现读写 inode 的操作了。无论一个文件被多少个进程打开,它的 inode 都应该是全局唯一的,也就是说 inode 是一种全局资源,对它的访问需要使用锁来保护。所以这里先实现 inode 的加锁和解锁操作,如代码清单 7-5 所示。

代码清单 7-5　对 inode 加锁和解锁

```
1  /* fs/inode.c */
2  static inline void wait_on_inode(struct m_inode * inode) {
3      cli();
4      while(inode->i_lock) {
5          sleep_on(&inode->i_wait);
6      }
7      sti();
8  }
9
10 static inline void lock_inode(struct m_inode * inode) {
11     cli();
12     while(inode->i_lock) {
13         sleep_on(&inode->i_wait);
14     }
15     inode->i_lock = 1;
16     sti();
17 }
18
19 static inline void unlock_inode(struct m_inode * inode) {
20     inode->i_lock=0;
21     wake_up(&inode->i_wait);
22 }
```

inode 的相关操作集中在 inode.c 文件中实现。i_wait 是一个等待 inode 的进程链表。一个进程要对 inode 进行修改，必须先调用 lock_inode 对 inode 加锁，加锁成功后才能继续下一步操作。如果检测到目标 inode 已经被其他进程加锁了，就休眠等待（第 12~14 行）。如果能跳出这个循环，则意味着本进程已经得到了该 inode 的控制权，这时就认为加锁成功了（第 15 行）。解锁的过程则是先释放锁（第 20 行），再唤醒等待进程（第 21 行）。

接下来再实现 inode 的读操作，内核从磁盘中加载数据时，不需要直接与磁盘打交道，而是通过缓冲区进行读写。在实现了缓冲区读函数 bread 以后，从磁盘中加载数据就变得容易了，读 inode 的实现如代码清单 7-6 所示。

代码清单 7-6　读 inode

```
1  /* fs/inode.c */
2  extern struct super_block sb;
3
4  struct m_inode inode_table[NR_INODE]={{0,},};
5
6  static void read_inode(struct m_inode * inode);
```

```
7   static void write_inode(struct m_inode * inode);
8
9   struct m_inode * get_empty_inode() {
10      struct m_inode * inode;
11      static struct m_inode * last_inode = inode_table;
12      int i;
13
14      do {
15          inode = NULL;
16          for (i = NR_INODE; i ; i--) {
17              if (++last_inode >= inode_table + NR_INODE)
18                  last_inode = inode_table;
19
20              if (!last_inode->i_count) {
21                  inode = last_inode;
22                  if (!inode->i_dirt && !inode->i_lock)
23                      break;
24              }
25          }
26
27          if (!inode) {
28              for (i=0 ; i<NR_INODE ; i++)
29                  printk("%04x: %6d\t",inode_table[i].i_dev,
30                          inode_table[i].i_num);
31              printk("No free inodes in mem");
32          }
33
34          wait_on_inode(inode);
35          while (inode->i_dirt) {
36              write_inode(inode);
37              wait_on_inode(inode);
38          }
39      } while (inode->i_count);
40
41      memset(inode,0,sizeof(*inode));
42      inode->i_count = 1;
43      return inode;
44  }
45
46  struct m_inode * iget(int dev, int nr) {
47      struct m_inode * inode, * empty;
```

```
48      if (!dev)
49          printk("iget with dev==0");
50
51      inode = inode_table;
52      while (inode < NR_INODE+inode_table) {
53          if (inode->i_dev != dev || inode->i_num != nr) {
54              inode++;
55              continue;
56          }
57          wait_on_inode(inode);
58          if (inode->i_dev != dev || inode->i_num != nr) {
59              inode++;
60              continue;
61          }
62          inode->i_count++;
63          return inode;
64      }
65
66      empty = get_empty_inode();
67      if (!empty)
68          return NULL;
69
70      inode=empty;
71      inode->i_dev = dev;
72      inode->i_num = nr;
73      read_inode(inode);
74      return inode;
75  }
76
77  static void read_inode(struct m_inode * inode) {
78      struct super_block * psb;
79      struct buffer_head * bh;
80      int block;
81
82      psb = &sb;
83      lock_inode(inode);
84      block = 2 + psb->s_imap_blocks + psb->s_zmap_blocks +
85          (inode->i_num-1)/INODES_PER_BLOCK;
86
87      if (!(bh=bread(inode->i_dev,block)))
88          printk("unable to read i-node block");
```

```
89
90
91        *(struct d_inode *)inode =
92            ((struct d_inode *)bh->b_data)
93                [(inode->i_num-1)%INODES_PER_BLOCK];
94
95        brelse(bh);
96        unlock_inode(inode);
97    }
```

第 4 行定义了一个 m_inode 类型的数组，数组大小为 20（NR_INODE 值为 20），内核读取的所有 inode 都缓存在这个数组里。iget 是读取 inode 的入口函数，第 51~64 行先检查 inode_table 中是否已经缓存了目标 inode，如果设备号相同，且 inode 编号相同，则说明目标 inode 已经在数组中了，将这个 inode 的引用计数加 1（第 62 行），然后返回即可。

如果在 inode_table 中找不到目标 inode，就需要去设备中读取。iget 函数先在 inode_table 中找到一个空白项（第 66 行），然后初始化这个 inode，最后从设备中读取 inode 的信息到目标 inode 中（第 77 行）。

get_empty_inode 函数用于新建一个空白 inode。请注意，第 11 行代码定义了一个 static 变量，这意味着当函数执行结束以后，这个变量会保留本次运行的值。第 16 行开始的循环，试图在 inode_table 中找到一个引用计数为 0 的项。在第 17 行，因为 last_inode 保留了上一次的值，所以本次查找会从上一次查找的位置开始，而不是从数组的开头处开始。如果 last_inode 指向了数组末尾，则将它重新指回数组开头。

如果找一个项，它的引用计数为 0，那么这个项就是一个可用的备选项，如果这个项没有被加锁，并且数据是和设备完全同步的，或者说内存中的数据不"脏"，那么什么都不需要做，这个项可以直接使用了，所以第 23 行就可以直接退出 for 循环。

第 27~32 行是错误处理，如果找不到合适的空白项，则打印错误。第 34 行先在目标 inode 上加锁，准备对它进行初始化。如果发现目标 inode 是"脏"的，则需要先把数据同步到设备里。所有的检查都结束以后，这个空白项才真正可用，将它的引用计数修改为 1（第 42 行）并且返回即可。

找到空白项以后，接下来就是从设备中读取 inode 的数据，负责从设备中读取信息的函数是 read_inode。第 84 行的公式是根据 inode 编号计算它所在的设备块号，每个块上存储的 inode 数是 INODES_PER_BLOCK，要找到 inode 所在的块号，需要跳过引导块、超级块以及 inode 位图和数据块位图。找到 inode 所在的块号以后，直接使用读缓冲区函数 bread 将整个数据块都读入内存缓冲区中。

第 91 行算出 inode 在数据块中的偏移，并且通过结构体赋值操作将缓冲区的值复制到 inode 结构。最后是释放缓冲区，解锁 inode，这个函数就结束了。这段代码中的函数虽然长，但只要掌握了 inode 在磁盘中的存储方式，理解起来并不难。

实现完读 inode 的功能以后，再来实现释放和写 inode 的功能。iget 是获取一个 inode，与之相对应，释放一个 inode 的函数是 iput，如代码清单 7-7 所示。

代码清单 7-7　写 inode

```
1   /* fs/inode.c */
2   void iput(struct m_inode * inode) {
3       if (!inode)
4           return;
5       wait_on_inode(inode);
6       if (!inode->i_count)
7           printk("iput: trying to free free inode");
8       if (!inode->i_dev) {
9           inode->i_count--;
10          return;
11      }
12  repeat:
13      if (inode->i_count>1) {
14          inode->i_count--;
15          return;
16      }
17      if (!inode->i_nlinks) {
18          truncate(inode);
19          free_inode(inode);
20          return;
21      }
22      if (inode->i_dirt) {
23          write_inode(inode);
24          wait_on_inode(inode);
25          goto repeat;
26      }
27      inode->i_count--;
28      return;
29  }
30
31  static void write_inode(struct m_inode * inode) {
32      struct super_block * psb = &sb;
33      struct buffer_head * bh;
34      int block;
35
```

```
36        lock_inode(inode);
37        if (!inode->i_dirt || !inode->i_dev) {
38            unlock_inode(inode);
39            return;
40        }
41
42        block = 2 + psb->s_imap_blocks + psb->s_zmap_blocks +
43            (inode->i_num-1)/INODES_PER_BLOCK;
44
45        if (!(bh=bread(inode->i_dev,block)))
46            printk("unable to read i-node block");
47
48        ((struct d_inode *)bh->b_data)
49            [(inode->i_num-1)%INODES_PER_BLOCK] =
50                *(struct d_inode *)inode;
51
52        bh->b_dirt=1;
53        inode->i_dirt=0;
54        brelse(bh);
55        unlock_inode(inode);
56    }
```

iput 函数负责释放 inode，前文介绍过内存中的 inode 是全局资源，可能由多个进程引用。i_count 记录了引用的进程个数，所以 iput 的核心目标就是将 i_count 的值减 1。第 13 行判断使用当前 inode 的进程数如果大于 1，则说明当前进程并不是最后一个进程，所以只需要将计数值减 1 即可。否则，作为最后一个进程还要做更多的清理工作。

第 17 行检查文件 inode 的 i_nlinks 值是否为 0，这个属性用于指示在文件系统中有多少目录引用这个文件。如果其值为 0，就代表没有目录包含这个文件了。这时就应该把这个文件的内容从设备上全部删除，回收相关的数据块和 inode，并恢复数据块位图和 inode 位图。这些工作是由 truncate 和 free_inode 实现的，下一节将会实现这两个函数，这里可以使用一个空的函数来保证编译通过。如果一个文件有硬链接指向它，那么它的 i_nlinks 值就大于 1，7.5 节将会深入介绍硬链接相关的实现，这里只需要知道 i_nlinks 为 0 所代表的含义即可。

第 22 行判断 inode 是否为脏数据。任何对 inode 结构的修改都会使得 dirt 标志置位，以指示内存中的 inode 数据与磁盘上的数据不一致，这就必然要求对内存数据进行同步。write_inode 负责数据同步工作。

write_inode 也不会直接对设备进行写操作，而是先把脏数据写入相应的缓冲区，最后由缓冲区进行数据同步。它先通过 bread 函数将数据加载进缓冲区（第 45 行），然后将 inode 的数据同步回缓冲区（第 48~50 行），最后将缓冲区的脏标志置位（第 52 行），并把 inode 的脏标志清零（第 53 行）。

至此，inode 的读写操作实现完了，下一节将会继续实现超级块中的 inode 位图和数据块位图的管理。

7.2.2 管理位图

7.1.1节讲解 Minix 文件系统的基本结构时，介绍了 inode 位图和数据块位图的作用。这一节就来实现 inode 位图和数据块位图的管理。先来看如何申请一个空白的 inode 位图，如代码清单 7-8 所示。

代码清单 7-8 申请空白的 inode 位图

```
1    /* fs/bitmap.c */
2    #define set_bit(nr,addr) ({\
3        register int res __asm__("ax"); \
4        __asm__ __volatile__("btsl %2,%3\n\tsetb %%al": \
5                "=a" (res):"a" (0),"r" (nr),"m" (*(addr))); \
6        res;})
7
8    #define find_first_zero(addr) ({ \
9        int __res; \
10       __asm__("cld\n" \
11           "1:\tlodsl\n\t" \
12           "notl %%eax\n\t" \
13           "bsfl %%eax,%%edx\n\t" \
14           "je 2f\n\t" \
15           "addl %%edx,%%ecx\n\t" \
16           "jmp 3f\n" \
17           "2:\taddl $32,%%ecx\n\t" \
18           "cmpl $8192,%%ecx\n\t" \
19           "jl 1b\n" \
20           "3:" \
21           :"=c" (__res):"c" (0),"S" (addr):"ax","dx"); \
22       __res;})
23
24   struct m_inode * new_inode(int dev) {
25       struct m_inode * inode;
26       struct super_block * psb;
27       struct buffer_head * bh;
28       int i, j;
29
30       if (!(inode=get_empty_inode()))
```

```
31          return NULL;
32
33      psb = &sb;
34      j = 8192;
35      for (i=0 ; i<8 ; i++) {
36          if ((bh=psb->s_imap[i])) {
37              if ((j=find_first_zero(bh->b_data))<8192)
38                  break;
39          }
40      }
41
42      if (!bh || j >= 8192 || j+i*8192 > psb->s_ninodes) {
43          iput(inode);
44          return NULL;
45      }
46
47      if (set_bit(j,bh->b_data))
48          panic("new_inode: bit already set");
49
50      bh->b_dirt = 1;
51      inode->i_count = 1;
52      inode->i_nlinks = 1;
53      inode->i_dev = dev;
54      inode->i_uid = current->euid;
55      inode->i_gid = current->egid;
56      inode->i_dirt=1;
57      inode->i_num = j + i*8192;
58      inode->i_mtime = inode->i_atime = inode->i_ctime = CURRENT_TIME;
59      return inode;
60  }
```

第 30 行调用 get_empty_inode 创建一个新的空白的 inode 结构。第 35~40 行的循环共执行 8 次，分别对 8 个 imap 数据块进行检查，使用 find_first_zero 找到数据块中的第一个空闲位。如果在某个数据块中找到了空闲位，则退出循环。此时，变量 i 代表的是 inode 位图页号，j 代表页内的偏移，而一页有 8192 比特，所以 j 不能超过 8192。第 47 行将空闲位置位。

值得注意的是，inode 的初始化部分（第 50~58 行），i_nlinks 代表文件被引用的次数，一个新创建的 inode 至少会被它的父目录引用一次，所以这里初始化为 1。dirt 代表该 inode 还未同步到磁盘，仅存在于内存中，当内存中的数据和磁盘中的数据不一致时，dirt 位就会被置位。i_num 则是 inode 的编号，这个编号决定了文件系统中整个 inode 表的下标。

与 new_inode 相对应的，就是 7.2.1 节用过的 free_inode，它用于删除一个 inode，并且把位图中的相应位清零。释放 inode 的代码如代码清单 7-9 所示。

代码清单 7-9　释放 inode

```c
/* fs/bitmap.c */
#define clear_bit(nr, addr) ({\
    register int res __asm__("ax"); \
    __asm__ __volatile__("btrl %2,%3\n\tsetnb %%al": \
            "=a" (res):"a" (0),"r" (nr),"m" (*(addr))); \
    res;})

void free_inode(struct m_inode * inode) {
    struct super_block * psb = &sb;
    struct buffer_head * bh;

    if (!inode)
        return;
    if (!inode->i_dev) {
        memset(inode,0,sizeof(*inode));
        return;
    }
    if (inode->i_count>1) {
        printk("trying to free inode with count=%d\n",inode->i_count);
        panic("free_inode");
    }
    if (inode->i_nlinks)
        panic("trying to free inode with links");
    if (inode->i_num < 1 || inode->i_num > psb->s_ninodes)
        panic("trying to free inode 0 or nonexistant inode");
    if (!(bh=psb->s_imap[inode->i_num>>13]))
        panic("nonexistent imap in superblock");
    if (clear_bit(inode->i_num&8191,bh->b_data))
        panic("free_inode: bit already cleared.\n\r");
    bh->b_dirt = 1;
    memset(inode,0,sizeof(*inode));
}
```

这段代码看上去很长，实际上只有第 26 行和第 28 行在真正做有用的操作，其他代码都是在做相关的检查。inode 结构体的各个域的作用，7.2.1 节已经介绍过了，这里不再重复，结合各个域的作用，读者可以自行理解数据合法性检查的代码。

i_num 是 inode 编号，它除以 8192 的商代表位图数据块号，除数是块内偏移。理解了这一点就能明白第 26 行的目的是定位图数据块，第 28 行是为了清除对应位。

在 bitmap.c 中还有一组函数分别用于申请空白数据块和释放数据块，它们的逻辑与申请和释放 inode 几乎相同，都是对位图进行操作，所以这里一并实现了。用于申请空白数据块的函数是 new_block，如代码清单 7-10 所示。

代码清单 7-10　申请空白数据块

```
1   /* fs/bitmap.c */
2   int new_block(int dev) {
3       struct buffer_head * bh;
4       struct super_block * psb;
5       int i, j;
6
7       psb = &sb;
8       j = 8192;
9       for (i=0 ; i<8 ; i++) {
10          if ((bh = psb->s_zmap[i])) {
11              if ((j = find_first_zero(bh->b_data))<8192)
12                  break;
13          }
14      }
15      if (i>=8 || !bh || j >= 8192) {
16          return 0;
17      }
18
19      if (set_bit(j, bh->b_data))
20          panic("new_block: bit already set");
21
22      bh->b_dirt = 1;
23      j += i*8192 + psb->s_firstdatazone-1;
24      if (j >= psb->s_nzones)
25          return 0;
26
27      if (!(bh=getblk(dev,j)))
28          panic("new_block: cannot get block");
29      if (bh->b_count != 1)
30          panic("new block: count is != 1");
31      clear_block(bh->b_data);
32      bh->b_uptodate = 1;
33      bh->b_dirt = 1;
```

```
34    brelse(bh);
35    return j;
36 }
```

new_block 通过遍历 s_zmap 找到数据块位图中第一个值为 0 的位（第 9~14 行），
i 代表值为 0 的这个位的位图数据块号，j 代表这个位的块内偏移。第 23 行通过位图的位
计算数据块号，然后再通过 getblk 将数据块读进缓冲区，并且将缓冲区清空。这个函数的
实现逻辑是比较清晰的。

用于释放数据块的 free_block 函数的实现如代码清单 7-11 所示。

代码清单 7-11　释放数据块的 free_block 函数

```
1  /* fs/bitmap.c */
2  int free_block(int dev, int block) {
3      struct super_block * psb;
4      struct buffer_head * bh;
5
6      psb = &sb;
7
8      if (block < psb->s_firstdatazone || block >= psb->s_nzones)
9          panic("trying to free block not in datazone");
10
11     bh = get_hash_table(dev,block);
12     if (bh) {
13         if (bh->b_count > 1) {
14             brelse(bh);
15             return 0;
16         }
17         bh->b_dirt=0;
18         bh->b_uptodate=0;
19         if (bh->b_count)
20             brelse(bh);
21     }
22
23     block -= psb->s_firstdatazone - 1;
24     if (clear_bit(block&8191,psb->s_zmap[block/8192]->b_data)) {
25         printk("block (%04x:%d) ",dev,block+psb->s_firstdatazone-1);
26         panic("free_block: bit already cleared\n");
27     }
28     psb->s_zmap[block/8192]->b_dirt = 1;
29     return 1;
30 }
```

局部变量 bh 代表了数据块所对应的 buffer_head，b_count 记录了数据块的引用计数，当引用计数大于 1 时，代表还有其他进程在使用这个数据块，所以这个数据块就不能被清除（第 13~16 行）。第 17 行和第 18 行将 buffer_head 重置。最重要的一行语句是第 24 行，它的作用是将数据块所对应的位清零。

到这里，inode 位图和数据块位图的管理功能就全部实现了。有了 free_inode 功能，我们就可以使用这个功能实现最简单的文件管理，下一节将以删除文件为例来说明。

7.2.3 删除文件

truncate 函数用于彻底删除一个普通的数据文件，它会把 inode 中的 i_zone 数组全部清空，如代码清单 7-12 所示。

代码清单 7-12 清空 inode

```
1   /* fs/truncate.c */
2   void truncate(struct m_inode * inode) {
3       int i;
4       int block_busy;
5
6       if (!(S_ISREG(inode->i_mode) || S_ISDIR(inode->i_mode) ||
7               S_ISLNK(inode->i_mode)))
8           return;
9
10  repeat:
11      block_busy = 0;
12      for (i = 0; i < 7; i++) {
13          if (inode->i_zone[i]) {
14              if (free_block(inode->i_dev,inode->i_zone[i]))
15                  inode->i_zone[i] = 0;
16              else
17                  block_busy = 1;
18          }
19      }
20
21      if (free_ind(inode->i_dev,inode->i_zone[7]))
22          inode->i_zone[7] = 0;
23      else
24          block_busy = 1;
25
26      if (free_dind(inode->i_dev,inode->i_zone[8]))
27          inode->i_zone[8] = 0;
28      else
```

```
29          block_busy = 1;
30
31      inode->i_dirt = 1;
32      if (block_busy) {
33          current->counter = 0;
34          schedule();
35          goto repeat;
36      }
37      inode->i_size = 0;
38  }
```

第 12~19 行将 i_zone 数组的前 7 项清空，同时还要使用 free_block 将对应的数据块的位清零。第 21 行使用 free_ind 来清理间接数据块，第 26 行使用 free_dind 来清理二级间接数据块。如果在清理数据块过程中出错，则将 block_busy 置位。第 34 行调用 schedule 让出 CPU，让其他进程得到调度，这里只是短暂地让出 CPU，并不会让当前进程休眠。如果当前进程再次得到调度就再次尝试清空数据块。清理间接数据块的实现如代码清单 7-13 所示。

代码清单 7-13　清理间接数据块

```
1   static int free_ind(int dev,int block) {
2       struct buffer_head * bh;
3       unsigned short * p;
4       int i;
5       int block_busy;
6
7       if (!block)
8           return 1;
9
10      block_busy = 0;
11
12      if ((bh=bread(dev,block))) {
13          p = (unsigned short *) bh->b_data;
14          for (i = 0; i < 512; i++,p++) {
15              if (*p) {
16                  if (free_block(dev,*p)) {
17                      *p = 0;
18                      bh->b_dirt = 1;
19                  }
20                  else
21                      block_busy = 1;
```

```
22              }
23          }
24          brelse(bh);
25      }
26
27      if (block_busy)
28          return 0;
29      else
30          return free_block(dev,block);
31  }
```

由图 7-2 可知，间接数据块内存储的是一个无符号 short 类型数组，数组的每一项都指向另外一个数据块，只需要将这些数据块释放掉即可。这段代码相对比较简单，所以不再详细讲解了。

free_dind 用于释放二级间接数据块，它的逻辑与 free_ind 比较相似，这里就不再列出它的代码了，读者可以尝试自己实现。

到这里，内核就已经具备了操作 inode 的基本能力。为了操作文件，进程还必须对文件操作进行支持，7.2.4 节将会把注意力重新拉回到进程，实现进程支持文件操作的功能。

7.2.4 进程支持文件操作

进程是分配资源的最小单位，一个进程打开的文件都是这个进程的资源。子进程在创建的时候会继承父进程的页表、缓冲区等内存资源。同样的道理，子进程也会继承父进程所有打开的文件。本节的第一部分就先定义进程控制块，也就是在 task_struct 结构中与文件相关的数据结构，如代码清单 7-14 所示。

代码清单 7-14　支持文件管理的 PCB

```
1   /* include/linux/fs.h */
2   struct file {
3       unsigned short f_mode;
4       unsigned short f_flags;
5       unsigned short f_count;
6       struct m_inode * f_inode;
7       off_t f_pos;
8   };
9
10  /* include/linux/sched.h */
11  struct task_struct {
12      long state;
13      long counter;
14      long priority;
```

```
15      long pid;
16      struct task_struct      *p_pptr, *p_cptr, *p_ysptr, *p_osptr;
17      /* 文件信息 */
18      int tty;
19      unsigned short umask;
20      struct m_inode * pwd;
21      struct m_inode * root;
22      struct m_inode * executable;
23      struct m_inode * library;
24      unsigned long close_on_exec;
25      struct file * filp[NR_OPEN];
26
27      struct desc_struct ldt[3];
28      struct tss_struct tss;
29  };
```

在 file 结构体中，f_mode 用于指示文件的打开方式，比如是只读还是可读写等，f_flags 指示了文件的控制标志，f_count 是文件的引用计数，每被一个进程打开一次，引用计数就加 1。f_inode 指向文件所对应的内存 inode 结构，file 结构与 inode 结构是一一对应的，但多个进程打开同一个文件的时候，会使用同一个 file 结构。f_pos 是文件读写的位置，可以通过 fread、fwrite、fseek 等 C 语言的库函数来修改（第 8 章将会实现）。

而 task_struct 中则新增了一些与文件操作相关的域。pwd 是进程的当前目录的 inode，root 是根目录的 inode，filp 是进程打开的所有文件组成的数组。Linux 环境编程中常说的文件描述符（也有资料叫作文件句柄）实际上就是这个数组的下标。在最新的 Linux 内核中，file 结构和 task_struct 结构已经变得非常复杂，但在早期版本里，上述代码极为精简的定义却展示了文件管理的最基本的功能。

到此为止，文件管理所需要的 inode，进程中与文件管理相关的数据结构都准备好了，完整的加载根目录的逻辑就可以借助上述函数来实现了。它的具体实现如代码清单 7-15 所示。

代码清单 7-15　加载根目录完整版

```
1   /* include/linux/fs.h */
2   #define NR_FILE 64
3
4   /* fs/file_table.c */
5   #include <Linux/fs.h>
6
7   struct file file_table[NR_FILE];
8
```

```
9   /* fs/super.c */
10  void mount_root() {
11      int i,free;
12      struct super_block * p;
13      struct m_inode * mi;
14
15      for(i=0;i<NR_FILE;i++)
16          file_table[i].f_count=0;
17
18      if (!(p = read_super(ROOT_DEV)))
19          printk("Unable to mount root");
20
21      if (!(mi = iget(ROOT_DEV,ROOT_INO)))
22          printk("Unable to read root i-node");
23
24      mi->i_count += 3 ;
25      p->s_isup = p->s_imount = mi;
26      current->pwd = mi;
27      current->root = mi;
28
29      free = 0;
30      i = p->s_nzones;
31      while (-- i >= 0)
32          if (!test_bit(i&8191,p->s_zmap[i>>13]->b_data))
33              free++;
34      printk("%d/%d free blocks\n\r",free,p->s_nzones);
35
36      free=0;
37      i=p->s_ninodes+1;
38      while (-- i >= 0)
39          if (!test_bit(i&8191,p->s_imap[i>>13]->b_data))
40              free++;
41      printk("%d/%d free inodes\n\r",free,p->s_ninodes);
42  }
```

第 21 行使用 iget 函数把根目录的 inode 加载进内存，指针 mi 指向这个 inode。接着第 25 行，把超级块的根目录和挂载目录都设为 mi，当前进程，也就是 INIT 进程的当前目录 pwd 也指向 mi，当前进程的根目录当然也指向 mi。mi 在逻辑上被引用了 4 次，而通过 iget 打开 inode 时，它的引用计数已经为 1，所以第 16 行才把它的引用计数增加 3，让它的引用计数变为 4。

第 21~26 行的作用是统计空闲磁盘块。如果一个数据块已经被占用了，在数据块位图中，它所对应的位的值为 1，如果这个数据块是空闲的，它所对应的位的值就为 0。一个数据块的大小为 1KB，每个字节有 8 位，所以一个数据块上共有 8192 位。i 代表数据块号，用于遍历数据块位图中的每一位。i 右移 13 位，相当于除以 8192，用于计算第 i 个位在哪个位图页，i 和 8191 做与运算，计算第 i 个位在位图页中的偏移。

第 28~33 行的作用是统计空闲的 inode 个数。这一段的逻辑与上面统计空闲磁盘块的逻辑几乎完全一样，这里就不再过多解释了。这两段代码都使用到了 test_bit，它的作用是检查一个位的值是否为 0。实际上，它是一段使用宏定义的内嵌汇编，具体实现如代码清单 7-16 所示。

代码清单 7-16 检查位的值

```
1   /* fs/super.c */
2   #define test_bit(bitnr,addr) ({ \
3   register int __res __asm__("ax"); \
4   __asm__("bt %2,%3;setb %%al":"=a" (__res):"a" (0),"r" (bitnr),"m" (*(
        addr))); \
5   __res; })
```

上述代码的第 3 行定义了一个局部寄存器变量，这个变量会放在寄存器 ax 中。第 4 行中使用了 bt 指令和 setb 指令，bt 指令的作用是把地址 addr（%3）和偏移量 bitnr（%2）所指定的位的值放入进位标志位 CF 中。setb 指令的作用则是把 CF 的值送入寄存器 al 中。通过这两个指令，test_bit 宏就把目标位的值送入了变量 __res 中。换言之，如果目标位的值为 1，则 __res 为 1，否则为 0。

最后，不要忘了，因为本节修改了 task_struct 的结构，所以在创建进程的 fork 函数里，也要做相应的修改，如代码清单 7-17 所示。

代码清单 7-17 完善 fork 函数

```
1   /* kernel/fork.c */
2   int copy_process(...) {
3       /*部分代码略*/
4       for (i = 0; i < NR_OPEN; i++) {
5           p->filp[i] = current->filp[i];
6           if ((f = p->filp[i]))
7               f->f_count++;
8       }
9
10      p->tty = current->tty;
11      p->umask = current->umask;
12
```

```
13      p->pwd = current->pwd;
14      if (current->pwd)
15          current->pwd->i_count++;
16
17      p->root = current->root;
18      if (current->root)
19          current->root->i_count++;
20
21      p->executable = current->executable;
22      if (current->executable)
23          current->executable->i_count++;
24
25      p->library = current->library;
26      if (current->library)
27          current->library->i_count++;
28
29      p->close_on_exec = current->close_on_exec;
30
31      /*部分代码略*/
32  }
```

这段代码的作用主要就是增加文件的引用计数和 inode 的引用计数,逻辑比较简单,不再过多赘述。这一节完善了进程对文件的支持,在 inode 的层面来看,文件和目录遵循相同的处理机制。比如在 task_struct 结构体中,当前目录和根目录都有对应的 inode。7.2.5 节就来实现目录结构。

7.2.5 目录结构

目录和普通文件的 inode 结构是一样的,对于普通文件,i_zone 数组中记录的是每个数据块的编号,数据块里记录的就是文件的内容。目录的 i_zone 数组也记录了数据块的编号,不同于普通文件的是,目录的数据块里记录了目录中所有文件的文件名。这些文件名都记录在一个名为 dir_entry 的结构体中。这个结构体的作用正如其名字所指示的那样,它代表了目录中的一项。在现代的文件系统代码中依然能找到这个结构体的身影,虽然它已经变得十分复杂了,但核心功能并未发生太大的变化。dir_entry 的定义如代码清单 7-18 所示。

代码清单 7-18   目录项结构体

```
1   /* include/linux/fs.h */
2   #define NAME_LEN 14
3
4   struct dir_entry {
```

```
5       unsigned short inode;
6       char name[NAME_LEN];
7   };
```

dir_entry 只有两个属性：一个是它所对应的文件的 inode 编号，这个属性占据 2B 的空间；另一个是文件名 name，这是一个长度为 14 字节的字符数组，所以 Linux 0.11 的文件名最长只有 14 个字节。整个结构体的大小为 16B，所以一个数据块上可以存储的目录项个数为 1024/16 = 64 个。

接下来的实验会把根目录下的所有文件显示出来，搞清楚了目录结构以后，这个任务就比较简单了。7.2.4 节的 mount_root 函数已经把根目录的 inode 记录在 current 进程的 root 属性中了，所以这里只需要通过根目录的 inode 找到它的数据块即可。数据块里记录了多个 dir_entry，只需要遍历这些结构，并把它们的文件名打印出来即可。在 sys_call_table 中新增一个名为 ls 的系统调用，让它可以打印根目录下的所有文件。实验的代码如代码清单 7-19 所示。

代码清单 7-19 列出根目录下的所有文件

```
1   /* fs/open.c */
2   int sys_ls() {
3       int block, i, j;
4       int entries;
5       struct buffer_head * bh;
6       struct dir_entry * de;
7       struct m_inode* inode = current->root;
8
9       if (S_ISDIR(inode->i_mode)) {
10          entries = inode->i_size / (sizeof (struct dir_entry));
11
12          if (!(block = inode->i_zone[0])) {
13              printk("empty i_zone\n");
14              return -1;
15          }
16
17          if (!(bh = bread(inode->i_dev,block))) {
18              printk("can not read block %d\n", block);
19              return -1;
20          }
21
22          de = (struct dir_entry *) bh->b_data;
23
24          for (i = 0; i < entries; i++) {
```

```
25                  for (j = 0; j < 14; j++) {
26                          printk("%c", de->name[j]);
27                  }
28                  printk("\n");
29                  de++;
30              }
31          }
32
33      return 0;
34  }
```

第 10 行计算根目录下共有多少个文件。i_size 记录了文件的实际大小，对目录而言，就是目录中的全部文件的 dir_entry 结构的大小。所以第 10 行的除法就可以计算出目录下文件的个数。第 17 行将目录的每一个块读入缓冲区，接下来第 24~31 行遍历缓冲区，打印目录名。实际上，这里的写法并不是非常严谨，因为根目录下的子目录和文件加起来可能超过 64 个，也就意味着全部的 dir_entry 的大小超过一个块，正确的做法是判断根目录占用了多少数据块，需要遍历所有的数据块。但因为我们提前知道根目录下的子目录并不多，所以这里采用了一种偷懒的做法，使得代码简单一些。编译并执行新的内核，可以看到屏幕上正确地打印了根目录下的所有子目录，如图 7-3 所示。

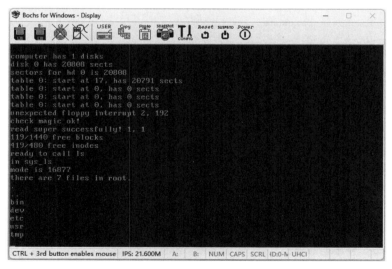

图 7-3　打印了根目录下的所有子目录

完成了这些基本的功能以后，7.3 节就在这些功能的基础上，实现文件的管理操作。

7.3 管理普通文件

Linux 系统上有两大类文件：一类是文本文件和可执行文件等包含具体数据的普通文件；另一类是设备文件、管道文件等特殊的虚拟文件，它们往往不包含具体的数据，不占据磁盘数据块。这一节将会关注普通文件的各种操作，包括新建、打开、读写等。

先从打开一个文件开始。打开一个文件必然需要先打开它的 inode，所以接下来先根据文件路径字符串找到文件的 inode。

7.3.1 根据路径查找 inode

文件的目录结构本质上是一棵树，目录都是树的内部节点，并且可以包含很多子节点，而文件就是叶子节点。操作目录的一个重要的函数是 dir_namei，它的作用是解析一个指向目标文件的路径字符串、识别文件名，并且打开路径中最后一层目录的 inode。例如，输入的字符串是 "/usr/local/bin/ls"，这个函数将会找到 bin 目录的 inode，并且通过输出参数找到文件名是 ls 的文件信息。根据目录名查找 inode 的代码如代码清单 7-20 所示。

代码清单 7-20 根据目录名查找 inode

```
1   /* fs/namei.c */
2   static struct m_inode * dir_namei(const char * pathname,
3       int * namelen, const char ** name, struct m_inode * base) {
4       char c;
5       const char * basename;
6       struct m_inode * dir;
7
8       if (!(dir = get_dir(pathname,base)))
9           return NULL;
10
11      basename = pathname;
12      while ((c = get_fs_byte(pathname++))) {
13          if (c == '/')
14              basename = pathname;
15      }
16
17      *namelen = pathname-basename-1;
18      *name = basename;
19
20      return dir;
21  }
```

dir_namei 的第一个参数是代表文件名的字符串，第二个参数和第三个参数是输出参数，分别指明了最顶端文件名的长度和起始地址，最后一个参数 base 代表进行查找的起始目录。

第 8 行使用了一个辅助函数 get_dir 来查找最后一个目录的 inode。第 12 行的循环是从文件名字符串中找到最后一个 "/" 字符，注意到第 12 行的 ++ 操作符，basename 最后会指向文件名的开始，而不是字符 "/"。例如 "/usr/local/bin/ls"，程序执行完以后，name 和 basename 都会指向 "ls"，并且 namelen 为 2。然后再来看 get_dir 的实现，即根据目录名查找 inode，如代码清单 7-21 所示。

代码清单 7-21　根据目录名查找 inode

```
1   /* fs/namei.c */
2   static int permission(struct m_inode * inode,int mask) {
3       return 1;
4   }
5
6   static int match(int len,const char * name,struct dir_entry * de) {
7       register int same __asm__("ax");
8       if (!de || !de->inode || len > NAME_LEN)
9           return 0;
10
11      if (!len && (de->name[0]=='.') && (de->name[1]=='\0'))
12          return 1;
13
14      if (len < NAME_LEN && de->name[len])
15          return 0;
16
17      __asm__("cld\n\t"
18              "fs ; repe ; cmpsb\n\t"
19              "setz %%al"
20              :"=a" (same)
21              :"a" (0),"S" ((long) name),"D" ((long) de->name),"c" (len)
        :);
22
23      return same;
24  }
25
26  static struct buffer_head * find_entry(struct m_inode ** dir,
27          const char * name, int namelen, struct dir_entry ** res_dir) {
28      int entries;
29      int block,i;
30      struct buffer_head * bh;
31      struct dir_entry * de;
```

```
32          struct super_block * psb;
33
34          entries = (*dir)->i_size / (sizeof (struct dir_entry));
35          *res_dir = NULL;
36
37          if (namelen==2 && get_fs_byte(name)=='.' && get_fs_byte(name+1)
            =='.') {
38              if ((*dir) == current->root)
39                  namelen=1;
40          }
41
42          if (!(block = (*dir)->i_zone[0]))
43              return NULL;
44
45          if (!(bh = bread((*dir)->i_dev,block)))
46              return NULL;
47
48          i = 0;
49          de = (struct dir_entry *) bh->b_data;
50          while (i < entries) {
51              if ((char *)de >= BLOCK_SIZE+bh->b_data) {
52                  brelse(bh);
53                  bh = NULL;
54                  if (!(block = bmap(*dir,i/DIR_ENTRIES_PER_BLOCK)) ||
55                          !(bh = bread((*dir)->i_dev,block))) {
56                      i += DIR_ENTRIES_PER_BLOCK;
57                      continue;
58                  }
59                  de = (struct dir_entry *) bh->b_data;
60              }
61              de++;
62              i++;
63          }
64          brelse(bh);
65          return NULL;
66      }
67
68      static struct m_inode * get_dir(const char * pathname, struct m_inode *
            inode) {
69          char c;
70          const char * thisname;
```

```
71        struct buffer_head * bh;
72        int namelen,inr;
73        struct dir_entry * de;
74        struct m_inode * dir;
75
76        if (!inode) {
77            inode = current->pwd;
78            inode->i_count++;
79        }
80        if ((c=get_fs_byte(pathname))=='/') {
81            iput(inode);
82            inode = current->root;
83            pathname++;
84            inode->i_count++;
85        }
86
87        while (1) {
88            thisname = pathname;
89            if (!S_ISDIR(inode->i_mode) || !permission(inode,MAY_EXEC)) {
90                iput(inode);
91                return NULL;
92            }
93            for(namelen=0;(c=get_fs_byte(pathname++))&&(c!='/');namelen++)
94                /* nothing */ ;
95            if (!c)
96                return inode;
97
98            if (!(bh = find_entry(&inode,thisname,namelen,&de))) {
99                iput(inode);
100                return NULL;
101            }
102
103            inr = de->inode;
104            brelse(bh);
105            dir = inode;
106            if (!(inode = iget(dir->i_dev,inr))) {
107                iput(dir);
108                return NULL;
109            }
110        }
111
```

```
112        return NULL;
113    }
```

如果没有向 get_dir 函数提供起始目录，就以当前目录为起始目录（第 76 行）。如果目录名以 "/" 开头，就说明这个目录字符串是绝对路径，所以起始目录就从根目录开始（第 80 行）。

第 87 行开始的大循环，每一次循环都将检查一级目录。例如 "/usr/local/bin/ls" 就会执行三次循环：第一次查找 "usr" 目录的 inode，第二次在这个 inode 里查找 "local" 目录的 inode，第三次查找 "bin" 目录的 inode。第 89 行检查当前的 inode 是不是一个目录，并且检查是否有权限进行读写。因为当前的代码尚未实现用户组读写权限检查等功能，所以这里先提供了一个空的 permission 函数（第 2 行）。

第 93 行用于检查第一级目录，对上面的例子来说，就是找出 usr 字符串。如果此时 pathname 变量已经指向了字符串末尾，则说明当前的 inode 就是最后一级目录的 inode，可以直接返回（第 95 行和第 96 行）。否则就通过 find_entry 找到 thisname 和 namelen 所指定的目录的 dir_entry。以上述例子来说，thisname 指向字符 u，而 namelen 的值为 3，以此代表 usr 字符串。此时，循环中的 find_entry 就是在 root 目录下找到 usr 目录的 dir_entry。如果找到了就通过 dir_entry 找到 inode 编号（第 103 行），然后调用 iget 通过 inode 编号从磁盘打开 "usr" 所对应的 inode，从而进入下一次循环。在下一次循环中，inode 变量将指向 usr 的 inode 结构，thisname 将指向 local，namelen 的长度是 5。

find_entry 的作用是在目录下查找对应的文件名。第 34 行使用目录的总长度来计算这个目录下共有多少项。第 37 行处理 ".." 和 "." 开头的目录名。接下来就从目录的 inode 中读取数据块（第 42~46 行），并在数据块中遍历所有的 dir_entry，使用 match 函数进行字符串匹配，如果匹配成功，就说明找到了目标项，如果匹配不成功就继续下一次查找（第 61 行）。这段代码的作用是，如果目录中包含的 dir_entry 的个数超过了一个数据块，就不能正常工作了。正确的做法是，应该根据 inode 中的 i_zone 数组的值找到下一个数据块，并继续查找目标项，直到整个循环结束。

其中，bmap 的作用是将文件中的数据块号转换成磁盘上的数据块号，实现如代码清单 7-22 所示。

代码清单 7-22　文件的数据块号转换成磁盘的数据块号

```
1   /* fs/inode.c */
2   static int _bmap(struct m_inode * inode,int block,int create) {
3       struct buffer_head * bh;
4       int i;
5
6       if (block<0) {
7           printk("_bmap: block<0");
```

```
8          }
9
10         if (block >= 7+512+512*512) {
11             printk("_bmap: block>big");
12         }
13
14         if (block < 7) {
15             if (create && !inode->i_zone[block]) {
16                 if (inode->i_zone[block] = new_block(inode->i_dev)) {
17                     inode->i_dirt = 1;
18                 }
19                 return inode->i_zone[block];
20             }
21         }
22         block -= 7;
23         if (block < 512) {
24             if (create && !inode->i_zone[7]) {
25                 if (inode->i_zone[7]=new_block(inode->i_dev)) {
26                     inode->i_dirt=1;
27                 }
28             }
29             if (!inode->i_zone[7])
30                 return 0;
31             if (!(bh = bread(inode->i_dev,inode->i_zone[7])))
32                 return 0;
33             i = ((unsigned short *) (bh->b_data))[block];
34             if (create && !i) {
35                 if (i = new_block(inode->i_dev)) {
36                     ((unsigned short *) (bh->b_data))[block]=i;
37                     bh->b_dirt = 1;
38                 }
39             }
40
41             brelse(bh);
42             return i;
43         }
44
45         block -= 512;
46         if (create && !inode->i_zone[8]) {
47             if (inode->i_zone[8]=new_block(inode->i_dev)) {
48                 inode->i_dirt=1;
```

```
49          }
50      }
51      if (!inode->i_zone[8])
52          return 0;
53      if (!(bh = bread(inode->i_dev,inode->i_zone[8])))
54          return 0;
55      i = ((unsigned short *) (bh->b_data))[block >> 9];
56      if (create && !i) {
57          if (i = new_block(inode->i_dev)) {
58              ((unsigned short *) (bh->b_data))[block >> 9]=i;
59              bh->b_dirt = 1;
60          }
61      }
62      brelse(bh);
63
64      if (!i)
65          return 0;
66      if (!(bh = bread(inode->i_dev,i)))
67          return 0;
68      i = ((unsigned short *)bh->b_data)[block & 511];
69      if (create && !i) {
70          if (i = new_block(inode->i_dev)) {
71              ((unsigned short *) (bh->b_data))[block & 511] = i;
72              bh->b_dirt = 1;
73          }
74      }
75      brelse(bh);
76      return i;
77  }
78
79  int bmap(struct m_inode * inode,int block) {
80      return _bmap(inode,block,0);
81  }
```

bmap 的作用是把文件数据块号转换成磁盘数据块号，其核心逻辑是通过查找文件 inode 的数据块号得到磁盘上对应的数据块号，它使用了 _bmap 这个辅助函数。如图 7-2 所示，当 block 小于 7 时，可以直接读取 i_zone 的值，当 block 大于 7 时，就在二级块中查找，如果 block 的值比 7+512 还大，就需要在三级块中查找。根据这个结构，查找的代码比较容易理解，这里就不再多做解释了。

要注意 _bmap 的第三个参数，也就是 create，它代表是否用于创建文件。当 bmap 是由创建文件的函数调用时，这个参数就是 1，代表如果数据块不存在就需要申请一个新的。当 i_zone 中的值为 0，并且新建标志为 1 时，就要使用 new_block 申请新的数据块。

到这里，由路径名查找相应的 inode 的功能就基本实现了，在这个基础上，下一节将实现打开文件的功能。

7.3.2　打开文件

众所周知，打开文件的系统调用是 open。添加一个系统调用需要在系统调用里增加入口函数，因为本书前面章节已经多次实现系统调用，所以这里就不再赘述了。本节直接从 open 的入口函数，即 sys_open 函数开始实现。它的作用是打开一个文件，输入的三个参数分别是文件名 filename、打开文件标志 flag，以及在创建文件的情况下，指定文件的许可属性的 mode，如代码清单 7-23 所示。

代码清单 7-23　打开文件

```
1   /* fs/open.c */
2   int sys_open(const char * filename,int flag,int mode) {
3       struct m_inode * inode;
4       struct file * f;
5       int i,fd;
6
7       mode &= 0777 & ~current->umask;
8       for(fd=0 ; fd<NR_OPEN ; fd++) {
9           if (!current->filp[fd])
10              break;
11      }
12
13      if (fd>=NR_OPEN)
14          return -EINVAL;
15
16      current->close_on_exec &= ~(1<<fd);
17      f=0+file_table;
18      for (i=0 ; i<NR_FILE ; i++,f++)
19          if (!f->f_count) break;
20      if (i>=NR_FILE)
21          return -EINVAL;
22
23      (current->filp[fd]=f)->f_count++;
24      if ((i=namei(filename,flag,mode,&inode))<0) {
25          current->filp[fd]=NULL;
26          f->f_count=0;
27          return i;
```

```
28          }
29
30          if (S_ISCHR(inode->i_mode)) {
31              printk("open char dev %d\n", fd);
32          }
33
34          f->f_mode = inode->i_mode;
35          f->f_flags = flag;
36          f->f_count = 1;
37          f->f_inode = inode;
38          f->f_pos = 0;
39
40          return fd;
41      }
```

第 7 行用于创建文件的模式，mode 用于指定文件的许可属性。

第 8 行开始检查进程文件表里是否有空项：如果有，那么这个空项的下标值就是这次打开文件的文件描述符 fd；如果文件已满，没有空项就返回一个错误值。第 16 行的 close_on_exec 是一个位图，用于指示当执行 execve 时，该文件是否需要关闭。它的每一个位对应 filp 数组中的一项，也就是对应一个文件描述符。使用 fork 创建了一个子进程，当子进程通过 execve 执行另外一个程序时，如果一个文件描述符在 close_on_exec 位图中的对应位被置位，那么这个文件应该被关闭，否则该文件就一直保持打开状态。在默认情况下，文件应该是打开的，所以这里把文件对应的标志位复位。接下来在全局的 file_table 中寻找空闲项，如果找不到就返回错误值。

第 23 行使用 namei 根据文件名加载文件所对应的 inode，如果一切正常就完成 file 结构体的初始化工作（第 34~38 行）。如果你查看 Linux 内核源码会发现这里使用的不是 namei，而是 open_namei。实际上，在读取一个文件的 inode 时，namei 和 open_namei 的作用是一样的，但是 open 函数还可以用于创建文件，当文件不存在时，open_namei 可以新建 inode，所以它的实现比较复杂。这里只用于打开一个已经存在的文件，就偷懒一点，使用更简单的 namei 来代替了。

第 30 行判断要打开的文件是不是一个字符设备文件。本书随书提供的 root.img 文件中有一个完整的文件系统，这个文件系统中有 /dev/tty0 文件，该文件的 inode 节点不同于常规文件，它的 size 为 0，mode 表明它是一个字符文件（S_ISCHR 为 1）。等将来实现文件读写的时候，针对不同的文件类型，将会分别调用不同的处理函数。

最后，再来看 namei 的实现，如代码清单 7-24 所示。

代码清单 7-24　namei 的实现

```
1   /* fs/namei.c */
```

```
2   struct m_inode * _namei(const char * pathname, struct m_inode * base,
3           int follow_links) {
4       const char * basename;
5       int inr,namelen;
6       struct m_inode * inode;
7       struct buffer_head * bh;
8       struct dir_entry * de;
9
10      if (!(base = dir_namei(pathname,&namelen,&basename,base)))
11          return NULL;
12
13      if (!namelen)
14          return base;
15
16      bh = find_entry(&base,basename,namelen,&de);
17      if (!bh) {
18          iput(base);
19          return NULL;
20      }
21
22      inr = de->inode;
23      brelse(bh);
24      if (!(inode = iget(base->i_dev,inr))) {
25          iput(base);
26          return NULL;
27      }
28
29      return inode;
30  }
31
32  struct m_inode * namei(const char * pathname) {
33      return _namei(pathname,NULL,1);
34  }
```

7.3.1节实现了 dir_namei 和 find_entry。其中 dir_namei 的作用是查找文件名中包含的最后一级目录, find_entry 的作用是在目标目录下面查找文件。还是以 "/usr/local/bin/ls" 为例进行说明。第 14 行, dir_namei 的返回值是 bin 目录的 inode, 而且此时, basename 指针将会指向文件名 "ls", 且 namelen 为 2。第 16 行再使用 find_entry 找到 "ls" 的 dir_entry, 最后再通过 iget 找到文件所对应的 inode。在明白了几个关键函数的作用以后, 这段代码的核心逻辑就很简单了。

在 main 函数里添加用于打开 tty0 文件的代码，如代码清单 7-25 所示。

代码清单 7-25　打开 tty0 文件

```
1  void init() {
2      setup((void *) &drive_info);
3      (void)open("/dev/tty0", O_RDWR, 0);
4      dup(0);
5      dup(0);
6  }
```

这样就可以打开第一个文件，这就是 0 号文件，然后 dup 函数用于复制文件描述符，它的参数是文件描述号，也就是说再新增一个描述符，它们指向同一个 file 结构。之前介绍过的 0 号代表标准输入，1 号代表标准输出，2 号代表标准错误，这里就是在初始化这三个文件结构。

其中，dup 也是一个系统调用，它的实现如代码清单 7-26 所示。

代码清单 7-26　复制文件描述符

```
1   /* fs/fcntl.c */
2   static int dupfd(unsigned int fd, unsigned int arg) {
3       if (fd >= NR_OPEN || !current->filp[fd])
4           return -EBADF;
5       if (arg >= NR_OPEN)
6           return -EINVAL;
7
8       while (arg < NR_OPEN) {
9           if (current->filp[arg])
10              arg++;
11          else
12              break;
13      }
14
15      if (arg >= NR_OPEN)
16          return -EMFILE;
17
18      current->close_on_exec &= ~(1<<arg);
19      (current->filp[arg] = current->filp[fd])->f_count++;
20      return arg;
21  }
22
23  int sys_dup(unsigned int fildes) {
```

```
24      return dupfd(fildes, 0);
25  }
```

filp 结构是一个指针数据，所以这里只是简单地让数组中的两个位置都指向同一个文件结构，并没有进行数据结构的复制。

与 open 操作相对应的是 colse 操作，用于关闭文件，它也是一个系统调用，入口函数是 sys_close，如代码清单 7-27 所示。

代码清单 7-27　关闭文件

```
1   int sys_close(unsigned int fd) {
2       struct file * filp;
3
4       if (fd >= NR_OPEN)
5           return -EINVAL;
6       current->close_on_exec &= ~(1<<fd);
7       if (!(filp = current->filp[fd]))
8           return -EINVAL;
9       current->filp[fd] = NULL;
10      if (filp->f_count == 0)
11          panic("Close: file count is 0");
12      if (--filp->f_count)
13          return (0);
14      iput(filp->f_inode);
15      return (0);
16  }
```

close 函数的主要操作是将 f_count 减 1，并且释放 f_inode，同时清空进程的 filp 数组的对应元素。这个函数的逻辑是比较简单的，这里就不再详细解释了。

通过系统调用 open 函数来打开一个文件，它的返回值是文件描述符，接下来就可以对这个描述符进行读写操作了。下一节先实现读操作。

7.3.3　文件的读操作

在第 4 章实现字符设备的读写的时候，已经实现了 sys_read 函数，当时通过硬编码对文件描述符为 0 的情况进行了处理，从而支持了键盘输入。到现在，内核终于有了文件系统，字符设备也通过文件结构管理起来了，就可以对 sys_read 函数进行改造了，如代码清单 7-28 所示。

代码清单 7-28　读文件

```
1   int sys_read(unsigned int fd,char * buf,int count) {
2       struct file * file;
```

```
3      struct m_inode * inode;

4

5      if (fd>=NR_OPEN || count<0 || !(file=current->filp[fd]))
6          return -EINVAL;
7      if (!count)
8          return 0;

9

10     inode = file->f_inode;
11     if (S_ISCHR(inode->i_mode)) {
12         return rw_char(READ, inode->i_zone[0], buf, count, &file->f_pos
       );
13     }

14

15     printk("(Read)inode->i_mode=%06o\n\r",inode->i_mode);
16     return -EINVAL;
17  }
```

sys_read 由文件描述符找到进程对应的文件结构，然后进一步找到文件的 inode，再判断它是不是字符设备，如果是的话，就调用 rw_char 对字符设备进行读写。

如果普通文件的 size 为 0，则它没有对应的数据块，这意味着它的 i_zone 数组是无效的，但字符设备不是这样的。虽然 inode 的 size 为 0，但它的 i_zone 是有效的，其中第一个元素记录了设备号。第 4 章也曾经提到过，字符设备不仅包括键盘、屏幕，还包括串口通信设备，通过设备号区分这些类型的任务就交给了 rw_char 函数。它的实现如代码清单 7-29 所示。

代码清单 7-29　区分字符设备类型

```
1   /* fs/char_dev.c */
2   extern int tty_read(unsigned minor,char * buf,int count);
3   extern int tty_write(unsigned minor,char * buf,int count);

4

5   typedef int (*crw_ptr)(int rw,unsigned minor,char * buf,int count,off_t
      * pos);

6

7   int rw_ttyx(int rw,unsigned minor,char * buf,int count,off_t * pos) {
8       if (rw == WRITE) {
9           return tty_write(minor, buf, count);
10      }
11      else if (rw == READ) {
12          return tty_read(minor, buf, count);
13      }
```

```
14      else
15          return -EINVAL;
16  }
17
18  static int rw_tty(int rw,unsigned minor,char * buf,int count, off_t *
        pos) {
19      if (current->tty<0)
20          return -EPERM;
21      return rw_ttyx(rw,current->tty,buf,count,pos);
22  }
23
24  #define NRDEVS ((sizeof (crw_table))/(sizeof (crw_ptr)))
25
26  static crw_ptr crw_table[]={
27      NULL,
28      NULL,
29      NULL,
30      NULL,
31      rw_ttyx,
32      rw_tty,
33      NULL,
34      NULL,
35  };
36
37  int rw_char(int rw,int dev, char * buf, int count, off_t * pos) {
38      crw_ptr call_addr;
39      if (MAJOR(dev)>=NRDEVS)
40          return -ENODEV;
41      if (!(call_addr=crw_table[MAJOR(dev)]))
42          return -ENODEV;
43      return call_addr(rw,MINOR(dev),buf,count,pos);
44  }
```

　　crw_table 是一个函数指针数组，针对不同的设备会调用相应的函数指针。tty 终端的设备号是 4 和 5，所以指针数组的第 4 项和第 5 项是相应的字符设备读写函数。第 41 行查找与主设备号相对应的函数指针，第 43 行调用这个函数。最终，在 rw_ttyx 中还是调用到了 tty_read。

　　通过两次封装，内核终于将字符设备的读写统一纳入了文件系统里。这个架构很好地展现了面向对象编程原则中的面向接口编程，而不是面向实现编程，函数指针也像 C++ 语言的虚函数一样，为接口提供了具体实现。

实现了读字符设备，再实现写字符设备就非常容易了，如代码清单 7-30 所示。

代码清单 7-30　写字符设备

```c
/* fs/read_write.c */
int sys_write(unsigned int fd,char * buf,int count) {
    struct file * file;
    struct m_inode * inode;

    if (fd>=NR_OPEN || count <0 || !(file=current->filp[fd]))
        return -EINVAL;

    if (!count)
        return 0;

    inode=file->f_inode;

    if (S_ISCHR(inode->i_mode)) {
        return rw_char(WRITE,inode->i_zone[0],buf,count,&file->f_pos);
    }

    printk("(Write)inode->i_mode=%06o\n\r",inode->i_mode);
    return -EINVAL;
}
```

sys_write 与 sys_read 函数几乎是完全对应的，这里就不再详细解释了。重新编译运行，现在的操作系统的行为并没有什么新的变化，键盘和屏幕的工作与以前并无二致，但它的内涵已经完全不同了，现在的字符设备已经在文件系统的体系中工作了。

把字符设备纳入文件系统管理以后，再来看如何支持普通文件的读写。

7.3.4　读写普通文件

普通文件是指位于磁盘上的常规文件，例如文本文件、图像文件等，对这些文件进行操作是文件系统的核心。普通文件的 inode 中的 zone 数组记录了文件占据的磁盘数据块，在实现了 bmap 和 buffer 的相关操作以后，再实现普通文件的读写几乎就是水到渠成的事情了。先来看读取普通文件的实现，如代码清单 7-31 所示。

代码清单 7-31　读取普通文件

```c
/* fs/read_write.c */
int sys_read(unsigned int fd,char * buf,int count) {
    /*部分代码略*/
    if (S_ISDIR(inode->i_mode) || S_ISREG(inode->i_mode)) {
```

```
5          if (count+file->f_pos > inode->i_size)
6              count = inode->i_size - file->f_pos;
7          if (count<=0)
8              return 0;
9          return file_read(inode,file,buf,count);
10     }
11     /*部分代码略*/
12 }
```

sys_read 中已经支持了字符设备读写，现在再添加普通文件的读写操作。从上述代码可以看到，目录和普通文件的处理逻辑是一样的，对它们的读操作都需要去磁盘上进行，接下来就实现从磁盘读取普通文件的逻辑，如代码清单 7-32 所示。

代码清单 7-32　从磁盘读取普通文件

```
1  /* fs/file_dev.c */
2  #define MIN(a,b) (((a)<(b))?(a):(b))
3  #define MAX(a,b) (((a)>(b))?(a):(b))
4
5  int file_read(struct m_inode * inode, struct file * filp, char * buf,
        int count) {
6      int left,chars,nr;
7      struct buffer_head * bh;
8
9      if ((left=count)<=0)
10         return 0;
11     while (left) {
12         if (nr = bmap(inode,(filp->f_pos)/BLOCK_SIZE)) {
13             if (!(bh=bread(inode->i_dev,nr)))
14                 break;
15         } else
16             bh = NULL;
17         nr = filp->f_pos % BLOCK_SIZE;
18         chars = MIN( BLOCK_SIZE-nr , left );
19         filp->f_pos += chars;
20         left -= chars;
21         if (bh) {
22             char * p = nr + bh->b_data;
23             while (chars-->0)
24                 put_fs_byte(*(p++),buf++);
25             brelse(bh);
26         } else {
```

```
27              while (chars-->0)
28                      put_fs_byte(0,buf++);
29          }
30      }
31      inode->i_atime = CURRENT_TIME;
32      return (count-left)?(count-left):-ERROR;
33  }
```

f_pos 代表了文件操作的偏移量，比如上一次 read 读取了 10 个字符，那么 f_pos 就是 10，这一次再调用 read 函数时就从 10 开始。用 f_pos 除以 BLOCK_SIZE 就得到了文件内部的数据块号，用 bmap 将数据块号转换成磁盘数据块号，之后通过 bread 函数将磁盘数据读入缓冲区，最后使用 put_fs_byte 将内核缓冲区的内容复制到用户缓冲区。这段代码的大多数代码是对数据的有效性进行检查，虽然代码量不小，但是它所依赖的 bmap 等函数在前面章节已经重点实现过了。

接下来可以在 init 函数中做一个实验，通过 open 打开"/root/txt"文件，然后再使用 read 将文件内容读入缓冲区，最后使用 write 函数将缓冲区里的数据打印到屏幕上。从使用 BIOS 系统调用向屏幕上打印"hello world"，到现在通过读取文件打印"hello world"，表面上看差不多，但我们已经跋涉过千山万水了，站在这个节点回望第一行操作系统代码，难免感叹路途之艰辛。

写操作和读操作是反过来的，过程基本对等，但写操作还是有一点需要注意，那就是当写的内容超过了原文件大小时，需要申请新数据块。写普通文件的实现如代码清单 7-33 所示。

代码清单 7-33　写普通文件

```
1  /* fs/file_dev.c */
2  int file_write(struct m_inode * inode, struct file * filp, char * buf,
       int count) {
3      off_t pos;
4      int block,c;
5      struct buffer_head * bh;
6      char * p;
7      int i=0;
8
9  /*
10  * ok, append may not work when many processes are writing at the same
       time
11  * but so what. That way leads to madness anyway.
12  */
13      if (filp->f_flags & O_APPEND)
14          pos = inode->i_size;
```

```
15      else
16          pos = filp->f_pos;
17      while (i<count) {
18          if (!(block = create_block(inode,pos/BLOCK_SIZE)))
19              break;
20          if (!(bh=bread(inode->i_dev,block)))
21              break;
22          c = pos % BLOCK_SIZE;
23          p = c + bh->b_data;
24          bh->b_dirt = 1;
25          c = BLOCK_SIZE-c;
26          if (c > count-i) c = count-i;
27          pos += c;
28          if (pos > inode->i_size) {
29              inode->i_size = pos;
30              inode->i_dirt = 1;
31          }
32          i += c;
33          while (c-->0)
34              *(p++) = get_fs_byte(buf++);
35          brelse(bh);
36      }
37      inode->i_mtime = CURRENT_TIME;
38      if (!(filp->f_flags & O_APPEND)) {
39          filp->f_pos = pos;
40          inode->i_ctime = CURRENT_TIME;
41      }
42      return (i?i:-1);
43  }
```

file_write 中用于将文件数据块号转换成磁盘数据块号的函数不是 bmap,而是 create_block,它的实现如代码清单 7-34 所示。

代码清单 7-34　create_block 的实现

```
1  /* fs/inode.c */
2  int create_block(struct m_inode * inode, int block) {
3      return _bmap(inode,block,1);
4  }
```

可见它和 bmap 的实现是一样的,都是调用了 _bmap 来实现转换的核心逻辑。不同之处在于,它的 create 标志是 1,这代表如果 i_zone 中的值为 0,就需要申请一个新的磁盘数据块。而这些功能在代码清单 7-22 中已经实现好了，所以这里直接调用相关的实现即可。

至此，普通文件的读写就已经实现好了，可见，在文件系统的读写架构搭建好了以后，在其中增加一种新的类型是比较简单的。这一节完成了文件的打开、读写等操作，下一节就将聚焦于管理目录。

7.4　管理目录

管理目录是文件系统除文件管理以外的另一大核心功能，主要涉及创建、删除以及更改当前目录等。这一节就来逐个实现这些功能，先从创建目录开始。

7.4.1　创建目录和文件

内核提供了一个用于创建目录的系统调用：mkdir，就以它为入口开始实现吧，如代码清单 7-35 所示。

代码清单 7-35　系统调用：mkdir

```
1   /* fs/namei.c */
2   int sys_mkdir(const char * pathname, int mode) {
3       const char * basename;
4       int namelen;
5       struct m_inode * dir, * inode;
6       struct buffer_head * bh, *dir_block;
7       struct dir_entry * de;
8
9       if (!(dir = dir_namei(pathname,&namelen,&basename, NULL)))
10          return -ENOENT;
11      if (!namelen) {
12          iput(dir);
13          return -ENOENT;
14      }
15      if (!permission(dir,MAY_WRITE)) {
16          iput(dir);
17          return -EPERM;
18      }
19
20      bh = find_entry(&dir,basename,namelen,&de);
21      if (bh) {
22          brelse(bh);
23          iput(dir);
24          return -EEXIST;
```

```
25          }
26
27          inode = new_inode(dir->i_dev);
28          if (!inode) {
29              iput(dir);
30              return -ENOSPC;
31          }
32          inode->i_size = 32;
33          inode->i_dirt = 1;
34
35          if (!(inode->i_zone[0]=new_block(inode->i_dev))) {
36              iput(dir);
37              inode->i_nlinks--;
38              iput(inode);
39              return -ENOSPC;
40          }
41
42          inode->i_dirt = 1;
43          if (!(dir_block=bread(inode->i_dev,inode->i_zone[0]))) {
44              iput(dir);
45              inode->i_nlinks--;
46              iput(inode);
47              return -ERROR;
48          }
49
50          de = (struct dir_entry *) dir_block->b_data;
51          de->inode=inode->i_num;
52          strcpy(de->name,".");
53          de++;
54          de->inode = dir->i_num;
55          strcpy(de->name,"..");
56          inode->i_nlinks = 2;
57          dir_block->b_dirt = 1;
58          brelse(dir_block);
59
60          inode->i_mode = I_DIRECTORY | (mode & 0777 & ~current->umask);
61          inode->i_dirt = 1;
62
63          bh = add_entry(dir,basename,namelen,&de);
64          if (!bh) {
65              iput(dir);
```

```
66          inode->i_nlinks--;
67          iput(inode);
68          return -ENOSPC;
69      }
70
71      de->inode = inode->i_num;
72      bh->b_dirt = 1;
73      dir->i_nlinks++;
74      dir->i_dirt = 1;
75      iput(dir);
76      iput(inode);
77      brelse(bh);
78      return 0;
79  }
```

这又是一个看上去很长的函数，但其实并不难理解。经过这一章的介绍，读者会发现文件系统虽然代码的篇幅很长，但是相对比较容易理解，不像前面几章，每一行代码都要经过仔细推敲。

sys_mkdir 是系统调用 mkdir 的服务函数，它主要包括 4 个步骤。① 通过 dir_namei 找到父目录的 inode，也就是变量 dir。因为要创建的目标目录的 dir_entry 结构要写入父目录的数据块（第 9～18 行）中。② 在父目录中通过 find_entry 查找是否已经存在相同的目录名了，如果存在就报错退出（第 20～25 行）。③ 通过 new_inode 创建一个新的 inode，并且通过 new_block 创建一个新的数据块（第 27～40 行）。④ 通过 bread 读入缓冲区数据，然后将 "." 目录和 ".." 目录写入缓冲区。

在上述步骤中，只有 add_entry 函数尚未实现，接下来实现 add_entry 函数。在一个已经存在的目录增加一个新的项（如目录或者文件），无非就是在该目录的数据块里添加 dir_entry 结构。这个任务并不算复杂，读者可以不参考 Linux 源码，尝试自己去实现。这里也列出它的实现，如代码清单 7-36 所示。

代码清单 7-36　在目录中增加新的项

```
1  /* fs/namei.c */
2  static struct buffer_head * add_entry(struct m_inode * dir,
3      const char * name, int namelen, struct dir_entry ** res_dir) {
4      int block,i;
5      struct buffer_head * bh;
6      struct dir_entry * de;
7
8      *res_dir = NULL;
9      if (!namelen)
```

```
10          return NULL;
11      if (!(block = dir->i_zone[0]))
12          return NULL;
13      if (!(bh = bread(dir->i_dev,block)))
14          return NULL;
15
16      i = 0;
17      de = (struct dir_entry *) bh->b_data;
18      while (1) {
19          if ((char *)de >= BLOCK_SIZE+bh->b_data) {
20              brelse(bh);
21              bh = NULL;
22              block = create_block(dir,i/DIR_ENTRIES_PER_BLOCK);
23              if (!block)
24                  return NULL;
25              if (!(bh = bread(dir->i_dev,block))) {
26                  i += DIR_ENTRIES_PER_BLOCK;
27                  continue;
28              }
29              de = (struct dir_entry *) bh->b_data;
30          }
31
32          if (i*sizeof(struct dir_entry) >= dir->i_size) {
33              de->inode=0;
34              dir->i_size = (i+1)*sizeof(struct dir_entry);
35              dir->i_dirt = 1;
36          }
37
38          if (!de->inode) {
39              for (i=0; i < NAME_LEN ; i++)
40                  de->name[i]=(i<namelen)?get_fs_byte(name+i):0;
41              bh->b_dirt = 1;
42              *res_dir = de;
43              return bh;
44          }
45          de++;
46          i++;
47      }
48  }
```

参数 dir 是父目录的 inode，name 是新建目录的名字，namelen 是目录名字的长度，

res_dir 是新建目录的目录项指针，它是一个输出参数。

add_entry 函数使用变量 de 对父目录中的所有项进行遍历，它从 i_zone[0] 所指向的数据块开始（第 17 行），如果遇到某一个 dir_entry 的 inode 值为 0，就说明找到了空白目录项（第 38 行）。父目录中的目录项并不一定是紧密排列的，比如一个目录中一开始包含 10 个文件，删除了其中的第 1 个文件，则第一个文件所对应的 de 结构的 inode 就会是 0，但是这个空白结构还在磁盘上，并不会被后边的 dir_entry 覆盖。下一次再创建新的目录项时，add_entry 还可以继续复用这个空白结构。

第 19~30 行用于处理跨数据块的边界情况，当遍历进行到一个数据块的末尾时，就需要使用 create_block 来创建新的数据块。第 32 行用于处理没有空白项的情况，这时就要在数据块的最后新增一个 dir_entry，并做好初始化工作。

到这里为止，mkdir 就准备好了，我们用一个最简陋的 shell 来进行验证，如代码清单 7-37 所示。

代码清单 7-37　一个最简陋的 shell

```
1   void test_a(void) {
2       char a[10];
3       int i;
4
5       while (1) {
6           i = read(0, a, 9);
7           a[i - 1] = 0;
8
9           if (strcmp(a, "mk") == 0) {
10              mkdir("/hinusDocs", 0);
11          }
12          else if (strcmp(a, "ls") == 0) {
13              ls();
14          }
15          else if (strcmp(a, "q") == 0) {
16              break;
17          }
18      }
19  }
```

修改 test_a 函数，当在终端上输入 mk 时，就调用 mkdir 函数，在根目录下创建 hinusDocs 目录，如果输入 ls，就列出根目录下的所有文件。这个循环就像 shell 脚本一样可以执行基本的操作。

编译运行，结果如图 7-4 所示。

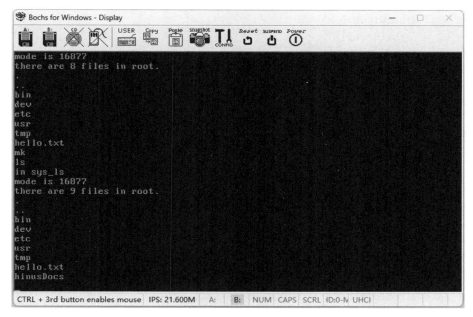

图 7-4　创建目录

图 7-4 的上半部分展示了开机之后使用 ls 列出的根目录下的所有文件，然后手动输入 mk，在根目录下创建一个名为 hinusDocs 的目录，最后再通过 ls 查看根目录下的所有子项，这时就可以看到最底部成功地打印了 hinusDocs，这说明目录创建成功了。

接下来，继续实现删除目录的功能。

7.4.2　删除目录：rmdir

实现了创建目录以后，再来实现删除目录。Linux 也提供了一个系统调用 rmdir 来删除指定目录，它的实现与 mkdir 是逆操作，如代码清单 7-38 所示。

代码清单 7-38　删除目录

```
1   /* fs/namei.c */
2   int sys_rmdir(const char * name) {
3       const char * basename;
4       int namelen;
5       struct m_inode * dir, * inode;
6       struct buffer_head * bh;
7       struct dir_entry * de;
8
9       if (!(dir = dir_namei(name,&namelen,&basename, NULL)))
10          return -ENOENT;
11
```

```
12        if (!namelen) {
13            iput(dir);
14            return -ENOENT;
15        }
16
17        if (!permission(dir,MAY_WRITE)) {
18            iput(dir);
19            return -EPERM;
20        }
21
22        bh = find_entry(&dir,basename,namelen,&de);
23        if (!bh) {
24            iput(dir);
25            return -ENOENT;
26        }
27        if (!(inode = iget(dir->i_dev, de->inode))) {
28            iput(dir);
29            brelse(bh);
30            return -EPERM;
31        }
32
33        if (inode->i_dev != dir->i_dev || inode->i_count>1) {
34            iput(dir);
35            iput(inode);
36            brelse(bh);
37            return -EPERM;
38        }
39
40        if (inode == dir) {
41            iput(dir);
42            iput(inode);
43            brelse(bh);
44            return -EPERM;
45        }
46
47        if (!S_ISDIR(inode->i_mode)) {
48            iput(dir);
49            iput(inode);
50            brelse(bh);
51            return -ENOTDIR;
52        }
```

```
53
54      if (!empty_dir(inode)) {
55          iput(inode);
56          iput(dir);
57          brelse(bh);
58          return -ENOTEMPTY;
59      }
60
61      if (inode->i_nlinks != 2)
62          printk("empty directory has nlink!=2 (%d)",inode->i_nlinks);
63
64      de->inode = 0;
65      bh->b_dirt = 1;
66      brelse(bh);
67      inode->i_nlinks = 0;
68      inode->i_dirt=1;
69      dir->i_nlinks--;
70      dir->i_dirt=1;
71      iput(dir);
72      iput(inode);
73
74      return 0;
75  }
```

sys_rmdir 函数先找到父目录的 inode，并记录在变量 dir 中（第 9 行），然后检查是否有写权限（第 17 行）。在父目录中查找目标，如果不存在就报错退出（第 22~26 行），否则就找到目标目录的 inode，对 inode 进行合法性检查，它不能指向父目录（第 40 行）而且必须是一个子目录（第 47 行），还必须是一个空目录（第 54 行），而且它的引用数必须为 2，这是因为它的父目录引用它，它自己的 "." 目录也会引用自己。这样检查全部通过以后，就把目标目录所对应的 dir_entry 中的 inode 编号改为 0，目标目录的 i_nlinks 改为 0，父目录的 i_nlinks 减 1，因为从子目录指向父目录的引用消失了。

其中，判断一个目录是否为空的函数是 empty_dir，它的实现如代码清单 7-39 所示。

代码清单 7-39　判断目录是否为空

```
1   /* fs/namei.c */
2   static int empty_dir(struct m_inode * inode) {
3       int nr,block;
4       int len;
5       struct buffer_head * bh;
6       struct dir_entry * de;
```

```
 7
 8      len = inode->i_size / sizeof (struct dir_entry);
 9      if (len<2 || !inode->i_zone[0] ||
10              !(bh=bread(inode->i_dev,inode->i_zone[0]))) {
11          printk("warning - bad directory on dev %04x\n",inode->i_dev);
12          return 0;
13      }
14
15      de = (struct dir_entry *) bh->b_data;
16      if (de[0].inode != inode->i_num || !de[1].inode ||
17              strcmp(".",de[0].name) || strcmp("..",de[1].name)) {
18          printk("warning - bad directory on dev %04x\n",inode->i_dev);
19          return 0;
20      }
21
22      nr = 2;
23      de += 2;
24      while (nr<len) {
25          if ((void *) de >= (void *) (bh->b_data+BLOCK_SIZE)) {
26              brelse(bh);
27              block=bmap(inode,nr/DIR_ENTRIES_PER_BLOCK);
28              if (!block) {
29                  nr += DIR_ENTRIES_PER_BLOCK;
30                  break;
31              }
32              if (!(bh=bread(inode->i_dev,block)))
33                  return 0;
34              de = (struct dir_entry *) bh->b_data;
35          }
36
37          if (de->inode) {
38              brelse(bh);
39              return 0;
40          }
41          de++;
42          nr++;
43      }
44
45      brelse(bh);
46      return 1;
47  }
```

　　一个空的目录只能包含两个有效的 dir_entry，那就是 "."和 ".."，分别代表本目录和父目录，而且由 mkdir 的实现可以知道，这两个 dir_entry 一定要占用前两项。empty_dir 基于这个实现进行检查（第 9~20 行），如果检查通过，则对所有的 dir_entry 进行遍历。这里不能直接使用 i_size 进行判断，是因为 i_size 是包含了空白结构的，所以只能使用遍历的办法对所有项进行检查。如果遍历过程中发现其中的某一项的 inode 不为 0，那就说明这个目录不空，就应该返回 0；如果全部遍历完了，也没发现其他的有效项，就说明目录为空，返回 1。

　　到这里，删除文件的功能就全部实现了，读者可以在代码清单 7-37 中把 rmdir 的功能也添加上，并进行验证。

　　下面再顺便实现修改进程的当前目录的功能，如代码清单 7-40 所示。

代码清单 7-40　修改进程当前目录

```
1   int sys_chdir(const char * filename) {
2       struct m_inode * inode;
3       if (!(inode = namei(filename)))
4           return -ENOENT;
5
6       if (!S_ISDIR(inode->i_mode)) {
7           iput(inode);
8           return -ENOTDIR;
9       }
10
11      iput(current->pwd);
12      current->pwd = inode;
13      return (0);
14  }
```

　　这个函数的核心就只有一行语句，那就是把 current 的 pwd 指针修改为目标目录的 inode。注意，这里查找文件名对应的 inode 用的是 namei 函数，它只用于读取一个已经存在的目录的 inode。

　　删除目录的功能也比较简单，这里就不再展示它的运行效果了。新建文件和新建目录都需要在父目录里增加目录项，所以它们的逻辑就很相似，在完成了创建目录的功能以后，再来实现新建文件的功能就非常简单了。接下来就继续实现新建文件的功能。

7.4.3　新建文件

　　在一个目录下新建文件和新建一个目录的步骤差不多，都要先在父目录里创建一个新的 dir_entry，再创建一个 inode。Linux 可以通过系统调用 creat 或者在调用 open 时，传入 O_CREAT 标志来新建一个文件。

　　在实现 sys_open 函数时，因为当时只需要打开一个确定存在的文件，所以我偷懒使用了 namei 函数，但正确的做法应该使用 open_namei。open_namei 不但有相同的功能，还可以在文件不存在时，根据标志新建文件。它的具体实现如代码清单 7-41 所示。

代码清单 7-41　用于新建文件的 open_namei

```
/* fs/namei.c */
int open_namei(const char * pathname, int flag, int mode,
    struct m_inode ** res_inode) {
    const char * basename;
    int inr,dev,namelen;
    struct m_inode * dir, *inode;
    struct buffer_head * bh;
    struct dir_entry * de;

    if ((flag & O_TRUNC) && !(flag & O_ACCMODE))
        flag |= O_WRONLY;
    mode &= 0777 & ~current->umask;
    mode |= I_REGULAR;
    if (!(dir = dir_namei(pathname,&namelen,&basename,NULL)))
        return -ENOENT;
    if (!namelen) {                 /* 特例，如 "/usr/" 等*/
        if (!(flag & (O_ACCMODE|O_CREAT|O_TRUNC))) {
            *res_inode=dir;
            return 0;
        }
        iput(dir);
        return -EISDIR;
    }
    bh = find_entry(&dir,basename,namelen,&de);
    if (!bh) {
        if (!(flag & O_CREAT)) {
            iput(dir);
            return -ENOENT;
        }
        if (!permission(dir,MAY_WRITE)) {
            iput(dir);
            return -EACCES;
        }
        inode = new_inode(dir->i_dev);
        if (!inode) {
            iput(dir);
```

```
37              return -ENOSPC;
38          }
39          inode->i_uid = current->euid;
40          inode->i_mode = mode;
41          inode->i_dirt = 1;
42          bh = add_entry(dir,basename,namelen,&de);
43          if (!bh) {
44              inode->i_nlinks--;
45              iput(inode);
46              iput(dir);
47              return -ENOSPC;
48          }
49          de->inode = inode->i_num;
50          bh->b_dirt = 1;
51          brelse(bh);
52          iput(dir);
53          *res_inode = inode;
54          return 0;
55      }
56      inr = de->inode;
57      dev = dir->i_dev;
58      brelse(bh);
59      if (flag & O_EXCL) {
60          iput(dir);
61          return -EEXIST;
62      }
63      if (!(inode = follow_link(dir,iget(dev,inr))))
64          return -EACCES;
65      if ((S_ISDIR(inode->i_mode) && (flag & O_ACCMODE)) ||
66          !permission(inode,ACC_MODE(flag))) {
67          iput(inode);
68          return -EPERM;
69      }
70      inode->i_atime = CURRENT_TIME;
71      if (flag & O_TRUNC)
72          truncate(inode);
73      *res_inode = inode;
74      return 0;
75  }
```

第 24 行尝试在父目录中查找目标文件，如果 bh 为空，就说明没有找到目标文件，第 26 行开始创建一个新的文件。第 34 行为文件申请新的 inode，然后第 42 行在父目录中新建 dir_entry，最后把这两者关联起来，那么这个新的 inode 最终就会变成新文件所对应的 inode。

第 63 行用于处理文件链接，如果当前所打开的是链接文件，那么就需要进一步打开链接文件所指向的真实文件。接下来，我们就来实现文件链接的功能。

7.5　文件链接

熟悉 shell 命令的读者一定使用过 ln 命令，它可以创建一个新的文件链接。例如，使用如下命令创建两个文件链接，如代码清单 7-42 所示。

代码清单 7-42　创建文件链接

```
1  # ln -s foo.txt bar.txt
2  # ln foo.txt bah.txt
3  # ls -li
4  total 8
5  683564 -rw-r--r-- 2 root root 13 May  1 08:28 bah.txt
6  683563 lrwxrwxrwx 1 root root  7 May  1 08:28 bar.txt -> foo.txt
7  683564 -rw-r--r-- 2 root root 13 May  1 08:28 foo.txt
8  # cat foo.txt
9  hello world!
10 # cat bar.txt
11 hello world!
12 # cat bah.txt
13 hello world!
```

使用 ln 命令时，如果不带 "-s" 参数，则默认生成硬链接，如果加上 "-s" 参数就会生成软链接，或者叫作符号链接，s 是 symbolic 的缩写。使用 "ls -li" 查看三个 inode 的编号，如果 foo.txt 和 bah.txt 的 inode 的编号是一样的，说明这两个文件名指向了同一个文件。如果 foo.txt 和 bar.txt 的 inode 的编号不相同，且文件大小也不一样，这说明两个文件名分别指向了不同的 inode，而 bar.txt 是一个有点特殊的文件，它的 inode 中的 mode 属性会标记它是一个软链接文件。

这是软链接和硬链接最直接的不同，接下来就分别创建硬链接和软链接。

7.5.1　创建硬链接

创建硬链接的系统调用是 link，入口函数是 sys_link，它接收两个参数：一个是目标文件名 oldname，另一个是硬链接文件名 newname。新建文件硬链接的实现如代码清单 7-43 所示。

代码清单 7-43　创建文件硬链接

```
1   /* fs/namei.c */
2   int sys_link(const char * oldname, const char * newname) {
3       struct dir_entry * de;
4       struct m_inode * oldinode, * dir;
5       struct buffer_head * bh;
6       const char * basename;
7       int namelen;
8
9       oldinode=namei(oldname);
10      if (!oldinode)
11          return -ENOENT;
12      if (S_ISDIR(oldinode->i_mode)) {
13          iput(oldinode);
14          return -EPERM;
15      }
16      dir = dir_namei(newname,&namelen,&basename, NULL);
17      if (!dir) {
18          iput(oldinode);
19          return -EACCES;
20      }
21      if (!namelen) {
22          iput(oldinode);
23          iput(dir);
24          return -EPERM;
25      }
26      if (dir->i_dev != oldinode->i_dev) {
27          iput(dir);
28          iput(oldinode);
29          return -EXDEV;
30      }
31      if (!permission(dir,MAY_WRITE)) {
32          iput(dir);
33          iput(oldinode);
34          return -EACCES;
35      }
36      bh = find_entry(&dir,basename,namelen,&de);
37      if (bh) {
38          brelse(bh);
39          iput(dir);
```

```
40        iput(oldinode);
41        return -EEXIST;
42    }
43    bh = add_entry(dir,basename,namelen,&de);
44    if (!bh) {
45        iput(dir);
46        iput(oldinode);
47        return -ENOSPC;
48    }
49    de->inode = oldinode->i_num;
50    bh->b_dirt = 1;
51    brelse(bh);
52    iput(dir);
53    oldinode->i_nlinks++;
54    oldinode->i_ctime = CURRENT_TIME;
55    oldinode->i_dirt = 1;
56    iput(oldinode);
57    return 0;
58 }
```

oldinode 代表目标文件的索引节点（第 9 行），它不能是一个目录（第 12 行）。第 16 行使用 dir_namei 获得要创建的链接文件所在目录的 inode，文件名存放在 basename 变量中，这是因为创建链接文件要在目录下新增目录项。链接文件不能跨设备引用目标文件，例如在软盘上创建一个指向硬盘文件的引用（第 26 行）。第 36 行在目录中查找是否存在链接文件的同名文件，如果已经存在，就报错退出，否则第 43 行将会新增目录项，其中 de 代表新增目录项的指针。第 44 行将新增目录项的 inode 编号设为老文件的 inode 编号，第 53 行把文件的引用计数增加 1，到这里为止，为文件创建硬链接的主要步骤就完成了。

读者可以自己在简易 shell 里增加命令，调用 link 函数以检查功能是否正确。测试过程比较简单，这里就不再详细介绍了。接下来，继续完成创建软链接的功能。

7.5.2 创建软链接

和硬链接不同，软链接有一个真正的文件，这个文件的模式指明它是一个软链接文件，文件内容是目标文件的地址。所以创建软链接的过程包含创建文件的过程。创建软链接的函数是 symlink，入口函数是 sys_symlink，如代码清单 7-44 所示。

代码清单 7-44　创建软链接

```
1  /* fs/namei.c */
2  int sys_symlink(const char * oldname, const char * newname) {
3      struct dir_entry * de;
```

```
4          struct m_inode * dir, * inode;
5          struct buffer_head * bh, * name_block;
6          const char * basename;
7          int namelen, i;
8          char c;
9
10         dir = dir_namei(newname,&namelen,&basename, NULL);
11         if (!dir)
12             return -EACCES;
13         if (!namelen) {
14             iput(dir);
15             return -EPERM;
16         }
17         if (!permission(dir,MAY_WRITE)) {
18             iput(dir);
19             return -EACCES;
20         }
21         if (!(inode = new_inode(dir->i_dev))) {
22             iput(dir);
23             return -ENOSPC;
24         }
25         inode->i_mode = S_IFLNK | (0777 & ~current->umask);
26         inode->i_dirt = 1;
27         if (!(inode->i_zone[0]=new_block(inode->i_dev))) {
28             iput(dir);
29             inode->i_nlinks--;
30             iput(inode);
31             return -ENOSPC;
32         }
33         inode->i_dirt = 1;
34         if (!(name_block=bread(inode->i_dev,inode->i_zone[0]))) {
35             iput(dir);
36             inode->i_nlinks--;
37             iput(inode);
38             return -ERROR;
39         }
40         i = 0;
41         while (i < 1023 && (c=get_fs_byte(oldname++)))
42             name_block->b_data[i++] = c;
43         name_block->b_data[i] = 0;
44         name_block->b_dirt = 1;
```

```
45        brelse(name_block);
46        inode->i_size = i;
47        inode->i_dirt = 1;
48        bh = find_entry(&dir,basename,namelen,&de);
49        if (bh) {
50            inode->i_nlinks--;
51            iput(inode);
52            brelse(bh);
53            iput(dir);
54            return -EEXIST;
55        }
56        bh = add_entry(dir,basename,namelen,&de);
57        if (!bh) {
58            inode->i_nlinks--;
59            iput(inode);
60            iput(dir);
61            return -ENOSPC;
62        }
63        de->inode = inode->i_num;
64        bh->b_dirt = 1;
65        brelse(bh);
66        iput(dir);
67        iput(inode);
68        return 0;
69    }
```

上述代码和 sys_link 的实现有很多相同的步骤。首先调用 dir_namei 找到软链接文件所在的目录，局部变量 dir 指向这个目录的 inode。第 17 行检查这个目录是否有写权限，如果权限不足就返回错误值。第 21 行创建了一个新的 inode，这是软链接文件的 inode。显然，这里的写法并不是最优的，symlink 最好先使用 find_entry 判断一下目录是否存在同名文件，如果存在就不用再创建 inode 了，这样有助于节约资源，提升性能。早期的 Linux 代码中有很多地方是值得商榷的，读者在阅读的时候可以尝试自己动手进行优化。第 25 行指明文件是一个软链接文件。第 27 行为软链接文件创建一个数据块，数据块中存放了目标文件的文件名，第 41 行和第 42 行从用户空间读取字符写入文件的数据块。最后，第 56 行通过使用 add_entry 将链接文件放在 dir 所代表的目录中。

Linux 中的文件链接就像 Windows 上的快捷方式文件，便于用户将常用的文件通过链接的方式组织在一起，而文件真正的数据内容并不移动，用户通过打开文件链接可以找到真正的文件。接下来就要增加这个功能。

7.5.3 通过链接访问文件

通过文件名访问文件时，主要使用 namei 函数找到对应文件的 inode。在代码清单 7-24 中，_namei 函数有三个参数，其中第三个参数 follow_links 并没有起作用，这个参数正是为了指明当遇到软链接文件时是否需要沿着链接打开目标文件的 inode。在实现了软链接功能以后，就可以增加这个功能了。（请读者思考，硬链接是否受这个参数的影响？）

Linux 内核中使用 follow_link 函数来实现打开软链接文件的功能，如代码清单 7-45 所示。

代码清单 7-45　打开软链接文件

```
1   /* fs/namei.c */
2   static struct m_inode * follow_link(struct m_inode * dir, struct
        m_inode * inode) {
3       unsigned short fs;
4       struct buffer_head * bh;
5
6       if (!dir) {
7           dir = current->root;
8           dir->i_count++;
9       }
10      if (!inode) {
11          iput(dir);
12          return NULL;
13      }
14      if (!S_ISLNK(inode->i_mode)) {
15          iput(dir);
16          return inode;
17      }
18      __asm__("mov %%fs,%0":"=r" (fs));
19      if (fs != 0x17 || !inode->i_zone[0] ||
20          !(bh = bread(inode->i_dev, inode->i_zone[0]))) {
21          iput(dir);
22          iput(inode);
23          return NULL;
24      }
25      iput(inode);
26      __asm__("mov %0,%%fs"::"r" ((unsigned short) 0x10));
27      inode = _namei(bh->b_data,dir,0);
28      __asm__("mov %0,%%fs"::"r" (fs));
29      brelse(bh);
```

```
30        return inode;
31    }
```

follow_link 函数接收两个参数，分别是软链接文件所在目录的 inode dir，以及软链接文件的 inode。第 14 行确保要打开的文件是一个软链接文件，如果不是就返回错误值。第 18 行使用内嵌汇编取得 fs 寄存器的值。第 19 行确保它的值是 0x17，一般情况下，fs 的值一直都是 0x17，指向 LDT 中的数据段，内核通过 fs 和用户空间交换数据。例如 namei、open_namei 等函数的参数都是指向用户空间的字符串，但这里有所不同，软链接文件中记录的目标文件的文件名位于内核缓冲区，所以在调用 _namei 函数之前，需要把 fs 的值变成 0x10，让它指向 GDT 中的内核代码段。26 行将 fs 的值修改为 0x10，调用完 _namei 函数之后再把它的值变为 _0x17。函数的最后返回的是目标文件的 inode。第 27 行在调用 _namei 函数打开目标文件时，第三个参数为 0，这是为了避免两个软链接文件相互引用而出现无穷递归的情况。由此也可以知道，通过软链接打开的文件最多只能支持一层链接。

然后，在 _namei、open_namei 等函数中还要增加调用打开软链接函数的语句。以 _namei 为例：

```
1    struct m_inode * _namei(const char * pathname, struct m_inode * base,
2            int follow_links) {
3        /*部分代码略*/
4
5        if (follow_links)
6            inode = follow_link(base,inode);
7        else
8            iput(base);
9
10       /*部分代码略*/
11   }
```

到这里，通过软链接打开文件的功能就全部完成了。下一节将会补全文件链接的最后一个功能：删除文件链接。

7.5.4 删除文件链接

使用 rm 命令删除文件时，如果目标文件是一个软链接文件，此时只需要删除链接文件即可，对于链接文件所指向的文件则不用做任何处理。如果目标文件是一个硬链接文件，则还需要将链接指向的文件的引用计数减 1，也就是将 n_links 减 1。

删除文件链接的系统调用是 unlink，它的入口函数是 sys_unlink，具体实现如代码清单 7-46 所示。

代码清单 7-46 删除文件链接

```
 1  int sys_unlink(const char * name) {
 2      const char * basename;
 3      int namelen;
 4      struct m_inode * dir, * inode;
 5      struct buffer_head * bh;
 6      struct dir_entry * de;
 7
 8      if (!(dir = dir_namei(name,&namelen,&basename, NULL)))
 9          return -ENOENT;
10      if (!namelen) {
11          iput(dir);
12          return -ENOENT;
13      }
14      if (!permission(dir,MAY_WRITE)) {
15          iput(dir);
16          return -EPERM;
17      }
18      bh = find_entry(&dir,basename,namelen,&de);
19      if (!bh) {
20          iput(dir);
21          return -ENOENT;
22      }
23      if (!(inode = iget(dir->i_dev, de->inode))) {
24          iput(dir);
25          brelse(bh);
26          return -ENOENT;
27      }
28      if ((dir->i_mode & S_ISVTX)) {
29          iput(dir);
30          iput(inode);
31          brelse(bh);
32          return -EPERM;
33      }
34
35      if (S_ISDIR(inode->i_mode)) {
36          iput(inode);
37          iput(dir);
38          brelse(bh);
39          return -EPERM;
```

```
40        }
41        if (!inode->i_nlinks) {
42            printk("Deleting nonexistent file (%04x:%d), %d\n",
43                inode->i_dev,inode->i_num,inode->i_nlinks);
44            inode->i_nlinks=1;
45        }
46        de->inode = 0;
47        bh->b_dirt = 1;
48        brelse(bh);
49        inode->i_nlinks--;
50        inode->i_dirt = 1;
51        iput(inode);
52        iput(dir);
53        return 0;
54    }
```

第 8 行先获取父目录的 inode，第 18 行在父目录中找到目标文件的 dir_entry，第 23 行打开目标文件的 inode。第 49 行把文件对应的 inode 链接数减 1，然后使用 iput 最后放回该 inode 和目录的 inode。如果是文件的最后一个链接，即 inode 链接数减 1 后等于 0，并且此时没有进程正在打开该文件，那么在调用 iput 返回 inode 时，该文件也将被删除，并释放所占用的设备空间（参见代码清单 7-7）。

unlink 的逻辑非常清晰，理解起来并没有什么难度。到此为止，我们就完成了文件链接的全部功能。整个文件系统的功能也基本完成了，例如对文件和目录的增、删、查和读写等操作已经全部支持了，接下来就尝试运行文件系统里的 shell 文件。7.6 节将会从最简单的可执行程序开始。

7.6   执行程序

程序的本质是代码加数据，所以在操作系统中加载并运行用户程序就需要事先告诉系统可执行二进制文件的格式规范，如代码段是在文件的什么位置、数据段在文件的什么位置等。操作系统与用户程序之间形成了一套协议，用户的代码由编译器以及链接器按照这套协议生成可执行的二进制文件，而操作系统则根据这套协议来加载运行可执行的二进制文件。这套协议就是可执行文件格式。

Linux 0.11 系统下使用的可执行文件格式是 a.out（全称是 Assembler output）格式。在现代操作系统上使用编译器（如 GCC 或者 Clang 等）编译代码时，如果不指定输出文件的名称，其默认的输出文件名仍然是 a.out。但需要注意的是，现代 Linux 上生成的 a.out 文件格式是 ELF 格式，它只是文件名叫 a.out 而已。

a.out 文件格式是早期类 UNIX 系统下使用的一种可执行文件格式规范。目前大部分的类 UNIX 系统都已经使用 ELF 文件格式替换了 a.out 的格式。Linux 1.2 之前的版本一直使用 a.out 格式，这个版本之后就使用 ELF 格式取代了 a.out 格式，并在 Linux 5.1 版本中彻底移除了对 a.out 格式的支持。之所以各个系统都放弃 a.out 格式，最重要的原因是 a.out 格式文件的共享库的重定位实现非常复杂。

虽然 a.out 格式已经逐渐被各个系统所放弃，但 a.out 格式规范非常简单易学，且后续出现的 ELF、PE 等格式都是基于此格式发展而来，因此作为入门的学习也是非常有用的。本节接下来就介绍一下 a.out 的文件格式。

7.6.1　a.out 格式

a.out 的可执行二进制文件最多可以由 7 个部分构成，其顺序依次如下。

1）**Exec header**：执行文件头，这个段指定了可执行文件的各种参数信息以及魔数等。系统内核根据文件头的参数将磁盘的二进制文件加载到内存中，并且找到程序的执行入口。另外，这里还有一些参数帮助链接器 ld 链接多个目标文件。执行文件头是 a.out 格式必选的一个段。

a.out 中的魔数主要有如下几个类型，不同的类型表示加载到内存的不同布局。

❑ OMAGIC：表示代码段与数据段将被内核加载到执行文件头后边，并且与之连续存放。因为是紧凑排布，代码段和数据段可能在一个页面内，因此这块内存都是可读写的。

❑ NMAGIC：表示代码段与数据段仍旧是紧挨着执行文件头后边排布，不过代码段是存放在内存的只读页面，而数据段则被加载到代码段之后的下一个页面，数据段具有可读写属性。

❑ ZMAGIC：与上述格式不同，执行文件头、代码段、数据段都是按照页面大小对齐。其中，代码段加载的页面是只读，数据段是可读写。ZMAGIC 支持内核对二进制文件的按需加载。

2）**Text segment**：代码段，这个段就是 a.out 文件中存放程序执行指令的部分。一般被内核加载到内存中，具有只读属性。

3）**Data segment**：数据段，这个段存放的是需要初始化的程序数据。一般是被内核加载到内存中，具有可读写属性。

4）**Text relocations**：代码段重定位表，其中存储的是代码段中需要进行地址重定位的所有记录。代码段的重定位是由链接器 ld 在链接多个目标文件时完成的，链接器会根据文件中的代码段重定位表依次对各个代码段中需要更新的地址进行更新。

5）**Data relocations**：数据段重定位表，同代码段重定位表的作用一样，这个段是供链接器对数据段地址进行重定位时使用的。

6）**Symbol table**：符号表，存放二进制文件中的符号信息，主要是变量以及函数。作用是辅助链接器的链接过程。

7）**String table**：字符串表，字符串表中存放了对应符号的字符信息。

在 Linux 0.11 的代码中，a.out.h 文件中给出了 a.out 文件格式的几个数据结构以及宏定义。结构体 exec 代表了 a.out 执行文件头在内存中的布局，其定义如下：

```
1   struct exec {
2       unsigned long a_magic;
3       unsigned long a_text;
4       unsigned long a_data;
5       unsigned long a_bss;
6       unsigned long a_sym;
7       unsigned long a_entry;
8       unsigned long a_trsize;
9       unsigned long a_drsize;
10  };
```

参数说明如下。

1）a_magic 表示 a.out 的魔数，可以是前边提到的 OMAGIC、NMAGIC 或者 ZMAGIC 等。

2）a_text 是指 text 段的大小，单位是字节。

3）a_data 是指 data 段的大小，单位是字节。

4）a_bss 是指 bss 段的大小。注意，bss 段并不需要在 a.out 文件中显式占用一个段，bss 中存放的是未初始化的变量数据，只需要在执行头存放 bss 段的大小即可。当内核加载程序运行时，会通过 brk 来分配 bss 段的内存。

5）a_sym 存放符号表的大小，单位是字节。

6）a_entry 存放了 a.out 可执行文件的执行入口地址，当内核完成 a.out 文件的加载，准备好对应的数据后，便通过 a_entry 找到执行入口，从而跳转到用户程序进行执行。

7）a_trsize 存放的是代码段重定位表的大小，单位是字节。

8）a_drsize 存放的是数据段重定位表的大小，单位是字节。

a.out.h 中还定义了几个宏，用来计算可执行文件中各个段的偏移等，具体实现如代码清单 7-47 所示。

代码清单 7-47　定义 a.out.h 文件段偏移

```
1   #ifndef N_BADMAG
2   #define N_BADMAG(x) \
3       (N_MAGIC(x) != OMAGIC && N_MAGIC(x) != NMAGIC    \
4        && N_MAGIC(x) != ZMAGIC)
5   #endif
6
7   #define _N_BADMAG(x)     \
8       (N_MAGIC(x) != OMAGIC && N_MAGIC(x) != NMAGIC    \
9        && N_MAGIC(x) != ZMAGIC)
```

```
10
11    #define _N_HDROFF(x) (SEGMENT_SIZE - sizeof (struct exec))
12
13    #ifndef N_TXTOFF
14    #define N_TXTOFF(x) \
15        (N_MAGIC(x) == ZMAGIC ? SEGMENT_SIZE : sizeof (struct exec))
16    #endif
17
18    #ifndef N_DATOFF
19    #define N_DATOFF(x) (N_TXTOFF(x) + (x).a_text)
20    #endif
21
22    #ifndef N_TRELOFF
23    #define N_TRELOFF(x) (N_DATOFF(x) + (x).a_data)
24    #endif
25
26    #ifndef N_DRELOFF
27    #define N_DRELOFF(x) (N_TRELOFF(x) + (x).a_trsize)
28    #endif
29
30    #ifndef N_SYMOFF
31    #define N_SYMOFF(x) (N_DRELOFF(x) + (x).a_drsize)
32    #endif
33
34    #ifndef N_STROFF
35    #define N_STROFF(x) (N_SYMOFF(x) + (x).a_syms)
36    #endif
37
38    #ifndef N_TXTADDR
39    #define N_TXTADDR(x) 0
40    #endif
41
42    #ifndef N_DATADDR
43    #define N_DATADDR(x) \
44        (N_MAGIC(x)==OMAGIC? (_N_TXTENDADDR(x)) \
45         : (_N_SEGMENT_ROUND (_N_TXTENDADDR(x))))
46    #endif
47
48    #ifndef N_BSSADDR
49    #define N_BSSADDR(x) (N_DATADDR(x) + (x).a_data)
50    #endif
```

以上几个宏定义的代码都比较直观，这里就不再详细解释了。

接下来就要考虑如何才能把这个文件加载到内存中执行，所以 7.6.2 节就实现 execve 函数来完成这个小的实验。

7.6.2 执行程序：execve

使用 execve 执行一个新的应用程序时，这个进程将会独占 64MB 用户内存空间。内核可以把可执行程序的数据段放在用户空间的起始位置。要计算好每个进程可以使用的线性地址无疑是很复杂的一件事情，但是好在，进程有自己的 LDT，它的第 1 项代表代码段。因为用户进程的特权级是 3，所以用户态代码段的段选择子就是 0xf。代码段描述符的基地址设成了进程号乘以 64MB，通过这样的设置，进程就可以使用 "0xf:0x0" 来指向自己的独立空间的起始位置。所以，execve 最重要的一件事情就是正确地设置进程空间。

execve 要做的第二件事情是从磁盘上加载可执行程序，因为函数的参数是文件名，从文件名到磁盘块号要经过很多步骤。具体来说，加载可执行程序包含以下步骤。

❑ 使用 namei 得到文件的 inode。

❑ 由 inode 的 i_zone 找到文件的数据块。

❑ 使用 bread 将文件的第一个数据块加载到内存缓冲区中，由 7.6.1 节可知，这正好是 a.out 文件的文件头。

❑ 按照文件头的 entry 中记录的可执行程序的入口地址，让内核跳转到入口处执行。

上述 4 个步骤就是 execve 函数的核心逻辑，显然，入口处的代码还在磁盘上，并没有被加载进内存，最后一步的跳转会产生内存相关的异常。下一节将会解决这个问题，本节只需要完成上述 4 个步骤即可。

execve 是一个系统调用，它的原型如代码清单 7-48 所示。

代码清单 7-48　execve 函数原型

```
1  /* include/unistd.h */
2  int execve(const char * filename, char ** argv, char ** envp);
3
4  /* lib/execve.c */
5  _syscall3(int,execve,const char *,file,char **,argv,char **,envp)
```

可见这个系统调用接收三个参数，分别是可执行文件的文件名 filename，程序执行所需要的参数 argv，以及环境变量 envp。execve 的入口函数是 sys_execve，在 Linux 中是在 sys_call.S 文件中定义的，其函数原型如代码清单 7-49 所示。

代码清单 7-49　execve 函数实现

```
1  .align 4
2  sys_execve:
3      lea EIP(%esp),  %eax
```

```
4        pushl  %eax
5        call   do_execve
6        addl   $4,    %esp
7        ret
```

EIP(%esp) 是一个地址，这里记录了进入内核态之前的用户态的 IP 寄存器的值，lea 指令将这个地址送入 eax 寄存器，然后又将这个地址送入当前函数栈顶，作为参数传递给 do_execve 函数，下面是 do_execve 函数的具体实现，如代码清单 7-50 所示。

代码清单 7-50　do_execve 函数的具体实现

```
1   /* fs/exec.c */
2   int do_execve(unsigned long * eip,long tmp,char * filename,
3         char ** argv, char ** envp) {
4       struct m_inode * inode;
5       struct buffer_head * bh;
6       struct exec ex;
7       unsigned long page[MAX_ARG_PAGES];
8       int i,argc,envc;
9       int e_uid, e_gid;
10      int retval;
11      int sh_bang = 0;
12      unsigned long p=PAGE_SIZE*MAX_ARG_PAGES-4;
13      char c;
14      char* pc = filename;
15
16      if ((0xffff & eip[1]) != 0x000f)
17          panic("execve called from supervisor mode");
18      for (i=0 ; i<MAX_ARG_PAGES ; i++)
19          page[i]=0;
20      if (!(inode=namei(filename)))
21          return -ENOENT;
22
23      argc = count(argv);
24      envc = count(envp);
25
26  restart_interp:
27      if (!S_ISREG(inode->i_mode)) {
28          retval = -EACCES;
29          goto exec_error2;
30      }
31
```

```
32      i = inode->i_mode;
33      e_uid = (i & S_ISUID) ? inode->i_uid : current->euid;
34      e_gid = (i & S_ISGID) ? inode->i_gid : current->egid;
35      if (current->euid == inode->i_uid)
36          i >>= 6;
37      else if (in_group_p(inode->i_gid))
38          i >>= 3;
39      if (!(i & 1) &&
40              !((inode->i_mode & 0111) && suser())) {
41          retval = -ENOEXEC;
42          goto exec_error2;
43      }
44
45      if (!(bh = bread(inode->i_dev,inode->i_zone[0]))) {
46          retval = -EACCES;
47          goto exec_error2;
48      }
49      ex = *((struct exec *) bh->b_data);
50
51      brelse(bh);
52
53      if (N_MAGIC(ex) != ZMAGIC || ex.a_trsize || ex.a_drsize ||
54              ex.a_text+ex.a_data+ex.a_bss>0x3000000 ||
55              inode->i_size < ex.a_text+ex.a_syms+N_TXTOFF(ex)) {
56          retval = -ENOEXEC;
57          goto exec_error2;
58      }
59
60      if (N_TXTOFF(ex) != BLOCK_SIZE) {
61          printk("%s: N_TXTOFF != BLOCK_SIZE. See a.out.h.", filename);
62          retval = -ENOEXEC;
63          goto exec_error2;
64      }
65
66      if (!sh_bang) {
67          p = copy_strings(envc,envp,page,p,0);
68          p = copy_strings(argc,argv,page,p,0);
69          if (!p) {
70              retval = -ENOMEM;
71              goto exec_error2;
72          }
```

```
73          }
74
75          if (current->executable)
76              iput(current->executable);
77          current->executable = inode;
78
79          for (i=0 ; i<NR_OPEN ; i++)
80              if ((current->close_on_exec>>i)&1)
81                  sys_close(i);
82          current->close_on_exec = 0;
83
84          free_page_tables(get_base(current->ldt[1]),get_limit(0x0f));
85          free_page_tables(get_base(current->ldt[2]),get_limit(0x17));
86
87          p += change_ldt(ex.a_text,page);
88          p -= LIBRARY_SIZE + MAX_ARG_PAGES*PAGE_SIZE;
89          p = (unsigned long) create_tables((char *)p,argc,envc);
90
91          current->brk = ex.a_bss +
92              (current->end_data = ex.a_data +
93              (current->end_code = ex.a_text));
94          current->start_stack = p & 0xfffff000;
95          current->suid = current->euid = e_uid;
96          current->sgid = current->egid = e_gid;
97          eip[0] = ex.a_entry;
98          eip[3] = p;
99          return 0;
100   exec_error2:
101          iput(inode);
102   exec_error1:
103          for (i=0 ; i<MAX_ARG_PAGES ; i++)
104              free_page(page[i]);
105          return(retval);
106   }
```

理解这段代码时，读者的头脑中一定要非常清楚每个函数是在哪个栈上执行的，每个指针指向的数据又位于哪个栈上。第一个参数 eip 不是指 eip 寄存器的值，而是表示内核栈上的一个地址，这个地址里记录了用户态的 ip 值，用于程序执行 iret 时返回用户态。在从用户态切换到内核态时，这些信息由 CPU 自动保存在内核态栈上。所以，eip[0] 才是真正的 eip 寄存器的值，eip[1] 是 cs 寄存器的值，eip[2] 是 eflags 寄存器的值，eip[3] 是 sp 寄存器，eip[4] 是 ss 寄存器。

第 16 行检查 cs 寄存器的值（应该是 0xf），这将确保 execve 函数是由用户态程序调用的。第 20 行就是前面提到的步骤 1，通过 namei 得到可执行程序的 inode。27 行确保文件名所指向的不是一个目录。32～43 行检查用户是否具备可执行权限，这个实现逻辑可以认为是 permission 函数的特化内联。

如果这些检查都没问题，那就执行第 2 个步骤：将文件的第一个数据块加载进内存缓冲区（第 45 行）。第 49 行取出 a.out 文件的文件头。第 53 行开始是对文件的合法性进行检查：首先，文件开头的两个字节是代表文件类型的魔数，它一定是 ZMAGIC；其次，代码段重定位信息一定是 0，数据段重定位信息也是 0；最后，对各段的长度进行检查。第 60 行则是确保文件头占用一个数据块，也就是 1024B。

第 67 行处理参数，这里的 copy_strings 并不是简单地复制字符串内容，而是从这里开始就着手准备新进程的用户态栈了。这里先不展开实现它，稍后再来关心用户栈是怎么处理的，此时只需要知道返回值 p 是经过精心准备的用户态栈的栈顶即可。

第 75～77 行将当前进程的 executable 指向可执行程序的 inode，等到以后发生缺页中断了，中断服务程序就从这里计算磁盘块的位置并把它加载进内存。

第 79～82 行根据标志关闭文件。一般来说，执行 execve 时，整个进程与原始进程就毫无关系了，所有的资源都应该被释放，在 Linux 0.11 中，进程资源主要就是指文件与内存，这里就是为了关闭文件。第 84～85 行则是为了释放内存资源。第 87～89 行仍然在调整用户态栈指针。第 91～96 行则更新进程控制块中的相关属性。

最重要的是第 97 行，修改了内核栈上的返回地址，第 98 行修改了内核栈上记录的用户态栈指针。这两个修改将会导致从系统调用中返回时，执行 iret 就会转向可执行程序的第一条指令，而不再是原来调用 execve 处的地址了。栈的魔法再一次起作用了。

接下来具体分析两个问题：第一个问题是用户态栈是如何调整的；第二个问题是进程页表是如何释放的。先从 copy_strings 开始讲起。

```
1   /* fs/exec.c */
2   unsigned long copy_strings(int argc,char ** argv,unsigned long *page,
3           unsigned long p, int from_kmem) {
4       char *tmp, *pag;
5       int len, offset = 0;
6       unsigned long old_fs, new_fs;
7
8       if (!p)
9           return 0;
10      new_fs = get_ds();
11      old_fs = get_fs();
12
```

```
13      if (from_kmem==2)
14          set_fs(new_fs);
15
16      while (argc-- > 0) {
17          if (from_kmem == 1)
18              set_fs(new_fs);
19          if (!(tmp = (char *)get_fs_long(((unsigned long *)argv)+argc)))
20              panic("argc is wrong");
21          if (from_kmem == 1)
22              set_fs(old_fs);
23          len = 0;
24          do {
25              len++;
26          } while (get_fs_byte(tmp++));
27
28          if (p-len < 0) {
29              set_fs(old_fs);
30              return 0;
31          }
32
33          while (len) {
34              --p; --tmp; --len;
35              if (--offset < 0) {
36                  offset = p % PAGE_SIZE;
37                  if (from_kmem==2)
38                      set_fs(old_fs);
39                  if (!(pag = (char *) page[p/PAGE_SIZE])) {
40                      page[p / PAGE_SIZE] = (unsigned long*) get_free_page();
41                      pag = (char*) page[p / PAGE_SIZE];
42
43                      if (!pag)
44                          return 0;
45                  }
46                  if (from_kmem==2)
47                      set_fs(new_fs);
48              }
49              *(pag + offset) = get_fs_byte(tmp);
50          }
51      }
52
```

```
53          if (from_kmem==2)
54              set_fs(old_fs);
55
56          return p;
57    }
```

在使用 execve 函数时，可以通过它的第二个参数和第三个参数传递参数字符串数组和环境变量数组，copy_strings 函数就负责从用户内存空间复制应用程序参数和环境字符串到内核空闲页面中。参数 argc 代表应用程序参数个数，argv 是参数指针数组，page 是应用程序页面数组，p 代表空间的偏移指针，始终指向已经复制过的字符串的头部，from_kmem 指示了字符串的来源，当其值为 0 时，代表 argv 位于用户态内存空间，其值为 2 时，代表 argv 位于内核态内存空间，其值为 1 时，代表 argv 数组位于内核态空间，它所指向的字符串值位于用户态空间。

当 from kmem 为 1 或者 2 时，读取字符串的值时要把 fs 寄存器指向内核态空间，目前我们只会在用户态调用 execve，所以在阅读这段代码时可以忽略这两种情况。

从第 16 行开始的 while 语句，其中的每一轮循环都会处理一个参数。第 24~26 行的循环语句用于计算一个参数字符串的长度。局部变量 pag 代表内核页面的起始地址，offset 代表已经复制过的字符串在当前页面中的偏移量。所以，offset 是 p 对页大小取模（第 36 行），而 pag 则是 p 对页大小取商（第 39 行）。最后，再把从用户空间获取的字符写入内核页面（第 49 行）。

如果在复制字符串的过程中，发现某一页已经写满了，就需要换一个新页（第 39 行），当新页不存在时，还需要再通过 get_free_page 获取一个新的物理页（第 40 行）。到这里，copy_strings 中的核心执行逻辑就解释完了。

接下来解释第二个问题，在 execve 执行过程中，页表发生了什么变化。在代码清单 7-50 中，第 84 行和第 85 行释放了进程原来的 LDT，第 87 行重新设置了新的 LDT。第 87 行同时把 p 指向了数据段的末尾，也就是进程虚拟地址空间的 64MB 处。第 88 行把 p 向下移动了 128KB，为了参数和环境变量预留空间。第 89 行再把内核页面中的参数字符串和环境变量复制进 p 指针所指向的地方，这样就相当于在栈空间中创建了参数字符串数组和环境变量数组，供目标程序的 main 函数作为参数使用。change_ldt 的实现如代码清单 7-51 所示。

代码清单 7-51　change_ldt 的实现

```
1  static unsigned long change_ldt (unsigned long text_size ,unsigned long
       * page) {
2      unsigned long  code_limit , data_limit , code
3  base , data_base ; int  i ;
4
```

```
5
6       code_limit   =
7  TASK_SIZE; data_
8  limit  = TASK_SIZE;
9       code_base = get_base
10 ( current =>ldt[1]) ; data_base
11 = code_base ;
12      set_base ( current =>ldt[1],code_base) ;
13      set_limit ( current =>ldt[1], code_limit ) ;
14      set_base ( current =>ldt[2], data_base ) ;
15      set_limit ( current =>ldt[2], data_limit ) ;
16      _asm__(" pushl  $0x17\n\tpop %%fs"::);
17      data_base  +=  data_limit   = LIBRARY_SIZE;
18      for  ( i=MAX_ARG_PAGES=1 ; i>=0 ; i      ) {
19        data_base  == PAGE SIZE; if  (page[ i ])
20      put_dirty_page (page[ i ], data base ) ; }
21      return    data_
22 limit ; }
```

上述代码中所使用的函数，我们在第 2 章和第 3 章进行了详细说明，这里不再赘述。可见，change_ldt 的主要作用是修改 ldt 的段基地址和段长度。

最后一个要解释的函数是 create_tables ，这个函数的作用是将参数字符串和环境变量从内核页面复制回新的用户态内存空间。它的逻辑比较简单，这里不再列出它的源码了，读者可以在代码仓库自行查看。

至此，do_execve 函数就实现完了。如果你对比 Linux 源码就会发现，我们这里并没有处理目标文件是 shell 脚本的情况。实际上，这部分完全可以交给 shell 在应用层处理，我们不希望内核承担这个任务，从而会使得内核更加简洁。

当页表和栈都设置好了以后，CPU 转而执行新的程序，但有些代码和数据并没有被加载到内存中，这时就会发生缺页中断，所以接下来还要补全缺页中断的处理函数。

7.6.3 缺页中断

在实现 execve 函数之前，有一个重要的功能需要补充，这就是缺页中断的处理。访问内存页时有两个异常需要处理：写保护异常（参见 4.3.3 节）和缺页异常。顾名思义，缺页异常就是在访问内存页时，因为内存页面不存在而引发的异常。可以想象，要解决页面不存在的问题，只需要让页面变得存在即可，即内核需要从磁盘上加载对应的数据进内存页。

回顾写保护异常处理的过程，内存相关的异常会触发 14 号中断，而 14 号中断的服务程序被设置成 do_page_fault 函数，这个函数会进一步调用 page_fault 程序进行处理。实际上，CPU 访问不存在的页面时，也会触发 14 号中断，引发中断的线性地址会被存放于 cr2 寄存器。注意，这个地址是目标地址所在页的起始地址，而不是原始的目标地址。

因为 cr2 寄存器中记录的是页的起始地址，页又是以 4KB 为单位对齐的，所以这个地址的低 12 位必然是 0，这就使得 CPU 可以像 PTE 一样利用最低一位来区分当前的页面异常是否由缺页引起。也就是说这里的最低位可以当成 PTE 的 P 位使用。page_fault 可以这样实现，如代码清单 7-52 所示。

代码清单 7-52　缺页中断入口

```
1    /* mm/page.S */
2    page_fault:
3        /*部分代码略*/
4        movl     %cr2, %edx
5        pushl    %edx
6        pushl    %eax
7        testl    $1, %eax
8        jne      1f
9        call     do_no_page
10       jmp      2f
11   1:  call     do_wp_page
12   2:  addl     $8, %esp
13       popl     %fs
14       /*部分代码略*/
```

第 4 行从 cr2 寄存器中取出引发异常的线性地址，然后检查这个地址的最低位是否为 1，如果不是 1，就代表当前异常是由缺页引起的，所以就要调用 do_no_page 处理缺页异常，否则就代表当前异常是由写保护引起，需要调用 do_wp_page 处理。do_no_page 的实现如代码清单 7-53 所示。

代码清单 7-53　处理缺页中断

```
1    /* mm/memory.c */
2    void do_no_page(unsigned long error_code,unsigned long address) {
3        int nr[4];
4        unsigned long tmp;
5        unsigned long page;
6        int block,i;
7        struct m_inode * inode;
8    
9        if (address < TASK_SIZE)
10           printk("\n\rBAD!! KERNEL PAGE MISSING\n\r");
11       if (address - current->start_code > TASK_SIZE) {
12           printk("Bad things happen: nonexistent page error in do_no_page
    \n\r");
```

```
13          //do_exit(SIGSEGV);
14      }
15      page = *(unsigned long *) ((address >> 20) & 0xffc);
16      address &= 0xfffff000;
17      tmp = address - current->start_code;
18      if (tmp >= LIBRARY_OFFSET ) {
19          inode = current->library;
20          block = 1 + (tmp-LIBRARY_OFFSET) / BLOCK_SIZE;
21      } else if (tmp < current->end_data) {
22          inode = current->executable;
23          block = 1 + tmp / BLOCK_SIZE;
24      } else {
25          inode = NULL;
26          block = 0;
27      }
28
29      if (!inode) {
30          get_empty_page(address);
31          return;
32      }
33
34      if (share_page(inode,tmp))
35          return;
36      if (!(page = get_free_page()))
37          oom();
38  /* 其中 1 个块用来存储头部信息 */
39      for (i=0 ; i<4 ; block++,i++) {
40          nr[i] = bmap(inode,block);
41      }
42      bread_page(page,inode->i_dev,nr);
43      i = tmp + 4096 - current->end_data;
44      if (i>4095)
45          i = 0;
46      tmp = page + 4096;
47      while (i-- > 0) {
48          tmp--;
49          *(char *)tmp = 0;
50      }
51      if (put_page(page,address))
52          return;
53      free_page(page);
```

```
54        oom();
55    }
```

参数 address 正是从 cr2 寄存器中取出的线性地址。address 的低 12 位清零以后得到的就是发生异常的线性地址所在页的起始地址（第 16 行）。变量 tmp 代表相对于可执行文件 start_code 的偏移量。第 18 行判断缺页的是不是运行时库，Linux 0.11 中的运行时库是比较弱的，并不能真正地实现 ELF 文件格式的 so 文件的功能，所以本书在编译可执行程序时，将 C 运行时库直接静态编译了。如果 tmp 位于 end_data 范围内，那就应该通过 executable 来计算需要加载的 block（第 22 行和第 23 行）。

如果 inode 为空，说明只需要映射一个空白页面，而不需要从磁盘加载数据，当使用 malloc 函数时会出现这种情况。应用程序调用 malloc 得到一个虚拟地址，这个地址实际上并没有映射到物理内存，只有当应用程序对这块内存进行读写时，才会真正地访问物理内存，这时才会出现缺页中断，并且对应的 inode 为空。get_empty_page 的实现比较简单，如代码清单 7-54 所示。

代码清单 7-54　映射空白页面

```
1  /* mm/memory.c */
2  void get_empty_page(unsigned long address) {
3      unsigned long tmp;
4      if (!(tmp = get_free_page()) || !put_page(tmp, address)) {
5          free_page(tmp);
6          oom();
7      }
8  }
```

可见映射一个空白页面只有两步：第一步申请一个空白的物理页面；第二步通过 put_page 建立线性地址和物理页面之间的映射关系。稍后再来实现 put_page 函数，在这之前，先分析完 do_no_page 函数。

回到代码清单 7-53，如果 inode 不为空，则说明缺页的内存有文件映射。第 34 行尝试将页面进行共享。并且有多个进程使用了同一个可执行文件，并且每个进程都从磁盘向内存加载一次数据，显然，这些物理内存中的值都是相同的。这就造成了大量的浪费，所以这里可以让所有进程的页表项都指向同一个物理页面，而不是分别指向不同的物理页面。这就是共享页面的意义。share_page 的实现如代码清单 7-55 所示。

代码清单 7-55　多进程共享物理页面

```
1  /* mm/memory.c */
2  static int try_to_share(unsigned long address, struct task_struct * p)
   {
3      unsigned long from;
```

```
4       unsigned long to;
5       unsigned long from_page;
6       unsigned long to_page;
7       unsigned long phys_addr;
8
9       from_page = to_page = ((address>>20) & 0xffc);
10      from_page += ((p->start_code>>20) & 0xffc);
11      to_page += ((current->start_code>>20) & 0xffc);
12
13      from = *(unsigned long *) from_page;
14      if (!(from & 1))
15          return 0;
16      from &= 0xfffff000;
17      from_page = from + ((address>>10) & 0xffc);
18      phys_addr = *(unsigned long *) from_page;
19      if ((phys_addr & 0x41) != 0x01)
20          return 0;
21      phys_addr &= 0xfffff000;
22      if (phys_addr >= HIGH_MEMORY || phys_addr < LOW_MEM)
23          return 0;
24
25      to = *(unsigned long *) to_page;
26      if (!(to & 1)) {
27          if (to = get_free_page())
28              *(unsigned long *) to_page = to | 7;
29          else
30              oom();
31      }
32
33      to &= 0xfffff000;
34      to_page = to + ((address>>10) & 0xffc);
35      if (1 & *(unsigned long *) to_page)
36          panic("try_to_share: to_page already exists");
37
38      *(unsigned long *) from_page &= ~2;
39      *(unsigned long *) to_page = *(unsigned long *) from_page;
40      invalidate();
41      phys_addr -= LOW_MEM;
42      phys_addr >>= 12;
43      mem_map[phys_addr]++;
44      return 1;
```

```
45    }
46
47    static int share_page(struct m_inode * inode, unsigned long address) {
48        struct task_struct ** p;
49
50        if (inode->i_count < 2 || !inode)
51            return 0;
52
53        for (p = &LAST_TASK ; p > &FIRST_TASK ; --p) {
54            if (!*p)
55                continue;
56            if (current == *p)
57                continue;
58            if (inode != (*p)->executable)
59                continue;
60            if (try_to_share(address, *p))
61                return;
62        }
63
64        return 0;
65    }
```

　　share_page 通过遍历所有进程，查找与当前进程的可执行文件相同的进程，如果找到这样的进程（58 行），就调用 try_to_share 尝试将两个进程的虚拟地址映射到相同的物理内存。为了方便讲解，不妨以尝试共享页面的进程为目标进程，以 share_page 找到的可共享进程为源进程。try_to_share 这个函数的核心逻辑只有 39 行而已，它的作用是把目标进程页表项的值设为源进程页表项的值。这之前的所有操作都是通过页表查找页目录项，这里不再详细讲解了，读者可以根据第 2 章介绍的页表的结构来理解上述代码。

　　再回到代码清单 7-53，如果 share_page 成功了，就直接结束函数执行（第 34、35 行）。如果不成功，就申请一个空白内存，然后加载文件所对应的开头的 4 个数据块。如果执行文件读取的最后一个页面离文件尾较近，不足 1 个完整页面大小，那么就可能读入一些无效的数据。第 43 行以后的操作就是把超出 end_data 以后的部分清零。

　　put_page 的作用是把虚拟地址和物理地址对应起来，也就是把物理地址设置进虚拟地址所对应的页表项，具体实现如代码清单 7-56 所示。

代码清单 7-56　设置虚拟地址对应的页表项

```
1    static unsigned long put_page(unsigned long page,unsigned long address)
     {
2        unsigned long tmp, *page_table;
```

```
3     if (page < LOW_MEM || page >= HIGH_MEMORY)
4         printk("Trying to put page %p at %p\n",page,address);
5     if (mem_map[(page-LOW_MEM)>>12] != 1)
6         printk("mem_map disagrees with %p at %p\n",page,address);
7
8     page_table = (unsigned long *) ((address>>20) & 0xffc);
9     if ((*page_table)&1)
10        page_table = (unsigned long *) (0xfffff000 & *page_table);
11    else {
12        if (!(tmp=get_free_page()))
13            return 0;
14        *page_table = tmp | 7;
15        page_table = (unsigned long *) tmp;
16    }
17    page_table[(address>>12) & 0x3ff] = page | 7;
18    return page;
19 }
```

上述代码的主要逻辑就是通过虚拟地址 address 在页表中寻找页目录项，最后在页目录项中设置物理地址。到这里，缺页异常的处理就全部完成了。

7.6.4 实验：运行第一个可执行程序

在本书所附带的代码仓库的 tools 目录中，包含一个名为 tcc 的工具，它可以将只有单个文件的 C 语言程序编译成 a.out 格式。第 8 章将会详细解释 tcc 工具的工作原理，在这里，我们先直接使用这个工具进行编译。接下来进行一个简单的测试，其实现如代码清单 7-57 所示。

代码清单 7-57　构建 a.out 文件的测试

```
1  #include <stdio.h>
2  int main() {
3      printf("hello world\n\r");
4      while(1) {}
5      return 0;
6  }
```

因为我们现在还没有实现正确的 exit 函数，操作系统无法正确回收进程资源，所以第 4 行使用无限循环语句，让程序不能退出。接着使用 tcc 工具对它进行编译：

```
1  $ ./tcc hello.c hello
2  hello.o
3  $ ls
4  hello  hello.c  hello.o
```

目录下就出现了可执行程序 hello。最后使用 mfs 工具将它放在根目录下，具体的操作命令如代码清单 7-58 所示。

代码清单 7-58　用 mfs 工具将可执行程序放在根目录下

```
1   $ ./mfs
2   init
3   input source image file:fs.img
4   480 inodes
5   1 imaps
6   1440 blocks
7   1 zmaps
8   Firstdatazone=19 (19)
9   Zonesize=1024
10  Maxsize=268966912
11  exit
12
13  $ ./mfs
14  copy
15  input source image file:root.img
16  input target image file:fs.img
17  input source file:/dev/tty0
18  input target file:/dev/tty0
19  Error: file/dir dev not exists
20  mkdir: dev
21  inode:1, mode:040777, name:.
22  inode:1, mode:040777, name:..
23  inode:2, mode:100777, name:hello
24  inode:3, mode:040777, name:root
25  inode:5, mode:040777, name:dev
26  new file: tty0
27  isize is 0
28  imode is 8576
29  inlinks is 1
30  exit
31
32  $ ./mfs
33  put
34  input source local file:hello
35  input target image file:fs.img
36  input target file:/hello
```

```
37  hello fs.img /hello
38  20 block write
39  21 block write
40  22 block write
41  23 block write
42  24 block write
43  25 block write
44  5420 bytes read
45  exit
```

第一步，运行 mfs，使用 init 子命令（第 2 行）创建一个空白的文件系统盘，命名为 fs.img（第 3 行）。这个盘里只有根目录的 inode 占据了节点数组中的第 0 位，除此之外没有其他文件。第二步，使用 copy 子命令（第 14 行），从 root.img 中复制 /dev/tty0 至 fs.img 中。第三步，使用 put 子命令（第 33 行），将 tcc 编译得到的 hello 文件放置在根目录下，并保持它的名字为 hello。这是一个 a.out 格式的文件，可以使用 execve 加载执行。经过这三个步骤，就得到了一个可以使用的 root 镜像软盘。

最后，修改 Bochs 的配置文件，把 fs.img 放在虚拟机的 B 盘，具体的配置如代码清单 7-59 所示。

代码清单 7-59 用 Bochs 配置 root 镜像

```
1  # what disk images will be used
2  floppya: 1_44=linux.img, status=inserted
3  #floppyb: 1_44=root.img, status=inserted
4  floppyb: 1_44=fs.img, status=inserted
```

修改 init 函数，使用 execve 执行 hello 文件，就可以看到结果。init 函数的实现如代码清单 7-60 所示。

代码清单 7-60 在 init 函数中执行 hello 文件

```
1   void init() {
2       setup((void *) &drive_info);
3       (void)open("/dev/tty0", O_RDWR, 0);
4       dup(0);
5       dup(0);
6
7       if (!fork()) {
8           printf("read to start shell\n");
9           execve("/hello", argv,envp);
10      }
11  }
```

最终的执行效果如图 7-5 所示。

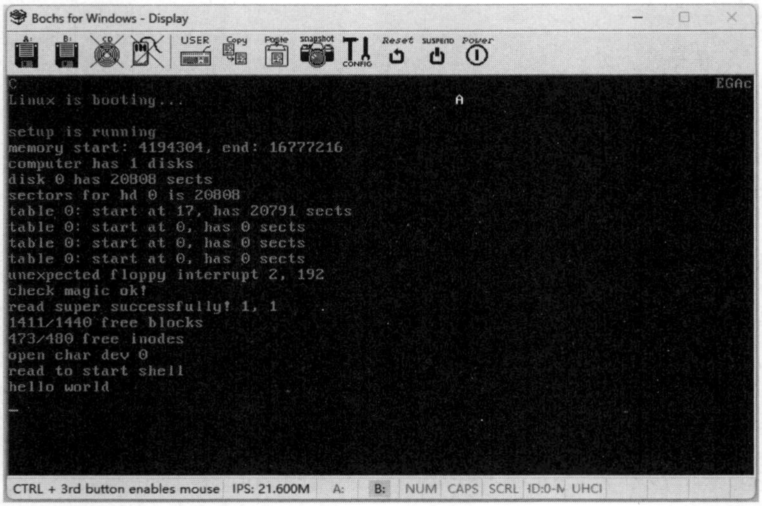

图 7-5　最终的执行效果

到这里，我们终于把文件系统的骨架搭建起来了。但是，现在的内核离可以执行 shell 还有不小的距离，因为 shell 中使用了大量的操作系统的系统调用，所以接下来要全面实现 Linux 中的系统调用。

7.7　小结

文件系统对所有操作系统而言都是非常核心的功能，在 Linux 世界中尤其如此。Linux 文件的设计哲学是"一切皆是文件"。

超级块是整个文件系统的元数据，Linux 文件系统的加载从初始化超级块开始，它记录了文件系统中所有文件的 inode 和存储区域的使用情况。inode 则是单个文件的元数据，它记录了文件的大小、拥有者、数据存储位置等重要信息。根目录的 inode 永远在 inode 数组的第一位，所以内核可以通过加载第一个 inode 来建立根目录。

在 Linux 文件系统中，目录和普通文件的结构非常相似。只不过目录文件的数据区存储的是 dir_entry 结构数组。其中的每一项对应着目录中的一个文件或者子目录。dir_entry 记录了对应文件的 inode 编号，通过 inode 和 dir_entry 相互引用，文件系统就呈现出树形结构。内核通过 namei 系列函数在文件系统中根据文件名查找文件的 inode，我们也重点实现了 dir_namei、open_namei 等各种不同功能的 namei 函数。

read 函数和 write 函数支持普通文件的读写，本章通过 read 函数来读取普通文本文件，并且把它的内容打印在屏幕上。在实现这两个函数的时候，我们把字符设备也纳入文件系统中了，这就是 /dev/tty0。通过 open 函数和 dup 函数，内核在初始化阶段就打开了三个文件，它们的文件号分别是 1、2、3，这正是标准输出、标准输入和标准错误三个文件的描述符。

目录和文件链接的管理无非是对 inode 与 dir_entry 结构进行增删查改，只要理解了 inode 的结构，实现目录和文件链接的创建、查找、删除等功能就是水到渠成的。

execve 的作用是加载并执行一个新的进程。Linux 0.11 中使用的文件格式是 a.out 格式，execve 的核心功能就是打开并加载 a.out 文件，设置好 LDT，然后跳转到 0xf:0x0 进行执行。在跳转之前，老的进程的页表和文件等进程资源都要释放，一个进程一旦执行 execve，这个进程里的所有资源都要变成新的进程资源。本章的最后提供了 tcc 工具，将可执行程序编译成 a.out 格式的可执行程序，并且通过 mfs 工具将这个可执行程序放入文件系统镜像，然后在虚拟机中加载并执行。到这里，文件系统的基本功能就已经实现完了。第 8 章将会继续实现 Linux 系统调用以执行 shell 应用程序。

系统服务接口

系统调用是操作系统向用户应用程序提供服务的入口，可以认为是使用操作系统能力的 API（Application Program Interface，应用程序接口）。前面的章节实现了操作系统内核的大部分功能，但是 root 盘中的 bash 程序仍然不能正常执行，这是因为 bash 程序使用了大量的系统调用，例如时间管理、信号、文件管理等。这一章就将对这些系统调用进行补充，在内核程序基本完成的情况下，实现系统调用是一件相对容易的事情。

8.1   POSIX 接口

在 20 世纪 60 年代，曾经流行过多种不同的主机和操作系统。它们的可执行程序格式和操作系统接口各不相同。如果想把某个操作系统上的应用程序迁移到另外的系统上就需要做大量的适配工作。UNIX 操作系统出现的时候，它承诺在不同的制造商的机器上都可以保持兼容性。但随着时间推移，UNIX 也出现了很多分支，如何保证 UNIX 变体之间的代码可移植性就成了一个必须解决的问题。为了解决这个问题，20 世纪 80 年代，人们提出了 POSIX（Portable Operating System Interface of UNIX，可移植操作系统接口）标准。

POSIX 是一种关于信息技术的国际标准，这套标准涵盖了很多方面，比如操作系统调用的 C 语言接口（即系统调用）、shell 程序和工具、线程及网络编程等，至今，POSIX 标准仍然在不断地发展中。Linux 在诞生之初也决定遵守 POSIX 标准，事实证明，这个决策是十分正确的，大量的 UNIX 系统的应用程序都可以在少量修改的情况下快速地迁移到 Linux 系统上。这也是过去 30 年，Linux 操作系统能够蓬勃发展的重要原因之一。

目前 Linux 有超过 300 个系统调用接口。这些接口按照功能大致可以划分成以下几类。

1）进程管理：复制创建进程（fork）、退出进程（exit）、执行进程（exec）等。

2）线程管理：线程的创建、执行、调度切换等。

3）线程同步互斥的并发控制：如通过互斥锁（mutex）、信号量（semaphore）、管程（monitor）等。

4）进程间通信：如通过管道（pipe）、信号（signal）、事件（event）等实现。

5）内存管理：改变数据段地址空间大小（brk）、内存空间映射（mmap）、修改内存段属性（mprotect）等。

6）文件 I/O 操作：对存储设备中的文件进行读（read）、写（write）、打开（open）、关闭（close）等操作，这些接口往往也用于各种外设文件的 I/O 操作，因为在 Linux 系统中，所有外设也是通过文件接口进行访问的。

前边的章节已经实现了很多系统调用，这一章将补全尚未实现的系统调用。就从时间管理先开始吧。

8.1.1 时间管理

早期的内核主要通过时钟中断进行时间统计。内核引入一个时间计数器，名为 jiffies，每一次时钟中断都加 1，同时引入 startup_time 这个变量，用于记录开机时间。通过这两个变量就可以轻松地得到当前系统时间，以及系统运行了多长时间等数据。先引入这两个变量：

```
1   /* kernel/sched.c */
2   unsigned long volatile jiffies = 0;
3   unsigned long startup_time = 0;
4
5   /* kernel/sys_call.S */
6   timer_interrupt:
7       /* 保存寄存器的值 */
8       incl   jiffies
9       movb   $0x20, %al
10      outb   %al, $0x20
11      movl   CS(%esp), %eax
12      andl   $3, %eax
13      pushl  %eax
14      call   do_timer
15      addl   $4, %esp
16      /* 从中断返回 */
```

上述代码先在 sched.c 中引入两个变量，分别代表时钟中断的计数值和开机时间。因为一次时钟中断也经常被称为一个嘀嗒，所以 jiffies 也常被称为嘀嗒数。在时钟中断处理函数 timer_interrupt 中，每一次时钟中断都将 jiffies 变量加 1。

而代表开机时间的 startup_time 只需要在开机时初始化一次，如代码清单 8-1 所示。

代码清单 8-1　初始化开机时间

```c
/* kernel/main.c */
#define CMOS_READ(addr) ({ \
    outb_p(addr,0x70); \
    inb_p(0x71); \
})

#define BCD_TO_BIN(val) ((val)=((val)&15) + ((val)>>4)*10)

static void time_init() {
    struct tm time;
    do {
        time.tm_sec = CMOS_READ(0);
        time.tm_min = CMOS_READ(2);
        time.tm_hour = CMOS_READ(4);
        time.tm_mday = CMOS_READ(7);
        time.tm_mon = CMOS_READ(8);
        time.tm_year = CMOS_READ(9);
    } while (time.tm_sec != CMOS_READ(0));

    BCD_TO_BIN(time.tm_sec);
    BCD_TO_BIN(time.tm_min);
    BCD_TO_BIN(time.tm_hour);
    BCD_TO_BIN(time.tm_mday);
    BCD_TO_BIN(time.tm_mon);
    BCD_TO_BIN(time.tm_year);
    time.tm_mon--;
    startup_time = kernel_mktime(&time);
}
```

Linux 使用 CMOS 内存来获取当前时间。IBM PC 上有一块由电池供电的小内存，称为 CMOS 内存，用于保存日期和时间，即使计算机断电了，它依然可以继续运行，所以操作系统在开机的时候就可以从这里读取当前时间。CMOS 内存只能通过 in/out 指令进行访问。读取数据时，需要先向 0x70 端口发送指定字节的偏移位置，然后从 0x71 端口读入数据。写数据时，也要先向 0x70 端口发送位置，然后将要写入的数据发送到 0x71 端口。

CMOS 内存中的信息很多，这里只用到了与时间相关的数据，代码中已经写得比较清楚了。例如，偏移为 0 的地方记录了当前的秒值，偏移为 2 的地方记录了当前的分钟值等。从 CMOS 中读入的数据是以 BCD 码编码的，所以还要将它转换成二进制编码，

BCD 码是一种电路设计中常用的编码方式，这里不必特别关心它的编码原理，只需要知道使用第 7 行的宏就能完成转换即可。第 20 行至第 25 行的作用就是将 BCD 码转换成二进制编码。

第 27 行调用 kernel_mktime 将这个结构转换成从 1970 年 1 月 1 日开始的总秒数，这样得到的时间就是一个整数，人们也称之为时间戳（Time Stamp）。将具体时间转换成时间戳的实现如代码清单 8-2所示。

代码清单 8-2　将时间转换成时间戳

```
1  #include <time.h>
2
3  #define MINUTE 60
4  #define HOUR (60*MINUTE)
5  #define DAY (24*HOUR)
6  #define YEAR (365*DAY)
7
8  static int month[13] = {
9      0,
10     DAY*(31),
11     DAY*(31 + 29),
12     DAY*(31 + 29 + 31),
13     DAY*(31 + 29 + 31 + 30),
14     DAY*(31 + 29 + 31 + 30 + 31),
15     DAY*(31 + 29 + 31 + 30 + 31 + 30),
16     DAY*(31 + 29 + 31 + 30 + 31 + 30 + 31),
17     DAY*(31 + 29 + 31 + 30 + 31 + 30 + 31 + 31),
18     DAY*(31 + 29 + 31 + 30 + 31 + 30 + 31 + 31 + 30),
19     DAY*(31 + 29 + 31 + 30 + 31 + 30 + 31 + 31 + 30 + 31),
20     DAY*(31 + 29 + 31 + 30 + 31 + 30 + 31 + 31 + 30 + 31 + 30),
21     DAY*(31 + 29 + 31 + 30 + 31 + 30 + 31 + 31 + 30 + 31 + 30 + 31)
22  };
23
24  long kernel_mktime(struct tm * tm) {
25      long res;
26      int year;
27
28      year = tm->tm_year - 70;
29      res = YEAR*year + DAY*((year+1)/4);
30      res += month[tm->tm_mon];
31      if (tm->tm_mon>1 && ((year+2)%4))
32          res -= DAY;
```

```
33      res += DAY*(tm->tm_mday-1);
34      res += HOUR*tm->tm_hour;
35      res += MINUTE*tm->tm_min;
36      res += tm->tm_sec;
37      return res;
38  }
```

这段代码并不复杂，但现在看来是存在比较大的问题的，它的功能是计算从 1970 年 1 月 1 日零时起，到 tm 所代表的时间的总秒数。因为当时的年份只使用了两位数字来表示，所以第 28 行通过减去 70 来计算过了多少年。第 31 行用于判断闰年和平年，如果是平年，2 月就要减去一天。这段代码遇到 2000 年以后的时间就会出错，这就是著名的千年虫问题。

有兴趣的读者可以通过查阅现代 Linux 源码来了解千年虫问题是如何解决的，这里就不再引申了。接下来，我们再以 mount 为例来说明如何构建文件系统相关的系统调用。

8.1.2 挂载文件系统

我们使用了软盘作为 root 镜像初始化根目录，如果同时还要访问硬盘，比如从软盘向硬盘复制文件，就需要通过 mount 将硬盘挂载进文件系统。在现代的 Linux 系统上，mount 支持的文件系统，不仅是 Linux 系统的 ext 文件系统，还包括 Windows 的文件系统，例如 FAT32、NTFS 等，还可以是光盘、USB 硬盘等。但在 0.11 时代，Linux 只支持 Minix 文件系统。

挂载文件系统时，和第 7 章初始化根目录（即 mount_root）的操作十分相似，都是要从待挂载的文件系统中读取超级块，然后建立起文件系统的基本结构。不同之处在于，mount_root 挂载第 0 号 inode 作为根目录的 inode，但 mount 是把第 0 号 inode 作为挂载点的 inode。例如，当使用 mount 把硬盘挂载到 /dev/hd 时，/dev 下就有一个 dir_entry 名为 hd，它的 inode 指向 0 号 inode。

经过上述分析，就可以使用 read_super 轻松地实现挂载的功能了，具体实现如代码清单 8-3 所示。

代码清单 8-3　挂载文件系统

```
1   int sys_mount(char * dev_name, char * dir_name, int rw_flag) {
2       struct m_inode * dev_i, * dir_i;
3       struct super_block * sb;
4       int dev;
5
6       if (!(dev_i=namei(dev_name)))
7           return -ENOENT;
8       dev = dev_i->i_zone[0];
9       if (!S_ISBLK(dev_i->i_mode)) {
```

```
10          iput(dev_i);
11          return -EPERM;
12      }
13      iput(dev_i);
14      if (!(dir_i=namei(dir_name)))
15          return -ENOENT;
16      if (dir_i->i_count != 1 || dir_i->i_num == ROOT_INO) {
17          iput(dir_i);
18          return -EBUSY;
19      }
20      if (!S_ISDIR(dir_i->i_mode)) {
21          iput(dir_i);
22          return -EPERM;
23      }
24      if (!(sb=read_super(dev))) {
25          iput(dir_i);
26          return -EBUSY;
27      }
28      if (sb->s_imount) {
29          iput(dir_i);
30          return -EBUSY;
31      }
32      if (dir_i->i_mount) {
33          iput(dir_i);
34          return -EPERM;
35      }
36      sb->s_imount=dir_i;
37      dir_i->i_mount=1;
38      dir_i->i_dirt=1;
39      return 0;
40  }
```

dir_i 是挂载点的 inode，sb 代表要挂载的文件系统的超级块。使用 read_super 从要挂载的文件系统里读取超级块，然后让超级块的 imount 指向挂载点的 inode 就可以了。与之相反的是 umount，用于卸载文件系统，umount 与 mount 为逆操作，因此读者也可以通过参考 mount 的实现，自己动手实现 umount，这里列出它的具体实现以供参考，如代码清单 8-4 所示。

代码清单 8-4　卸载文件系统

```
1  int sys_umount(char * dev_name) {
2      struct m_inode * inode;
```

```
3      struct super_block * sb;
4      int dev;
5
6      if (!(inode=namei(dev_name)))
7          return -ENOENT;
8      dev = inode->i_zone[0];
9      if (!S_ISBLK(inode->i_mode)) {
10         iput(inode);
11         return -ENOTBLK;
12     }
13     iput(inode);
14     if (dev==ROOT_DEV)
15         return -EBUSY;
16     if (!(sb=get_super(dev)) || !(sb->s_imount))
17         return -ENOENT;
18     if (!sb->s_imount->i_mount)
19         printk("Mounted inode has i_mount=0\n");
20     for (inode=inode_table+0 ; inode<inode_table+NR_INODE ; inode++)
21         if (inode->i_dev==dev && inode->i_count)
22                 return -EBUSY;
23     sb->s_imount->i_mount=0;
24     iput(sb->s_imount);
25     sb->s_imount = NULL;
26     iput(sb->s_isup);
27     sb->s_isup = NULL;
28     put_super(dev);
29     sync_dev(dev);
30     return 0;
31 }
```

这段代码比较简单，这里就不再多加解释了。通过这个例子，读者可以掌握如何增加文件相关的系统调用。更多与文件相关的系统，例如 fstat 等，读者可以通过本书所附代码自行学习，这里就不再引录了。接下来，我们重点实现进程相关的系统调用。

8.2　管理进程

在多进程的操作系统上，进程之间需要传播或交换信息，这就是 IPC（Inter Process Communication，进程间通信）问题。IPC 是操作系统必须重点解决的一大类问题。

在现代 Linux 系统上，常见的 IPC 机制包括管道、信号、共享内存、消息队列、socket 通信等。这些机制所依赖的原理并不相同，例如管道依赖于文件读写，信号是进程管理的一个基本功能，共享内存则依赖于两个进程将相同的物理内存映射到各自的页表里，socket 则依赖于网络协议栈。在 Linux 0.11 时代，得到支持的仅有管道和信号两种，所以这一节就将重点实现这两种 IPC 机制。其他的通信方式依赖的机制太多，在 Linux 0.11 上未能实现。本节将分别实现信号和管道。

8.2.1　信号处理

Linux 系统中的很多重要的应用程序都依赖于信号，信号的本质是一种软件模拟的中断。它是一种处理异步事件的重要方法，例如在控制台上使用 Ctrl+C 来中断进程执行，子进程退出时通知父进程等都是使用信号实现的。

本节将会重点介绍 Linux 中信号的实现方式，但对具体的某一个信号的产生原因和处理方式并不过多地介绍。Linux 处理信号的基本步骤是，在 task_struct 中引入一个名为 signal 的整型变量，它的每一个位对应一种信号，所以 Linux 0.11 最多可以处理 32 种信号。当其他进程向某个特定进程发送信号时，内核就将该进程的 singal 变量的对应位置位，当收到信号的进程每一次从内核态切换回用户态时（因为时钟中断的存在，所以一定会经常发生），内核就检查进程是否有信号，如果有就进入信号处理函数，如果没有就正常退回用户态。

按照上述逻辑，本节将会逐步实现信号处理的过程。第一步，在 task_struct 中引入信号处理相关的数据结构，如代码清单 8-5 所示：

代码清单 8-5　引入信号处理相关的数据结构

```
1  /* include/linux/sched.h */
2  struct task_struct {
3      long state;
4      long counter;
5      long priority;
6      long signal;
7      struct sigaction sigaction[32];
8      long blocked;    /* 信号屏蔽位图 */
9      /*部分代码略*/
10 }
```

signal 的每个位对应一种信号，当该位被置位，就代表进程收到了一个对应的信号。sigaction 是一个结构体数组，它在 signal.h 中定义，其中包含了一个函数指针，代表当收到相应的信号时，内核应该调用的函数。signal.h 中的重要常量定义如代码清单 8-6 所示：

代码清单 8-6　signal.h 中的重要常量定义

```
1  #define _NSIG            32
2  #define NSIG        _NSIG
3
```

```
4   #define SIGHUP          1
5   #define SIGINT          2
6   #define SIGQUIT         3
7   #define SIGILL          4
8   #define SIGTRAP         5
9   #define SIGABRT         6
10  #define SIGIOT          6
11  #define SIGUNUSE D      7
12  #define SIGFPE          8
13  #define SIGKILL         9
14  #define SIGUSR1         10
15  #define SIGSEGV         11
16  #define SIGUSR2         12
17  #define SIGPIPE         13
18  #define SIGALRM         14
19  #define SIGTERM         15
20  #define SIGSTKFLT       16
21  #define SIGCHLD         17
22  #define SIGCONT         18
23  #define SIGSTOP         19
24  #define SIGTSTP         20
25  #define SIGTTIN         21
26  #define SIGTTOU         22
27
28  /*部分代码略*/
29  #define SIG_DFL         ((void (*)(int))0)     /* 默认的信号处理 */
30  #define SIG_IGN         ((void (*)(int))1)     /* 忽略信号 */
31  #define SIG_ERR         ((void (*)(int))-1)     /* 从信号返回错误 */
32
33  struct sigaction {
34      void (*sa_handler)(int);
35      sigset_t sa_mask;
36      int sa_flags;
37      void (*sa_restorer)(void);
38  };
39
40  void (*signal(int _sig, void (*_func)(int)))(int);
41  /*部分代码略*/
```

Linux 0.11 中最多支持 32 个信号，signal.h 里定义了 21 个。sigaction 结构体中则包含了两个函数指针，其中 sa_handler 代表了信号处理程序，sa_mask 用来指定在信号处理函数执行期间需要被屏蔽的信号。

sa_flags 成员用于指定信号处理的行为，它可以是以下值的按位或组合设置。

1）SA_RESTART：使被信号打断的系统调用自动重新发起。

2）SA_NOCLDSTOP：使父进程在它的子进程暂停或继续运行时不会收到 SIGCHLD 信号。

3）SA_NOCLDWAIT：使父进程在它的子进程退出时不会收到 SIGCHLD 信号，这时子进程如果退出也不会成为僵尸进程。

4）SA_NODEFER：使对信号的屏蔽无效，即在信号处理函数执行期间仍能发出这个信号。

5）SA_RESETHAND：信号处理之后重新设置为默认的处理方式。

6）SA_SIGINFO：使用 sa_sigaction 成员而不是 sa_handler 作为信号处理函数。

sa_restore 也是一个函数指针，用于信号处理程序结束后清理用户态堆栈。它的具体实现位于 libc 中，在编译链接应用程序时，由编译器自动插入。因为内核中的信号处理函数会修改堆栈信息，所以当信号处理完以后，还需要恢复堆栈信息。我们下面就分析信号处理函数的执行过程。

第二步，实现 do_signal 函数。在系统调用的返回阶段，内核应该先检查进程是否接收到信号，如果进程有接收到信号，就要转而调用相应的信号处理函数，如果进程没有收到信号，就正常地从系统调用的内核态退回到用户态。所以，我们先来修改从系统调用中返回时的信号处理，具体实现如代码清单 8-7 所示。

代码清单 8-7　从系统调用中返回时的信号处理

```
1   ret_from_sys_call:
2       movl current,%eax
3       cmpl task,%eax              # task[0] 不能接收信号
4       je 3f
5       cmpw $0x0f,CS(%esp)         # 旧的代码段是否为监督模式
6       jne 3f
7       cmpw $0x17,OLDSS(%esp)      # 栈段是否等于 0x17
8       jne 3f
9       movl signal(%eax),%ebx
10      movl blocked(%eax),%ecx
11      notl %ecx
12      andl %ebx,%ecx
13      bsfl %ecx,%ecx
14      je 3f
15      btrl %ecx,%ebx
16      movl %ebx,signal(%eax)
17      incl %ecx
```

```
18      pushl %ecx
19      call do_signal
20      popl %ecx
21      testl %eax, %eax
22      jne 2b
23  3:  popl %eax
24      /*部分代码略*/
25      iret
```

相比以前的退出系统调用逻辑，这里新增了对 signal 属性的判断（第 9 行），这里记录了进程接收到了哪些信号。因为每个信号只对应一个位，所以重复接收的信号会被合并。

blocked 属性的作用是屏蔽某些信号。如果有一些信号不应该被响应，那就应该把 blocked 属性所对应的位置置位，所以这里对 blocked 取反（第 11 行），然后再做与运算（第 12 行），就可以把不需要被响应的信号屏蔽掉。如果与运算的结果不为 0，则转而调用 do_signal 函数来处理信号（第 19 行）。

接下来，继续实现 do_signal 函数，如代码清单 8-8 所示。

代码清单 8-8　do_signal 函数

```
1   int do_signal(long signr,long eax,long ebx, long ecx, long edx, long
        orig_eax,
2       long fs, long es, long ds,
3       long eip, long cs, long eflags,
4       unsigned long * esp, long ss) {
5       unsigned long sa_handler;
6       long old_eip=eip;
7       struct sigaction * sa = current->sigaction + signr - 1;
8       int longs;
9
10      unsigned long * tmp_esp;
11
12  #ifdef notdef
13      printk("pid: %d, signr: %x, eax=%d, oeax = %d, int=%d\n",
14          current->pid, signr, eax, orig_eax,
15          sa->sa_flags & SA_INTERRUPT);
16  #endif
17      if ((orig_eax != -1) &&
18          ((eax == -ERESTARTSYS) || (eax == -ERESTARTNOINTR))) {
19          if ((eax == -ERESTARTSYS) && ((sa->sa_flags & SA_INTERRUPT) ||
20              signr < SIGCONT || signr > SIGTTOU))
```

```
21              *(&eax) = -EINTR;
22          else {
23              *(&eax) = orig_eax;
24              *(&eip) = old_eip -= 2;
25          }
26      }
27      sa_handler = (unsigned long) sa->sa_handler;
28      if (sa_handler==1)
29          return(1);
30      if (!sa_handler) {
31          switch (signr) {
32          case SIGCONT:
33          case SIGCHLD:
34              return(1);
35
36          case SIGSTOP:
37          case SIGTSTP:
38          case SIGTTIN:
39          case SIGTTOU:
40              current->state = TASK_STOPPED;
41              current->exit_code = signr;
42              if (!(current->p_pptr->sigaction[SIGCHLD-1].sa_flags &
43                      SA_NOCLDSTOP))
44                  current->p_pptr->signal |= (1<<(SIGCHLD-1));
45              return(1);
46
47          case SIGQUIT:
48          case SIGILL:
49          case SIGTRAP:
50          case SIGIOT:
51          case SIGFPE:
52          case SIGSEGV:
53              //if (core_dump(signr))
54              //    do_exit(signr|0x80);
55              /* 穿透至下一个case */
56          default:
57              //do_exit(signr);
58              ;
59          }
60      }
61      /*
```

```
62        * 好了，这里调用处理器 */
63       if (sa->sa_flags & SA_ONESHOT)
64           sa->sa_handler = NULL;
65       *(&eip) = sa_handler;
66       longs = (sa->sa_flags & SA_NOMASK)?7:8;
67       *(&esp) -= longs;
68       verify_area(esp,longs*4);
69       tmp_esp=esp;
70       put_fs_long((long) sa->sa_restorer,tmp_esp++);
71       put_fs_long(signr,tmp_esp++);
72       if (!(sa->sa_flags & SA_NOMASK))
73       put_fs_long(current->blocked,tmp_esp++);
74       put_fs_long(eax,tmp_esp++);
75       put_fs_long(ecx,tmp_esp++);
76       put_fs_long(edx,tmp_esp++);
77       put_fs_long(eflags,tmp_esp++);
78       put_fs_long(old_eip,tmp_esp++);
79       current->blocked |= sa->sa_mask;
80       return(0);          /* 继续执行处理器中的任务 */
81   }
```

代码中的 signr 代表信号编号。大多数信号的默认处理都是进程退出，因为我们现在还没有实现进程退出的逻辑，所以这里就先空着，等 exit 函数实现完以后，再把这里补齐（第 54 行）。

如果 sa_handler 不为空，就需要转而调用 sa_handler。请注意，do_handler 函数所对应的栈帧在系统调用的返回之前，所以仍然位于内核态。而内核态栈帧上保留了用户态的 cs、eip、ss、esp 等信息，通过修改 eip 的值，我们就可以控制程序的执行方向（第 15 行）。

当 do_handler 执行完以后，CPU 会返回到代码清单 8-7的第 20 行继续执行。这时，内核栈上的 eip 的值指向了 sa_handler，所以当 CPU 执行到 iret 指令时，就会跳转进 sa_handler 继续执行。iret 指令会让 CPU 返回到用户态执行，所以 sa_handler 是运行在用户态的。因为 sa_handler 是应用程序通过 sigaction 函数指定的，而应用程序只适合编写用户态代码，所以让 sa_handler 运行在用户态是非常合理的。

当 sa_handler 执行完成以后，就会返回到上一级函数的栈帧继续执行，而此时的返回地址是 sa_restore（代码清单 8-8 第 70 行）。之前已经讲过 sa_restore 的逻辑实现位于 libc 中，它的基本实现如代码清单 8-9 所示。

代码清单 8-9　sa_restore 的基本实现

```
1   .globl __sig_restore
2   .globl __masksig_restore
```

```
 3   __sig_restore:
 4       addl $4, %esp
 5       popl %eax
 6       popl %ecx
 7       popl %edx
 8       popf
 9       ret
10   __masksig_restore:
11       addl $4, %esp
12       call __ssetmask
13       addl $4, %esp
14       popl %eax
15       popl %ecx
16       popl %edx
17       popf
18       ret
```

上述代码包含两个符号。如果进程设置了 blocked 属性，就代表有需要屏蔽的信号，那就让 sa_restore 指针指向 __masksig_restore，这意味着要把进程的 blocked 属性重新设置一次。如果进程没有设置 blocked 属性，就使用 __sig_restore 来清理用户栈。请注意，这里清空栈的顺序和代码清单 8-8 的 73~79 行的顺序是一一对应的。通过这种方式，内核就巧妙地在内核态和用户态分别完成了信号处理的部分逻辑，从而组成了完整的信号处理流程。

8.2.2　管道通信

管道是 UNIX 系统上最早支持的 IPC 机制，它的数据只能沿一个方向流动，而且只能在具有公共祖先的两个进程之间使用。在应用开发中，最常见的情况是一个进程创建管道以后，再使用 fork 创建子进程，然后父子进程就可以使用这个管道进行通信了。创建管道（pipe）的函数原型如代码清单 8-10 所示：

代码清单 8-10　pipe 函数原型

```
1   #include <unistd.h>
2
3   int pipe(int fd[2]);
```

fd 数组作为一个返回参数，记录了两个文件描述符，其中 fd[0] 用于读操作，fd[1] 用于写操作。为了测试管道的正确性，这里可以先引入一个测试用例，具体实现如代码清单 8-11 所示。

代码清单 8-11　管道通信测试用例

```
1   /* tools/tcc/test/pipe.c */
2   #include <unistd.h>
3   #include <stdio.h>
4   #include <fcntl.h>
5
6   int main() {
7       char buf[16];
8       int fds[2];
9       int pid;
10      int n = pipe(fds);
11
12      if (n < 0) {
13          printf("unable to create pipe: %d\n\r", n);
14          return 0;
15      }
16
17      if ((pid = fork()) == 0) {
18          n = write(fds[1], "hello pipe!", 11);
19          if (n < 0) {
20              printf("unable to write:%d\n\r", n);
21          }
22          else {
23              printf("write done\n\r");
24          }
25
26          wait(pid);
27      }
28      else {
29          n = read(fds[0], buf, 16);
30          if (n < 0) {
31              printf("unable to read:%d\n\r", n);
32              return 0;
33          }
34          else {
35              printf("receive: %s\n\r", buf);
36              return 0;
37          }
38      }
39
```

```
40      return 0;
41  }
```

这段代码可以使用本书所附带的 tcc 工具编译成 a.out 文件，然后使用 mfs 工具将它放到 "/root" 目录下，等本节实现完 pipe 函数以后，就可以通过 execve 加载运行了。这段程序的功能是，父进程通过 fds[1] 向管道发送一句话，然后子进程通过 fds[0] 从管道中读出这句话并打印在屏幕上。

接下来就分两个步骤实现管道功能。第一步是实现 pipe 函数。先在 C 运行时库里添加 pipe 函数的定义：

```
1  /* tools/tcc/runtime/sys_call.c */
2  _syscall1(int, pipe, unsigned int *, filedes)
```

可以看到，这里定义函数的方式和内核中是一样的。当链接器将这里的 pipe 函数和前面的 main 函数链接在一起得到一个可执行的程序以后，execve 执行一个新的进程，最终就可以通过 0x80 号中断进入内核，从而调用 sys_pipe，所以下一步应该在内核中实现 sys_pipe 函数以创建管道，如代码清单 8-12 所示：

代码清单 8-12　创建管道

```
1  /* fs/pipe.c */
2  int sys_pipe(unsigned long * fildes) {
3      struct m_inode * inode;
4      struct file * f[2];
5      int fd[2];
6      int i,j;
7
8      j=0;
9      for(i=0;j<2 && i<NR_FILE;i++)
10         if (!file_table[i].f_count)
11             (f[j++]=i+file_table)->f_count++;
12     if (j==1)
13         f[0]->f_count=0;
14     if (j<2)
15         return -1;
16     j=0;
17     for(i=0;j<2 && i<NR_OPEN;i++)
18         if (!current->filp[i]) {
19             current->filp[ fd[j]=i ] = f[j];
20             j++;
21         }
22     if (j==1)
```

```
23        current->filp[fd[0]]=NULL;
24    if (j<2) {
25        f[0]->f_count=f[1]->f_count=0;
26        return -1;
27    }
28    if (!(inode=get_pipe_inode())) {
29        current->filp[fd[0]] =
30            current->filp[fd[1]] = NULL;
31        f[0]->f_count = f[1]->f_count = 0;
32        return -1;
33    }
34    f[0]->f_inode = f[1]->f_inode = inode;
35    f[0]->f_pos = f[1]->f_pos = 0;
36    f[0]->f_mode = 1;          /* 读 */
37    f[1]->f_mode = 2;          /* 写 */
38    put_fs_long(fd[0],0+fildes);
39    put_fs_long(fd[1],1+fildes);
40    return 0;
41 }
```

pipe 函数所接收的参数是一个长度为 2 的文件描述符数组，它本质上是一个输出参数，当 pipe 执行完以后，这个数组会被填充成两个有效的文件描述符。

第 9 行至第 11 行先在全局文件表里找到两个空白项，记录在临时数组 f 中。如果找不到就释放资源并返回 −1。第 17 行至第 21 行在当前进程的文件描述符数组中找到两个空白项，并将这两个空白项的下标记录到 fd 数组中，同时还要把 f 中 file 指针赋值到这两个空白项里。如果找不到同样要释放的资源，则返回 −1。

第 28 行，创建一个管道专属的 inode，注意这里的 inode 只存在于内存中，也就是说它是一个虚拟的节点。当对这个管道文件进行读写的时候就可以通过 inode 判断出它所对应的文件是管道文件，就应该对这个文件进行特殊处理。第 38 行和第 39 行将文件描述符更新到用户空间。接下来，还需要实现创建管道 inode 的函数，如代码清单 8-13 所示：

代码清单 8-13　实现创建管道的 inode 的函数

```
1 /* include/linux/fs.h */
2 #define PIPE_READ_WAIT(inode) ((inode).i_wait)
3 #define PIPE_WRITE_WAIT(inode) ((inode).i_wait2)
4 #define PIPE_HEAD(inode) ((inode).i_zone[0])
5 #define PIPE_TAIL(inode) ((inode).i_zone[1])
6 #define PIPE_SIZE(inode) ((PIPE_HEAD(inode)-PIPE_TAIL(inode))&(
      PAGE_SIZE-1))
7 #define PIPE_EMPTY(inode) (PIPE_HEAD(inode)==PIPE_TAIL(inode))
```

```
8   #define PIPE_FULL(inode) (PIPE_SIZE(inode)==(PAGE_SIZE-1))
9
10  /* fs/inode.c */
11  struct m_inode * get_pipe_inode(void) {
12      struct m_inode * inode;
13
14      if (!(inode = get_empty_inode()))
15          return NULL;
16      if (!(inode->i_size=get_free_page())) {
17          inode->i_count = 0;
18          return NULL;
19      }
20      inode->i_count = 2;    /* 初始化inode引用计数为2，表示一个读端和一个
        写端 */
21      PIPE_HEAD(*inode) = PIPE_TAIL(*inode) = 0;
22      inode->i_pipe = 1;
23      return inode;
24  }
```

普通文件的 inode 中的 size 属性记录了文件的大小，但是管道的 inode 的 size 属性被当作指针，指向了一个空白页的物理地址（第 16 行）。本质上管道是一个先进先出的队列，如图 8-1 所示，这个空白的物理页就被当成了队列的缓冲区。队列头的位置记录在 zone[0]（第 4 行），队列尾的位置记录在 zone[1]（第 5 行）。最后把 inode 中的 pipe 标志置位，并返回这个结点的指针。

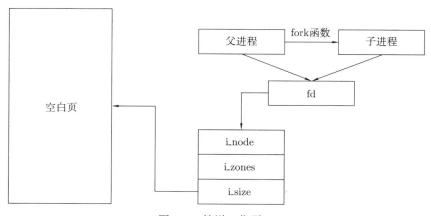

图 8-1　管道工作原理

完成了第一步管道文件的创建工作，第二步就要实现管道文件的读写，先完成读操作，具体实现如代码清单 8-14 所示。

代码清单 8-14　从管道中读取数据

```
1  /* fs/pipe.c */
2  int read_pipe(struct m_inode * inode, char * buf, int count) {
3      int chars, size, read = 0;
4
5      while (count>0) {
6          while (!(size=PIPE_SIZE(*inode))) {
7              wake_up(& PIPE_WRITE_WAIT(*inode));
8              if (inode->i_count != 2) /* 是否有写入 */
9                  return read;
10             if (current->signal & ~current->blocked)
11                 return read?read:-ERESTARTSYS;
12             interruptible_sleep_on(& PIPE_READ_WAIT(*inode));
13         }
14         chars = PAGE_SIZE-PIPE_TAIL(*inode);
15         if (chars > count)
16             chars = count;
17         if (chars > size)
18             chars = size;
19         count -= chars;
20         read += chars;
21         size = PIPE_TAIL(*inode);
22         PIPE_TAIL(*inode) += chars;
23         PIPE_TAIL(*inode) &= (PAGE_SIZE-1);
24         while (chars-->0)
25             put_fs_byte(((char *)inode->i_size)[size++],buf++);
26     }
27     wake_up(& PIPE_WRITE_WAIT(*inode));
28     return read;
29 }
```

read_pipe 用于读取管道中的数据，如果管道中没有数据，就应该尝试唤醒写进程（第 7 行），而当前进程休眠等待（第 12 行）。chars 代表要读的字符数，它要取管道中的字符数和指定读取字符数的最小值（第 14~18 行）。局部变量 read 代表实际读取的字符数，每一次读取都要加上 chars 这个变量（第 20 行）。第 24 行和第 25 行会把要读取的数据复制到用户空间。在 read 操作的最后，还要再次尝试唤醒写进程，这是因为读操作有可能为缓冲区腾出空间了，所以写进程就可以再次写入。

在 read 函数中，要对管道文件进行判断。如果读取的文件是一个管道文件，则调用 pipe_read，如代码清单 8-15 所示。

代码清单 8-15 read 函数支持管道文件读取

```
1  /* fs/read_write.c */
2  int sys_read(unsigned int fd,char * buf,int count) {
3      /*部分代码略*/
4      if (inode->i_pipe)
5          return (file->f_mode&1)?read_pipe(inode,buf,count):-EIO;
6      /*部分代码略*/
7  }
```

向管道文件中写入数据与读的过程基本是对称的，具体实现如代码清单 8-16 所示。

代码清单 8-16 向管道文件中写入数据

```
1  /* fs/pipe.c */
2  int write_pipe(struct m_inode * inode, char * buf, int count) {
3      int chars, size, written = 0;
4
5      while (count>0) {
6          while (!(size=(PAGE_SIZE-1)-PIPE_SIZE(*inode))) {
7              wake_up(& PIPE_READ_WAIT(*inode));
8              if (inode->i_count != 2) { /* 没有写入 */
9                  current->signal |= (1<<(SIGPIPE-1));
10                 return written?written:-1;
11             }
12             sleep_on(& PIPE_WRITE_WAIT(*inode));
13         }
14         chars = PAGE_SIZE-PIPE_HEAD(*inode);
15         if (chars > count)
16             chars = count;
17         if (chars > size)
18             chars = size;
19         count -= chars;
20         written += chars;
21         size = PIPE_HEAD(*inode);
22         PIPE_HEAD(*inode) += chars;
23         PIPE_HEAD(*inode) &= (PAGE_SIZE-1);
24         while (chars-->0)
25             ((char *)inode->i_size)[size++]=get_fs_byte(buf++);
26     }
27     wake_up(& PIPE_READ_WAIT(*inode));
28     return written;
29 }
```

```
30
31   /* fs/read_write.c */
32   int sys_write(unsigned int fd,char * buf,int count) {
33       /*部分代码略*/
34       if (inode->i_pipe)
35           return (file->f_mode&2)?write_pipe(inode,buf,count):-EIO;
36       /*部分代码略*/
37   }
```

上述代码与从管道中读数据的代码基本是对称的，所以这里就不再过多解释了。重新编译内核，并且在 init 函数中执行这个文件，就可以观察到屏幕上打印的 "Hello Pipe!"，同样在屏幕上显示 "Hello"，相比起前几次，这一次的打印动作背后包含的机制是最复杂的。

8.2.3 进程同步

使用管道的时候，父进程往往要等待子进程退出，它才能退出，如果父进程先退出了，管道就有可能无法正常工作。进程之间相互等待需要使用 wait 函数，参数是要等待的进程的 ID 号，它的具体实现如代码清单 8-17 所示。

代码清单 8-17 等待进程退出

```
1    int sys_waitpid(pid_t pid,unsigned long * stat_addr, int options) {
2        int flag;
3        struct task_struct *p;
4        unsigned long oldblocked;
5
6        verify_area(stat_addr,4);
7    repeat:
8        flag=0;
9        for (p = current->p_cptr ; p ; p = p->p_osptr) {
10           if (pid>0) {
11               if (p->pid != pid)
12                   continue;
13           } else if (!pid) {
14               if (p->pgrp != current->pgrp)
15                   continue;
16           } else if (pid != -1) {
17               if (p->pgrp != -pid)
18                   continue;
19           }
20           switch (p->state) {
21               case TASK_STOPPED:
```

```
22              if (!(options & WUNTRACED) ||
23                  !p->exit_code)
24                  continue;
25              put_fs_long((p->exit_code << 8) | 0x7f,
26                  stat_addr);
27              p->exit_code = 0;
28              return p->pid;
29          case TASK_ZOMBIE:
30              current->cutime += p->utime;
31              current->cstime += p->stime;
32              flag = p->pid;
33              put_fs_long(p->exit_code, stat_addr);
34              release(p);
35              return flag;
36          default:
37              flag=1;
38              continue;
39          }
40      }
41      if (flag) {
42          if (options & WNOHANG)
43              return 0;
44          current->state=TASK_INTERRUPTIBLE;
45          oldblocked = current->blocked;
46          current->blocked &= ~(1<<(SIGCHLD-1));
47          schedule();
48          current->blocked = oldblocked;
49          if (current->signal & ~(current->blocked | (1<<(SIGCHLD-1))))
50              return -ERESTARTSYS;
51          else
52              goto repeat;
53      }
54      return -ECHILD;
55  }
```

上述代码先从当前进程的子进程列表中寻找 pid 所对应的进程，然后检查子进程的状态，如果已经是僵尸状态或者停止状态，就可以直接结束函数执行。否则，就打开当前进程的 SIGCHLD 信号接收，并且把自己置为可中断的休眠状态，然后通过调用 schedule 转到其他进程处理。当执行到第 48 行的时候，进程已经被 SIGCHLD 信号唤醒了，所以第 49 行对信号来源做了检查。总的来说，waitpid 函数的核心逻辑是比较简单的。

在代码清单 8-8 中，当进程收到信号以后，默认动作是退出，但当时还没有进程退出的功能，所以接下来，我们就着手实现进程退出的功能。

8.2.4 进程退出

创建一个新的进程要使用 fork 函数，进程的退出则要使用 exit 函数。fork 函数很早就实现了，但是 exit 函数一直到现在才被提上日程。这是因为一个进程退出时要做很多的清理工作，包括信号、文件、进程关系维护等。所以 exit 函数就安排在了最后。

exit 函数的实现集中于 do_exit 函数，因为进程是资源分配的单位，所以 exit 函数的主要工作就是释放进程分配的资源，主要包括内存、文件等。另外，子进程如果退出了，还要向父进程发送信号 SIGCHLD。这些常规动作是比较容易理解的，但还有一些逻辑会非常令人费解，那就是进程的退出（见代码清单 8-18），因为该操作会使得它的子进程变成孤儿进程，所以这一部分的处理要十分小心。

代码清单 8-18　进程退出

```
1   /* kernel/exit.c */
2   volatile void do_exit(long code) {
3       struct task_struct *p;
4       int i;
5
6       free_page_tables(get_base(current->ldt[1]),get_limit(0x0f));
7       free_page_tables(get_base(current->ldt[2]),get_limit(0x17));
8       for (i=0 ; i<NR_OPEN ; i++)
9           if (current->filp[i])
10              sys_close(i);
11      iput(current->pwd);
12      current->pwd = NULL;
13      iput(current->root);
14      current->root = NULL;
15      iput(current->executable);
16      current->executable = NULL;
17      iput(current->library);
18      current->library = NULL;
19      current->state = TASK_ZOMBIE;
20      current->exit_code = code;
21      /*
22       * 检查是否有任何进程组因当前进程退出而变成孤儿。
23       * 如果孤儿进程组有暂停的作业，内核先向这些作业发送SIGUP信号，
24       * 然后再发送SIGCONT信号以恢复它们的运行(依据POSIX 3.2.2.2)。
25       *
26       * Case i: 当父进程与当前进程不在同一个进程组，
```

```
27          * 且当前进程是唯一与该进程组有关联的外部进程时,
28          * 当前进程退出将导致该进程组变为孤儿进程组。
29          */
30      if ((current->p_pptr->pgrp != current->pgrp) &&
31          (current->p_pptr->session == current->session) &&
32          is_orphaned_pgrp(current->pgrp) &&
33          has_stopped_jobs(current->pgrp)) {
34          kill_pg(current->pgrp,SIGHUP,1);
35          kill_pg(current->pgrp,SIGCONT,1);
36      }
37      /* Let father know we died */
38      current->p_pptr->signal |= (1<<(SIGCHLD-1));
39
40      /*
41       * 此循环执行两个功能:
42       *
43       * A.使init进程管理所有的子进程。
44       * B.检查是否有一些进程组因当前进程退出而变成了孤儿进程组,
45       * 如果有停止的任务存在于这些孤儿进程组中, 那么会向它们发送SIGUP信号,
46       * 然后发送SIGCONT信号(依据POSIX标准恢复这些任务的运行)。
47       */
48      if (p = current->p_cptr) {
49          while (1) {
50              p->p_pptr = task[1];
51              if (p->state == TASK_ZOMBIE)
52                  task[1]->signal |= (1<<(SIGCHLD-1));
53              /*
54               * 进程组孤儿检查
55               * Case ii: 子进程位于另一个进程组中,
56               * 当前进程是与该进程组的唯一连接。当当前进程组退出时,
57               * 子进程所在的进程组将变成孤儿进程组。
58               */
59              if ((p->pgrp != current->pgrp) &&
60                  (p->session == current->session) &&
61                  is_orphaned_pgrp(p->pgrp) &&
62                  has_stopped_jobs(p->pgrp)) {
63                  kill_pg(p->pgrp,SIGHUP,1);
64                  kill_pg(p->pgrp,SIGCONT,1);
65              }
66              if (p->p_osptr) {
67                  p = p->p_osptr;
```

```
68              continue;
69          }
70          /*
71           * 当前进程将其所有子进程(包括可能的孤儿组的进程)链接到
72           * init进程下，作为其子进程，然后当前进程就可以安全退出了。
73           */
74          p->p_osptr = task[1]->p_cptr;
75          task[1]->p_cptr->p_ysptr = p;
76          task[1]->p_cptr = current->p_cptr;
77          current->p_cptr = 0;
78          break;
79      }
80  }
81  if (current->leader) {
82      struct task_struct **p;
83      struct tty_struct *tty;
84
85      if (current->tty >= 0) {
86          tty = tty_table + current->tty;
87          if (tty->pgrp>0)
88              kill_pg(tty->pgrp, SIGHUP, 1);
89          tty->pgrp = 0;
90          tty->session = 0;
91      }
92      for (p = &LAST_TASK ; p > &FIRST_TASK ; --p)
93          if ((*p)->session == current->session)
94              (*p)->tty = -1;
95  }
96
97      schedule();
98  }
```

　　do_exit 函数主要做了三件事情。第一是清理进程所占用的资源，包括清理页表（第 6 行和第 7 行），关闭文件（第 8~18 行），设置退出状态（第 19 行和第 20 行）。第二是检查是否有进程组因为当前进程的退出而变成孤儿进程组，如果有的话，就要向孤儿进程组的各个进程发送 SIGUP 和 SIGCONT 消息（第 30~36 行），同时，也要向自己的父进程发送 SIGCHLD 消息。第三是把自己的子进程都转交给 INIT 进程。

　　到此为止，进程的创建和退出功能才真正完备了，与进程相关的比较重要的系统调用，也就比较完备了。还有一些比如获取进程 ID 等非常简单的系统调用，这里就不再介绍了。请读者参考本书所附代码仓库自行学习。

8.3　构建 C 语言库

tcc 目录下还有 include 和 runtime 两个目录，这两个目录是专用于 Linux 0.11 的 C 语言运行时的，因为现在版本的编译器都不再直接支持 a.out 文件格式，而我们又不希望再去考古找古老的编译器，所以最好的办法是使用链接脚本来自定义生成 a.out 文件。这一节就来介绍如何利用现代的编译器以及链接器生成能够运行在 Linux 0.11 系统上的 a.out 程序。

由 a.out 的格式规范中可以推知，在 7 个段中，只有执行文件头、代码段和数据段是三个内核加载执行时需要用到的段，其余的 4 个段都是链接器在链接时进行重定位需要的段。因此，在最终生成的可执行 a.out 文件中，只要保证这三个段的正确性即可。而代码段与数据段的重定位可借助 ELF 文件的重定位表，在链接过程中由链接器自动完成。最终我们通过链接器的脚本控制生成的二进制文件符合 a.out 中这三个段的格式规范。

使用链接器的脚本生成 a.out 文件的流程如图 8-2所示。

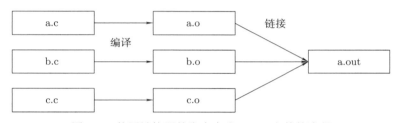

图 8-2　使用链接器的脚本生成 a.out 文件的流程

先通过编译器 GCC 生成 ELF 格式的目标文件 .o。对链接器 ld 而言，其输入文件是 ELF 格式的目标文件，因此可以通过 ELF 的规则对代码段以及数据段进行合并以及重定位，完成重定位之后，则根据 ld 脚本的布局生成最终的 a.out 二进制格式。

用来生成 a.out 文件的 ld 脚本如代码清单 8-19 所示。

代码清单 8-19　ld 脚本

```
1    OUTPUT_FORMAT(binary)
2    SECTIONS
3    {
4      . = 0x0;
5      .text : AT(0x400) {
6          PROVIDE(.text_begin = .);
7          *(.text);
8          PROVIDE(.text_real_end = .);
9      }
10     .data ALIGN(0x400) : {
11         PROVIDE(.text_align_end = .);
```

```
12        PROVIDE(.data_begin = .);
13        *(.data)
14        *(.rodata)
15        *(.rodata1)
16        PROVIDE(.data_real_end = .);
17    }
18    .bss ALIGN(0x400) : {
19        PROVIDE(.data_align_end = .);
20        PROVIDE(.bss_begin = .);
21        *(.bss)
22        PROVIDE(.bss_real_end = .);
23    }
24    .text_end = (SIZEOF(.data) + SIZEOF(.bss) == 0) ? .text_real_end
    : .text_align_end;
25    .data_end = (SIZEOF(.bss) == 0) ? .data_real_end : .
    data_align_end;
26    .bss_end  = .bss_real_end;
27    PROVIDE(.textsize = .text_end - .text_begin);
28    PROVIDE(.datasize = .data_end - .data_begin);
29    PROVIDE(.bsssize = .bss_end - .bss_begin);
30    .header ALIGN(0x400) : AT(0x0){
31        LONG(267)
32        LONG(.textsize)
33        LONG(.datasize)
34        LONG(.bsssize)
35        LONG(0)
36        LONG(_start)
37        LONG(0)
38        LONG(0)
39    }
40    /DISCARD/ : { *(.eh_frame) *(.comment) *(.rel.eh_frame) *(.note.
    GNU-stack) }
41    }
```

上述代码的第 1 行 OUTPUT_FORMAT(binary) 告诉 ld 最终以二进制的格式生成文件，如果不带这一行，ld 默认输出的文件格式是 ELF 格式，并会自动添加 ELF 文件头。因此我们需要告诉 ld 不需要在最终生成的二进制文件中添加任何额外数据。

接下来的 SECTIONS 中指定了 ld 对输入文件各个段的合并规则以及输出文件的地址布局。按顺序分别是代码段、数据段以及 bss 段。这里的脚本生成的 a.out 格式是 ZMAGIC 格式，因此执行文件头、代码段、数据段都需要按页面对齐。在这三个段后边

是 .header 段，是 a.out 的执行文件头，这个脚本使用定义值的方式为最终的可执行文件生成文件头。可以看到，这个文件头的内容与 exec 结构体是一一对应的。第一个 LONG 表示 ZMAGIC 的魔数，第二个 LONG 对应的是 a_text 的变量，依此类推，其他变量分别对应 exec 结构体的其他数据域。将 .header 放到脚本中其他几个段的最后，是因为执行文件头中需要获取前面三个段的真实大小，因此需要先计算好前三个段的布局后才能得到 .header 段的内容。此外，脚本通过 AT(0x0) 的方式告诉 ld 将文件头放到文件的最开始处，并且按页面大小进行对齐。这样也可以算出，代码段的起始位置是 0x400。最后的 /DISCARD/ 的含义是将 ELF 文件中多余的段进行删除。

至此，使用现代的编译器链接器也可以通过链接脚本生成能够在 Linux 0.11 系统上运行的可执行文件了。为了方便，可以使用以下脚本对小例子进行测试，如代码清单 8-20 所示。

代码清单 8-20　生成 a.out 文件的 ld 脚本代码

```
1   #!/bin/bash
2   export LDEMULATION=elf_i386
3   filename=$1
4   objfile=${filename/".c"/".o"}
5   echo ${filename/".c"/".o"}
6   gcc -c -fno-pic -m32 -ffreestanding -I./include -o $objfile $filename
7   ld -e _start -M -T linkerscript/a.out.lds linkerscript/a.out.header \
8       $objfile runtime/libc.a -o $2 > test.map
```

这个脚本使用了 libc.a 进行静态链接，而 libc 是 C 语言的运行时库，所有常用的 C 语言函数都应该在这里定义，比如 malloc、free、memset 等。这些函数都运行在用户态，实现也相对简单，此处就不再深入分析了。这里只重点分析程序入口的汇编文件，它定义了每个应用程序的入口地址，具体实现如代码清单 8-21 所示。

代码清单 8-21　程序入口的汇编文件

```
1   .code32
2   .text
3
4   .globl _environ, _start
5
6   _start:
7   movl 8(%esp),%eax
8   movl %eax,_environ
9   call main
10  pushl %eax
11  1: call exit
```

```
12    jmp 1b
13
14    .data
15
16    _environ:
17      .long 0
```

上述代码定义了 _start 符号，作为程序入口，程序开始运行以后，上述代码还会调用 main 函数。这就解释了为什么我们在写 C 代码时，以 main 函数作为程序开始。从 main 函数中返回以后，上述代码还会将返回值放到栈上，并且调用 exit 函数退出进程。

本书所提供的 C 编译器，可以将 C 源码编译成 Linux 0.11 可以执行的 a.out 格式，而 C 语言有很多库函数，例如 scanf、printf、malloc 等，这些函数组成了 C 语言的 runtime。C 语言库包含两类不同的函数：一类是完全运行在用户态的，例如 malloc、free 等，这些函数管理的是用户态内存；另一类是操作系统的 C 语言接口，也就是系统调用。这两类接口在 runtime 目录中都有相应的实现，虽然其中定义的函数并不全面，但能体现基本的结构，读者可以在此基础上进一步扩展。

8.4　小结

系统调用是操作系统向应用程序提供服务的入口。只要平台之间的系统调用接口是兼容的，应用程序在不同平台之间迁移的代价就比较小。为此，人们提出了 POSIX 标准，而 Linux 正是因为从一开始就采用兼容 POSIX 标准的设计，从而保证了整个操作系统生态的成功。

本章的主要任务是补全系统调用。本章分别以时间管理、文件管理、进程管理为例来说明如何设计并且实现系统调用。最后又介绍了如何使用链接脚本重现 Linux 0.11 时代的 a.out 格式文件。至此，Linux 0.11 的核心内容就基本介绍完毕了。

显示模式

显示器的显示模式有很多种，常用中断号 0x10、功能号 ah=00H 来表示，另外 al 用来表示显示器模式。

al 显示模式	显示模式属性
00H	40×25、16 级灰度、黑白文本
01H	40×25、16 色、文本
02H	80×25、16 级灰度、黑白文本
03H	80×25、16 色、文本
04H	320×200、4 色、图形
05H	320×200、4 级灰度、黑白图形
06H	640×200、2 色、黑白图形
07H	80×25、2 色、黑白文本
08H	160×200、16 色（MCGA）
09H	320×200、16 色（MCGA）
0AH	640×200、4 色（MCGA）
0BH	保留
0CH	保留
0DH	320×200、16 色（EGA/VGA）
0EH	640×200、16 色（EGA/VGA）
0FH	640×350 2、单色（EGA/VGA）
10H	640×350、4 色
10H	640×350、16 色（EGA/VGA）
11H	640×480、2 色（VGA）
12H	640×480、16 色（VGA）
13H	640×480、256 色（VGA）

对于超级 VGA 显示卡，我们可用 AX ＝ 4F02H 和下列 BX 的值来设置其显示模式。

BX	显示模式	显示模式属性
100H	640×400	256 色
101H	640×480	256 色
102H	800×600	16 色
103H	800×600	256 色
104H	1024×768	16 色
105H	1024×768	256 色
106H	1280×1024	16 色
107H	1280×1024	256 色
108H	80×60	文本模式
109H	132×25	文本模式
10AH	132×43	文本模式
10BH	132×50	文本模式
10CH	132×60	文本模式